机械加工技术训练研究

王传举　著

吉林科学技术出版社

图书在版编目（CIP）数据

机械加工技术训练研究 / 王传举著. -- 长春 : 吉林科学技术出版社, 2022.8

ISBN 978-7-5578-9375-0

Ⅰ. ①机… Ⅱ. ①王… Ⅲ. ①金属切削－研究 Ⅳ. ①TG506

中国版本图书馆 CIP 数据核字(2022)第 113549 号

机械加工技术训练研究

著　　王传举
出 版 人　宛　霞
责任编辑　王　皓
封面设计　北京万瑞铭图文化传媒有限公司
制　　版　北京万瑞铭图文化传媒有限公司
幅面尺寸　185mm × 260mm
开　　本　16
字　　数　365 千字
印　　张　16.875
印　　数　1-1500 册
版　　次　2022年8月第1版
印　　次　2022年8月第1次印刷

出　　版　吉林科学技术出版社
发　　行　吉林科学技术出版社
地　　址　长春市南关区福祉大路5788号出版大厦A座
邮　　编　130118
发行部电话/传真　0431-81629529　81629530　81629531
81629532　81629533　81629534
储运部电话　0431-86059116
编辑部电话　0431-81629510
印　　刷　廊坊市印艺阁数字科技有限公司

书　　号　ISBN 978-7-5578-9375-0
定　　价　58.00 元

《机械加工技术训练研究》
编审会

机械制造是一个集材料、设备、工具、技术、信息、人力资源、资金等，通过制造系统转变为可供人类使用的产品的过程。机械制造业的是否先进标志着一个国家的经济发展水平。在众多国家尤其是发达国家，机械制造业在国民经济中占有十分重要的地位。随着科技日益进步和社会信息化不断发展，全球性的竞争和世界经济的发展趋势使得机械制造产品的生产、销售、成本及服务面临着更多外部环境因素的影响，传统的制造技术、工艺、方法和材料已经不能适应当今社会的发展需要。计算机技术、信息技术、自动化技术在制造业中的广泛应用与传统的制造技术相结合形成了现代化机械制造业，企业的生产经营方式发生了重大变革。

机械加工技术与实践在机械行业和装备制造业的未来发展中，永远占据着主旋律的地位，成为机械制造业持续进步的基石。

随着科学技术进步，信息技术的发展，企业之间的竞争不断向高层次发展，机械制造业正向着高质量、高效率和低成本的方向快速发展。随着数控加工能力的提高，越来越多的产品改变了传统的制造工艺，大幅度地提高了工作效率，使生产自动化的进程发展到了崭新的阶段。

创新是机械加工技术的生命。当今世界正发生着有史以来最为迅速的最广泛的变化，机械加工技术的更新周期正在缩短，制造业的科技成果以前所未有的速度全面崛起，这无疑是人类思维创新、观念创新的结果。

为了实现我国机械加工技术的迅猛崛起，提高产业工人的知识能力和专业能力，必须尽快提高自身的知识能力水准。本书针对机械加工技术的实际状况，全面而浅显的介绍了机械各专业相关的知识和基本技能，经过认真的学习和广泛的实践，初学者应能初步掌握机械加工的主要方法、工艺过程并了解工艺特点。本书的编写注重初学者实际操作能力的培养，即以专业能力、社会能力及方法能力为培养目标。

目录 CONTENTS

第一章 机械制造与工艺设备

第一节 热加工

一、铸造

熔炼金属，制造铸型，并将熔融金属浇入铸型，凝固后获得了一定形状和性能铸件的成形方法，称为铸造。铸造是一门应用科学，广泛用于生产机器零件或毛坯，其实质是液态金属逐步冷却凝固而成形，具有以下优点：可以生产出形状复杂，特别是具有复杂内腔的零件毛坯，如各种箱体、床身、机架等。铸造生产的适应性广，工艺灵活性大。工业上常用的金属材料均可用来进行铸造，铸件的重量可由几克到几百吨，壁厚可由 0.5 毫米到 1 米。铸造用原材料大都来源广泛，价格低廉，并且可直接利用废机件，故铸件成本较低。

随着铸造技术的发展，除了机器制造业外，在公共设施、生活用品、工艺美术和建筑等国民经济各个领域，也广泛地采用各种铸件。

铸件的生产工艺方法大体分为砂型铸造和特种铸造两大类。

（一）砂型铸造

在砂型铸造中，造型和造芯是最基本的工序。它们对铸件的质量、生产率和成本的影响很大。造型通常可分为手工造型和机器造型。手工造型是用手工或手动工具完成紧砂、起模及修型工序。其特点为：①操作灵活，可按铸件尺寸、形状、批量与现场生产条件灵活地选用具体的造型方法；②工艺适应性强；③生产准备周期短；④生产效率低；⑤质量稳定性差，铸件尺寸精度、表面质量较差；⑥对工人技术要求高，劳动强度大。

手工造型主要适应于单件、小批量铸件或难以用造型机械生产形状复杂的大型铸件。

随着现代化大生产的发展，机器造型已代替了大部分的手工造型，机器造型不但生产率高，而且质量稳定，劳动强度低，是成批大量生产铸件的主要方法。机器造型的实质是采用机器完成全部操作，至少完成紧砂操作的造型方法，效率高，铸型和铸件质量高，但投资较大。适用于大量或成批生产的中小铸件。

在铸造生产中，一般根据产品的结构、技术要求、生产批量及生产条件进行工艺设计。铸造工艺设计包括选择浇铸位置和分型面、确定浇铸系统、确定型芯的形式等几个方面。

（二）特种铸造

随着科学技术的发展和生产水平的提高，对铸件质量、劳动生产率、劳动条件和生产成本有了进一步的要求，因而铸造方法有了长足的发展。所谓特种铸造，是指有别于砂型铸造方法的其他铸造工艺。目前特种铸造方法已发展到几十种。常用的有熔模铸造、金属型铸造、离心铸造、压力铸造、低压铸造、陶瓷型铸造、实型铸造、磁型铸造、石墨型铸造、差压铸造、连续铸造、挤压铸造等。

特种铸造能获得如此迅速的发展，主要由于这些方法一般都能提高铸件的尺寸精度和表面质量，或提高铸件的物理及力学性能；此外大多能提高金属的利用率（工艺出品率），减少原砂消耗量；有些方法更适宜于高熔点、低流动性、易氧化合金铸件的铸造；有的明显改善劳动条件，并便于实现机械化和自动化生产等。

二、焊接

焊接是现代制造技术中重要的金属连接技术。焊接成形技术的本质在于：利用加热或者同时加热加压的方法，使分离的金属零件形成原子间的结合，进而形成新的金属结构。

焊接的实质是使两个分离的物体通过加热或加压，或两者并用，在用或不用填充材料的条件下借助于原子间或分子间的联系与质点的扩散作用形成一个整体的过程。要使两个分离的物体形成永久性结合，首先必须使两个物体相互接近到0.3～0.5纳米的距离，使之达到原子间的力能够互相作用的程度，这对液体来说是很容易的。但对固体则需外部给予很大的能量才会使其接触表面之间达到原子间结合的距离筋而实际金属由于固体硬度较高，无论其表面精度多高，实际上也只能是部分点接触，加之其表面还会有各种杂质，如氧化物、油脂、尘土及气体分子的吸附所形成的薄膜等，这些都是妨碍两个物体原子结合的因素。焊接技术就是采用加热、加压或者两者并用的方法，来克服阻碍原子结合的因素，以达到二者永久牢固连接的目的。

（一）焊接的优点

接头的力学性能与使用性能良好。例如，120 万千瓦核电站锅炉，外径 6400 毫米，壁厚 200 毫米，高 13000 毫米，耐压 17.5 兆帕。使用温度 350℃，接缝不能泄漏。应用焊接方法，制造出了满足上述要求的结构。某些零件的制造只能采用焊接的方法连接。例如电子产品中的芯片和印刷电路板之间的连接，要求导电并且具有一定的强度，到目前为止，只能用钎焊连接。

（二）焊接存在的问题

焊接接头的组织和性能与母材相比会发生变化；容易产生焊接裂纹等缺陷；焊接后会产生残余应力与变形，这些都会影响焊接结构的质量。

（三）焊接种类

根据焊接过程的特点，主要有熔化焊、压力焊、钎焊。

熔化焊是利用局部加热的手段，将工件的焊接处加热到熔化状态，形成熔池，然后冷却结晶，形成焊缝。熔化焊简称熔焊。

压力焊是在焊接过程中对工件加压（加热或不加熱）完成焊接。压力焊简称压焊。

钎焊是利用熔点比母材低的填充金属熔化以后，填充接头间隙并与固态的母材相互扩散实现连接。

焊接广泛用于汽车、造船、飞机、锅炉、压力容器、建筑、电子等工业部门，世界上钢产量的 50% ～ 60% 要经过焊接才能最终地投入使用。

（四）焊接的方法

1. 手工电弧焊

手工电弧焊是利用手工操纵电焊条进行焊接的电弧焊方法。电弧导电时，产生大量的热量，同时发出强烈的弧光。手工电弧焊是利用电弧的热量熔化熔池和焊条的。

焊缝形成过程：焊接时，在电弧高热的作用下，被焊金属局部熔化，在电弧吹力作用下，被焊金属上形成了卵形的凹坑，这凹坑称为熔池。

由于焊接时焊条倾斜，在电弧吹力作用下，熔池的金属被排向熔池后方，这样电弧就能不断地使深处的被焊金属熔化，达到一定的熔深。

焊条药皮熔化过程中会产生某种气体和液态熔渣。产生的气体充满电弧和熔池周围的空间，起到隔绝空气的作用。液态熔渣浮在液体金属表面，起保护液体金属的作用。此外，熔化的焊条金属向熔池过渡，不断填充焊缝。

熔池中的液态金属、液态熔渣和气体之间进行着复杂的物理、化学反应，称之为是冶金反应，这种反应对焊缝的质量有较大的影响。

熔渣的凝固温度低于液态金属的结晶温度，冶金反应中产生的杂质与气体能从熔池金属中不断被排出。熔渣凝固后，均匀地覆盖在焊缝上。

焊缝的空间位置有平焊、横焊、立焊和仰焊。焊条的组成与作用：焊条对手工电弧焊的冶金过程有极大的影响，是决定手工电弧焊焊接质量的主要因素。

焊条由焊芯与药皮组成。焊芯是一根具有一定长度与直径的钢丝。由于焊芯的成分会直接影响焊缝的质量，所以焊芯用的钢丝都需经过特殊冶炼，有专门的牌号。这种焊接专用钢丝称为焊丝，如 H08A 等。

焊条的直径就是指焊芯的直径。结构钢焊条直径从 1.6～8 毫米，总共分 8 种规格。焊条的长度是指焊芯的长度，一般均在 200～550 毫米之间。

在焊接技术发展的初期，电弧焊采用没有药皮的光焊丝焊接。在焊接过程中，电弧很不稳定。此外，空气中的氧气和氮气大量侵入熔池，将铁、碳、锰等氧化或氮化成各种氧化物和氮化物。溶入的气体又产生大量气孔，这些都使焊缝的力学性能大大降低。在 20 世纪 30 年代，发明了药皮焊条，解决了上述问题，使电弧焊大量应用于工业中。

药皮的主要作用是：药皮中的稳弧剂可以使电弧稳定燃烧，飞溅少，焊缝成形好。药皮中有造气剂，熔化时释放的气体可以隔离空气，保护电弧空间熔化后产生熔渣。熔渣覆盖在熔池上可以保护熔池。药皮中有脱氧剂（主要是镐铁、硅铁等）、合金剂。通过冶金反应，可以去除有害杂质；添加了合金元素，可以改善焊缝的力学性能。碱性焊条中的萤石可以通过冶金反应去氢。

2. 其他焊接方法

（1）气焊与气割

气焊是利用气体火焰作为热源的焊接方法。常用氧－乙炔火焰作为热源。氧气和乙炔在焊炬中混合，点燃后加热焊丝和工件。气焊焊丝一般选用和母材相近的金属丝。焊接不锈钢、铸铁、铜合金、铝合金时，常使用焊剂去除焊接过程中产生的氧化物。

气割又称氧气切割，是广泛应用的下料方法。气割的原理是利用预热火焰将被切割的金属预热到燃点，再向此处喷射氧气流。被预热到燃点的金属在氧气流中燃烧形成金属氧化物。同时，这一燃烧过程放出大量的热量。这类热量将金属氧化物熔化为熔渣。熔渣被氧气流吹掉，形成切口。接着燃烧热与预热火焰又进一步加热并切割其他金属。因此，气割实质上是金属在氧气中燃烧的过程。金属燃烧放出的热量在气割中具有重要的作用。

（2）二氧化碳气体保护焊

二氧化碳气体保护焊是以二氧化碳气体作为保护介质的气体保护焊方法。二氧化碳气体保护焊用焊丝做电极，焊丝是自动送进的。二氧化碳气体保护焊分为细丝二氧化碳气体保护焊（焊丝直径 0.5～1.2 毫米）和粗丝二氧化碳气体保护焊（焊丝直径 1.6～5.0 毫米）。细丝二氧化碳气体保护焊用得较多，主要用于焊接 0.8T，0 毫米的薄板。此外，药芯焊丝的二氧化碳气体保护焊也日益广泛使用。其特点是焊丝是空心管状的，里面充满焊药，焊接时形成气一渣联合保护，可以获得更好的焊接质量。

利用二氧化碳气体作为保护介质，可以隔离空气。二氧化碳气体是一种氧化性气体，在焊接过程中会使焊缝金属氧化。故要采取脱氧措施，就在焊丝中加入脱氧剂，如硅、猛等。二氧化碳气体保护焊常用的焊丝是硅锰合金。

二氧化碳气体保护焊的主要优点是：生产率高：比手工电弧焊高 1～5 倍，且工作时连续焊接，不需要换焊条，不必敲渣。成本低：二氧化碳气体是很多工业部门的副产品，所以成本较低。

二氧化碳气体保护焊是一种重要的焊接方法，主要用于焊接低碳钢及低合金钢。在汽车工业和其他工业部门中广泛应用。

电阻焊：在电阻焊时，电流在通过焊接接头时会产生接触电阻热。电阻焊是利用接触电阻热将接头加热到塑性或熔化状态，再通过电极施加压力，形成原子间结合的焊接方法。

钎焊：钎焊时母材不熔化。钎焊时使用钎剂、钎料，将钎料加热到熔化状态，液态的钎料润湿母材，并通过毛细管作用填充到接头的间隙，进而和母材相互扩散，冷却后形成接头。

钎焊接头的形式一般采用搭接，以便于钎料的流布。钎料放在焊接的间隙内或接头附近。

钎剂的作用是去除母材和钎料表面的氧化膜，覆盖在母材和钎料的表面，隔绝空气，具有保护作用钎剂同时可以改善液体钎料对母材的润湿性能。

焊接电子零件时，钎料是焊锡，钎剂是松香，钎焊是连接电子零件的重要焊接工艺。

钎焊可分为两大类：硬钎焊与软钎焊。硬钎焊的特点是所用钎料的熔化温度高于450℃，接头的强度大。用于受力较大、工作温度较高的场合。所用的钎料多为铜基、银基等。钎料熔化温度低于450℃的钎焊是软钎焊。软钎焊常用锡铅钎料，适用于受力不大、工作温度较低的场合。

钎焊的特点是接头光洁、气密性好。因为焊接的温度低，所以母材的组织性能变化不大。钎焊可以连接不同的材料。钎焊接头的强度和耐高温能力比其他焊接方法差。

钎焊广泛用于硬质合金刀头的焊接以及电子工业、电机、航空航天等工业。

三、锻造

在冲击力或静压力的作用下，使热锭或热坯产生局部或全部的塑性变形，获得所需形状、尺寸和性能的锻件的加工方法称为锻造。

锻造一般是将轧制圆钢、方钢（中、小锻件）或钢锭（大锻件）加热到高温状态后进行加工。锻造能够改善铸态组织、铸造缺陷（缩孔、气孔等），使锻件组织紧密、晶粒细化、成分均匀，从而显著提高金属的力学性能。因此，锻造主要用于那些承受重载、冲击载荷、交变载荷的重要机械零件或毛坯，如各种机床的主轴和齿轮，汽车发动机的曲轴和连杆，起重机吊钩及各种刀具、模具等。

锻造分为自由锻造、模型锻造以及胎模锻。

（一）自由锻造

只采用通用工具或直接在锻造设备的上、下砧铁间使坯料变形获得锻件的方法称为自由锻。自由锻的原材料可以是轧材（中小型锻件）或钢锭（大型锻件）。自由锻工艺灵活、工具简单，主要适合于各种锻件的单件小批生产，也是特大型锻件的唯一生产方法。

自由锻的设备有锻锤和液压机两大类。锻锤是以冲击力使坯料变形的，设备规格以落下部分的重量来表示。常用的有空气锤和蒸汽一空气锤。空气锤的吨位较小，一般只有 500 ～ 10000 牛，用于锻 100 千克以下的锻件；蒸汽一空气锤的吨位比较大，可达 10 ～ 50 千牛，可锻 1500 千克以下的锻件。

液压机是以液体产生的静压力使坯料变形的，设备规格以最大压力来表示。常用的有油压机和水压机。水压机的压力大，可达 5000 ～ 15000 千牛，是锻造大型锻件的主要设备。

（二）模型锻造

模型锻造简称为模锻，是将加热到锻造温度的金属坯料放到固定在模锻设备上的锻模模膛内，使坯料受压变形，从而获得锻件的方法。

与自由锻和胎模锻相比，模锻可以锻制形状较为复杂的锻件，且锻件的形状和尺寸较准确，表面质量好，材料利用率和生产效率高。但模段需采用专用的模锻设备和锻模，投资大、前期准备时间长，并且由于受三向压应力变形，变形抗力大，故而模锻只适用于中小型锻件的大批量生产。

生产中常用的模锻设备有模锻锤、热模锻压力机、摩擦压力机、平锻机等。其中尤其是模锻锤工艺适应性广，可生产各种类型的模锻件，设备费用也相对较低，长期以来一直是我国模锻生产中应用最多的一种模锻设备。

锤模锻是在自由锻和胎模锻的基础上发展起来的，其所用的锻模是由带有燕尾的上模和下模组成的。下模固定在模座上，上模固定在锤头上，并且与锤头一起做上下往复的锤击运动。

根据锻件的形状和模锻工艺的安排，上及下模中都设有一定形状的凹腔，称为模膛。模膛根据功用分为制坯模膛和模锻模膛两大类。

制坯模膛主要作用是按照锻件形状合理分配坯料体积，使坯料形状基本接近锻件形状。制坯模膛分为拔长模膛、弯曲模膛、成形模膛、镦粗台及压扁面等。

模锻模膛又分为预锻模膛和终锻模膛两种。预锻模膛的作用是使坯料变形到接近于锻件的形状和尺寸，以便在终锻成形时金属充型更加容易，同时减少终锻模膛的磨损，延长锻模的使用寿命。预锻模膛的圆角、模锻斜度均比终锻模膛大，而且不设飞边槽。终锻模膛的作用是使坯料变形到热锻件所要求的形状和尺寸，待冷却收缩后即达到冷锻件的形状和尺寸。终锻模膛的分模面上有一圈飞边槽，用以增加金属从模膛中流出的阻力，促使金属充满模膛，同时容纳多余的金属，模锻件的飞边要在模锻后切除。

实际锻造时应根据锻件的复杂程度相应选用单模膛锻模或多模膛锻模。一般形状简单的锻件采用仅有终锻模膛的单模膛锻模，而形状复杂的锻件（如截面不均匀、轴线弯曲、不对称等）则要采用具有制坯、预锻、终锻等多个模膛的锻模逐步成形。

（三）胎模锻

胎模锻是在自由锻设备上使用可移动的简单模具生产锻件的一种锻造方法。胎模锻造一般先采用自由锻制坯，然后在胎模中终锻成形。锻件的形状和尺寸主要靠胎模的型槽来保证。胎模不固定在设备上，锻造的时候用工具夹持着进行锻打。

与自由锻相比，胎模锻生产效率高，锻件加工余量小，精度高；与模锻相比，胎模制造简单，使用方便，成本较低，又不需要昂贵的设备。因此胎模锻曾广泛用于中小型锻件的中小批量生产。但胎模锻劳动强度大，辅助操作多，模具寿命低，在现代工业中已逐渐被模锻所取代。

第二节　冷加工

一、切削加工

（一）切削加工的分类

切削加工是利用切削工具从工件上切去多余材料的加工方法。通过切削加工，使工件变成符合图样规定的形状、尺寸和表面粗糙度等方面要求的零件，切削加工分为机械加工和钳工加工两大类。

机械加工（简称机工）是利用机械力对各种工件进行加工的方法，它一般是通过工人操纵机床设备进行加工的，其方法有车削、钻削、膛削、铣削、刨削、拉削、磨削、研磨、超精加工及抛光等。

钳工加工（简称钳工）是指一般在钳台上以手工工具为主，对工件进行加工的各种加工方法。钳工的工作内容一般包括划线、锯削、挫削、刮削、研磨、钻孔、扩孔、铰孔、攻螺纹、套螺纹、机械装配和设备修理等。

对于有些工作，机械加工和钳工加工并没有明显的界限，例如钻孔和铰孔，攻螺纹和套螺纹，二者均可进行。随着加工技术的发展和自动化程度的提高，目前钳工加工的部分工作已被机械加工所替代，机械装配也在一定范围内不同程度地实现机械化和自动化，而且这种替代现象将会越来越多。尽管如此，钳工加工永远也不会被机械加工完全替代，将永远是切削加工中不可缺少的一部分。这是因为，在某些情况下，钳工加工不仅比机械加工灵活、经济、方便而且更容易保证产品的质量。

（二）切削加工的特点和作用

第一，切削加工的精度和表面粗糙度的范围广泛，且可获得高的加工精度和低的表面粗糙度。

第二，切削加工零件的材料、形状、尺寸和重量的范围较大。切削加工多用于金属材料的加工，如各种碳钢、合金钢、铸铁、有色金属及其合金等，也可用于某些非金属材料的加工，如石材、木材、塑料和橡胶等：对于零件的形状和尺寸一般不受限制，只要能在机床上实现装夹，大都可进行切削加工，且可加工常见的各种型面，如外圆、内圆、锥面、平面、螺纹、齿形及空间曲面等。切削加工零件重量的范围很大，重的可达数百吨，如葛洲坝一号船闸的闸门，高 30 多米、重 600 吨；轻的只有几克、加微型仪表零件。

第三，切削加工的生产率较高。在常规条件下，切削加工的生产率通常高于其他加工方法。只是在少数特殊场合，其生产率低于精密铸造、精密锻造和粉末冶金等方法。

第四，切削过程中存在切削力，刀具和工件均要具有一定的强度和刚度，且刀具材料的硬度必须大于工件材料的硬度。因此，限制了切削加工在细微结构与高硬高强等特殊材料加工方面的应用，从而给特种加工留下了生存和发展的空间。

正是因为上述特点和生产批量等因素的制约，在现代机械制造中，目前除少数采用精密铸造、精密锻造以及粉末冶金和工程塑料压制成形等方法直接获得零件外，绝大多数机械零件要靠切削加工成形。因此，切削加工在机械制造业中占有十分重要的地位，目前占机械制造总工作量的 40% ～ 60%。它与国家整个工业的发展紧密相连，起着举足轻重的作用。完全可以说，若没有切削加工，就没有机械制造业。

二、机床与刀具

机床就是对金属或其他材料的坯料或工件进行加工，使之获得所要求的几何形状、尺寸精度和表面质量的机器。要完成切削加工，在机床上必须完成所需要的零件表面成形运动，即刀具与工件之间必须具有一定的相对运动，以获得所需表面的形状，这种相对运动称为机床的切削运动。

机床运动包括表面成形运动和辅助运动。表面成形运动，根据他的功用不同可分为主运动、进给运动和切入运动。

主运动是零件表面成形中机床上消耗功率最大的切削运动。进给运动是把工件待加工部分不断投入切削区域，使切削得以继续进行的运动。切入运动是使刀具切入工件表面一定深度的运动。辅助运动主要包括工件的快速趋近和退出快移运动、机床部件位置的调整、工件分度、刀架转位、送夹料等等。普通机床的主运动一般只有一个。与进给运动相比，它的速度高，消耗机床功率多。进给运动可以是一个或多个。

（一）车床及车刀

车床是机械制造中使用最广泛的一类机床，在金属切削机床中所占的比重最大，占机床总台数的 20% ～ 30%。车床用于加工各种回转表面，如内、外圆柱表面、圆锥面及成形回转表面等，有些车床还能加工螺纹面。

车床的种类很多，按其用途及结构不同，可分为卧式车床、转塔车床、立式车床、单轴和多轴自动车床、仿形车床、多刀车床、数控车床和车削中心、各种专门化车床（如铲齿车床、凸轮轴车床、曲轴车床及轧辐车床）等。

车削加工所用的刀具主要是各种车刀，上图所示为部分车刀外形和其所使用的刀片。车刀由刀柄和刀体组成。刀柄是刀具的夹持部分，刀体是刀具上夹持或焊接刀条、刀片的部分，或由它形成切削刃的部分。此外多数车床还可用钻头、扩孔钻、丝锥、板牙等孔加工刀具和螺纹刀具进行加工。

（二）铣床与铣刀

铣床是用铁刀进行铣削加工的机床。疑床的主运动是铁刀的旋转运动，而工件做进给运动。铣床的种类很多，按其用途和结构不同，疑床分为卧式铣床、立式铣床、万能铣床、龙门铣床、工具铣床以及各种专用铣床。

铣刀是一种多齿刀具，可用于加工平面、台阶、沟槽及成形表面等。铣削加工时，同时切削的刀齿数多，参加切削的刀刃总长度长。所以生产效率高。铣刀是使用量较大的一种金属切削刀具，其使用量仅次于车刀及钻头。铣刀品种规格繁多，种类各式各样。

（三）磨床与砂轮

用磨料或磨具作为切削刀具对工件表面进行磨削加工的机床，称为磨床。磨床是各类金属切削机床中品种最多的一类，主要有：外圆、内圆、平面、无芯、工具磨床和各种专门化磨床等。磨床的应用范围很广，凡在车床、铣床、像床、钻床、齿轮和螺纹加工机床上加工的各种零件表面，都可在磨床上进行磨削精加工。

砂轮是磨床所用的主要加工刀具，砂轮磨粒的硬度很高，就像一把锋利的尖刀，切削时起着刀具的作用，在砂轮高速旋转时，其表面上无数锋利的磨粒，就如同多刃刀具，将工件上一层薄薄的金属切除，进而形成光洁精确的加工表面。

砂轮是由结合剂将磨料颗粒粘结而成的多孔体，由磨料、结合剂、气孔三部分组成。磨料起切削作用，结合剂把磨料结合起来，使之具有一定的形状、硬度和强度。由于结合剂没有填满磨料之间的全部空间，所以有气孔存在。

砂轮的组织表示磨粒、结合剂和气孔三者体积的比例关系。磨粒在砂轮体积中所占比例越大，砂轮的组织越紧密，气孔越小；反之，组织疏松。砂轮磨粒占的比例越小，气孔就越大，砂轮越不易被切屑堵塞，切削液和空气也易进入磨削区，使磨削区温度降低，工件因发热而引起的变形和烧伤减小。但砂轮易失去正确廓形，降低成形表面的磨削精度，增大表面粗糙度。

随着科学技术的不断发展，近年来出现了多种新磨料，使高速磨削和强力磨削工艺得到迅速发展，提高了磨削效率并促进了新型磨床的产生。同时，磨削加工范围不断扩大，如精密铸造和精密锻造工件可直接磨削成成品。因此，磨床在金属切削机床中所占的比例不断上升，在工业发达国家已经达 30% 以上。

第三节 特种加工

一、电火花加工

电器开关在合上或拉开时，有可能因局部放电使开关的接触部位烧蚀，这种现象称为电蚀。电火花加工正是在一定的液体介质中，利用脉冲放电对导电材料的电蚀现象来蚀除材料，从而使零件的尺寸、形状及表面质量达到预定技术要求的一种加工方法。在特种加工中，电火花加工的应用最为广泛。

（一）电火花加工类型

电火花加工方法按其加工方式和用途不同，大致可分为电火花成型加工、电火花线切割加工、电火花磨削和镗磨加工，电火花同步回转加工，电火花表面强化与刻字等五大类，其中又以电火花穿孔成型加工和电火花线切割加工的应用最为广泛。

电火花加工的尺寸精度随加工方法而异。目前电火花成形加工的平均尺寸精度为 0.05 毫米，最高精度可达 0.005 毫米；电火花线切割的平均加工精度为 0.01 毫米，最高精度可达 0.005 毫米。

（二）电火花加工优点

第一，由于电火花加工是利用极间火花放电时所产生的电腐蚀现象，靠高温熔化和气化金属进行蚀除加工的，因此，可以使用较软的紫铜等工具电极，对任何导电的难加工材料进行加工，达到以柔克刚的效果。例如加工硬质合金、耐热合金、淬火钢、不锈钢、金属陶瓷、磁钢等用普通加工方法难于加工或无法加工的材料。

第二，由于电火花加工是一种非接触式加工，加工时不产生切削力，不受工具和工件刚度的限制，因而有利于实现微细加工。如对薄壁、深小孔、盲孔、窄缝及弹性零件等的加工。

第三，由于电火花加工中不需要复杂的切削运动，因此，有利于异形曲面零件的表面加工。而且，由于工具电极的材料可以较软，因而工具电极较易制造。

第四，尽管利用电火花加工方法加工工件时，放电温度较高，但因放电时间极短，所以加工表面不会产生厚的热影响层，因而适于加工热敏感性很强的材料。

第五，电火花加工时，脉冲电源的电脉冲参数调节及工具电极的自动进给等，均可通过一定措施实现自动化。这使得电火花加工与微电子、计算机等高新技术的互相渗透与交叉成为可能。目前，自适应控制、模糊逻辑控制的电火花加工已经开始应用。但是电火花加工也有缺点：在电火花加工时，工具电极的损耗会影响加工的精度。

二、超声波加工

人耳所能感受到的声波频率在 16 ～ 16000 赫兹范围内，当声波频率超过 16000 赫兹时，就是超声波。超声波加工是利用工具端面的超声频振动，或借助于磨料悬浮液加工硬脆材料的一种工艺方法。前边所介绍的电火花加工，一般只能加工导电材料，而利用超声波振动，则不但能加工像淬火钢、硬质合金等硬脆的导电材料，并且更适合加工像玻璃、陶瓷、宝石和金刚石等硬脆的非金属材料。

（一）超声波加工的原理

超声波发生器产生的超声频电振荡，通过换能器转变为超声频的机械振动。变幅杆将振幅放大到 0.01 ～ 0.15 毫米，再传给工具，并驱动工具端面做超声振动。在加工过程中，由于工具与工件间不断注入磨料悬浮液，当工具端面以超声频冲击磨料时，磨料再冲击工件，迫使加工区域内的工件材料不断被粉碎成很细的微粒脱落下来。此外，当工具端面以很大的加速度离开工件表面时，加工间隙中的工作液内可能由于负压和局部真空形成许多微空腔。当工具端面再以很大的加速度接近工件表面时，空腔闭合，从而形成可以强化加工过程的液压冲击波，这种现象称为“超声空化”。因此，超声波加工过程是磨粒在工具端面的超声振动下，以机械锤击和研抛为主，以超声空化为辅的综合作用过程。

（二）超声波加工的特点

第一，超声波加工适宜于加工各种硬脆材料，尤其是利用电火花和电解加工方法难以加工的不导电材料和半导体材料，如玻璃、陶瓷、玛瑙、宝石、金刚石及锗和硅等。

第二，由于超声波加工中的宏观机械力小，因此能获得良好的加工精度和表面粗糙度。尺寸精度可达 0.02 ～ 0.01 毫米，表面粗糙度度值可达 0.8 ～ 0.1 微米。

第三，超声波加工时，工具和工件无需做复杂的相对运动，因此普通的超声波加工设备结构较简单。但若需要加工复杂精密的三维结构，仍需设计与制造三坐标数控超声波加工机床。

三、电解加工

电解加工是利用金属在电解液中产生阳极溶解的电化学原理对工件进行成形加工的一种工艺方法，是电化学加工中的一种重要方法。

（一）电解加工的特点

不受材料本身强度、硬度和韧性的限制，可以加工淬火钢、硬质合金、不锈钢和耐热合金等高强度、高硬度和高韧性的导电材料；

加工中不存在机械切削力，工件不会产生残余应力和变形，也就没有飞边毛刺；

加工精度高，可以达到 0.1 毫米的平均加工精度和 0.01 毫米的最高加工精度，平均表面粗糙度 Ra 值可达 0.8 微米，最小表面粗糙度 Ra 值可达 0.1 微米；

加工过程中，工具阴极理论上不会损耗，可长期使用；

生产率较高，为电火花加工的 5 ～ 10 倍，某些情况下甚至高于切削加工；

能以简单的进给运动一次加工出形状复杂的型腔与型面；

电解加工也有缺点。电解加工的附属设备多，造价高，占地面积较大，电解液易腐蚀机床和污染环境，而且，目前它的加工稳定性还不够高。

（二）电解加工的应用范用

在中国，电解加工很早就得到了应用。中国于 20 世纪 50 年代末，首先在军工领域进行电解加工炮管腔线的工艺研究，很快取得成功并用于生产，不久便迅速推广到航空发动机叶片型面及锻模型面的加工。到 60 年代后期，电解加工已成为航空发动机叶片生产的定型工艺。在我国科技人员的长期努力下，电解加工在许多方面取得了突破性进展。例如，用锻造叶片毛坯直接电解加工出复杂的叶片型面，当时已达到世界先进水平。今天，无论是我国还是工业发达国家，电解加工已成为国防航空和机械制造业中不可缺少的重要工艺手段。它应用主要在以下几个方面。

1. 电解锻模型

由于电火花加工的精度容易控制，多数锻模的型腔都采用电火花加工。但电火花加工的生产率较低，因此对于精度要求不太高的矿山机械、汽车拖拉机等所需的锻模，正逐步采用电解加工。

2. 电解整体叶轮

叶片是喷气发动机、汽轮机中的关键零件，它形状复杂，精度要求高，生产批量大。采用电解加工，不受材料硬度和韧性的限制，在一次行程中可加工出复杂的叶片型面，与机械加工相比，具有明显的优越性。

采用机械加工方法制造叶轮时，叶片毛坯是精密铸造的，经过机械加工和抛光，再分别镶入叶轮轮缘的槽中，最后焊接形成整体叶轮。这种方法加工量大、周期长、质量难以保证。电解加工整体叶轮时，只要先将整体叶轮的毛坯加工好，就可用套料法加工。每加工完一个叶片，退出阴极，分度后再依次加工下一个叶片。这样不但可大大缩短加工周期，而且可保证叶轮的整体强度和质量。

3. 电解去毛

机械加工中常采用钳工方法去毛刺，这不但工作量大，

而且有的毛刺因过硬或空间狭小而难以去除。但采用电解加工，则可以提高工效，节省费用。

利用电解加工，不仅可以完成上述重要的工艺过程，而且还可以用于深孔的扩孔加工、型孔加工以及抛光等工艺过程中。

第四节　制造中的测量与检验技术

一、常用的计量工具

量具的使用广泛存在于各行各业及现实生活中，因此提到量具，人们并不感到陌生。然而本文所讲述的量具，既不是日常生活中使用的普通量具，也不是包罗一切的所有量具，它是指目前我国机械制造工业中普遍使用的测量工具。

在机械制造工业中，我们会经常用光长度基准直接对零件尺寸进行测量，其准确度固然高，但在广泛的测量中，直接用光进行测量十分不便。为了满足实际测量的需要，长度基准必须通过各级传递，最后由量具生产厂家制造出工作量具。这些工作量具就是实际生产中人们常说的“量具”。正是由于零件尺寸是由国家基准逐级传递下来的，所以全国范围内尺寸的一致性就有了可靠的保证。

（一）游标卡尺

游标卡尺是机械加工中广泛应用的常用量具之一，它可以直接测量出各种工件的内径、外径、中心距、宽度、长度和深度等。它是利用游标原理，对两测量爪相对移动分隔的距离，进行读数的通用长度测量工具。它的结构简单，使用方便，是一种中等精确度的量具。

（二）千分尺

千分尺也是机械加工中使用最广泛的精密量具之一。千分尺的品种与规格较多，按用途和结构可分为：外径千分尺、内径千分尺、深度千分尺、壁厚千分尺、杠杆千分尺、螺纹千分尺及公法线长度千分尺等。

在外径千分尺的读数机构是由固定套管和微分筒组成的。固定套管上的纵刻线是微分筒读数值的基准线，而微分筒锥面的端面是固定套管读数值的指示线。

固定套管纵刻线的两侧各有一排均匀刻线，刻线的间距都是 1 毫米，且相互错开 0.5 毫米。标出数字的一侧表示毫米数，未标数字的一侧即为 0.5 毫米数。

用外径千分尺进行测量时，其读数可分以下三步：

1. 读整

读出微分筒锥面的端面左边固定套管上露出来的刻线数值，即为被测件的毫米整数或 0.5 毫米数。

2. 读小数

找出与基准线对准的微分筒上的刻线数值；若此时整数部分的读数值为毫米整

数，那么该刻线数值就是被测件的小数值；若此时整数部分的读数值为 0.5 毫米，则该刻线数值还要加上 0.5 毫米后才是被测件的小数值。

3. 整个读数

把上面两次读数值相加，就是被测件的整个读数值。

（三）百分表和千分表

百分表和千分表都是利用机械传动系统，把测杆的直线位移转变为指针在表盘上角位移的长度测量工具。它们结构相似，功能原理相同。可用来检查机床或零件的精确程度，也可用来调整加工工件装夹位置偏差。

当测杆移动 1 毫米时，指针就转动一圈。其中百分表的圆刻度盘沿圆周有 100 个等分度，即每一分度值相当于测杆移动 0.01 毫米，但千分表的分度值为 0.001 毫米。

在用百分表和千分表进行测量时，要注意以下几点。

第一，按被测工件的尺寸和精度要求，选择合适的表。

第二，使用前，先查看量具检定合格证是否在有效期内，如无检定合格证，该表绝对不能使用。然后用清洁的纱布将表的测量头和测量杆擦干净，进行外观检查，这时表盘不应松动，指针不应弯曲。测量杆、测量头等活动部分应无锈蚀和碰伤，测量头应无磨损痕迹。

第三，测量杆移动要灵活，指针与表盘应无摩擦。多次拨动测量头，指针能回到原位。

第四，根据工件的形状、表面粗糙度和材质，选用适当的测量头。球形工件用平测量头；圆柱形或平面形的工件用球面测量头；凹面或形状复杂的表面用尖测量头，使用尖测量头时应注意避免划伤工件表面。

第五，使用前，将表装夹在表架或专用支架上，夹紧力要适当，不宜过大或过小。测量时，为了读数方便，都喜欢把指针转到表盘的零位作为起始值。在相对测量时，用量块作为对零件的基准。

对零位时先使测量头与基准表面接触，在测量范围允许的条件下，最好把表压缩，使指针转过一圈后再把表紧固住，然后对零位。为校验一下表装夹的可靠性，这时可把测量杆提起 1 ~ 2 毫米，轻轻放下，反复两三次，如对零位置无变化，则表示装夹可靠，方可使用。当然在测量时，也可以不必事先对零位，但用这种方法应记住指针起始位置的刻度值，否则测量结束时很容易把测量结果算错。

第六，测量时，应轻轻提起测量杆，再把被测工件移到测量头的下面。放松测量杆时，应慢慢使测量头与被测件相接触。不允许将工件强迫推入到测量头的下面，也不允许提起测量杆后突然松手。

第七，测量时，百分表的测量杆要与被测工件表面保持垂直；而测量圆柱形工件时，测量杆的中心线则应垂直地通过被测工件的中心线，否则将增大测量误差。

百分表和千分表的读数采用以下方法。

由表的结构可知，在测量中，主指针只要转动，转数指针也必然随之转动。两者的转数关系为：主指针转一圈，转数指针相应地在转数指示盘上转一格。因此，毫米读数可从转数指针转过的分度中求得，毫米的小数部分可从主指针转过的分度中求得。如遇测量偏差值大于1毫米时，转数指针与主指针的起始位置应记清。小公差值的测量则不必看转数指针。

二、传感器

传感器有时亦被称为换能器、变换器、变送器或探测器，是指那些对被测对象的某一确定的信息具有感受（或响应）与检出功能，并使之按照一定规律转换成与之对应的有用输出信号的元器件或装置。从其功能出发，人们形象地将传感器描述为那些能够取代甚至超出人的“五官”，具有视觉、听觉、触觉、嗅觉和味觉等功能的元器件或装置。这里所说的“超出”，是因为传感器不但可应用于人无法忍受的高温、高压、辐射等恶劣环境，还可以检测出人类“五官”不能感知的各种信息。如微弱的磁、电、离子和射线的信息，以及远远超出人体“五官”感觉功能的高频、高能信息等。总之，传感器的主要特征是能感知和检测某一形态的信息，并将其转换成另一形态的信息。

传感器一般是利用物理、化学和生物等学科的某些效应或机理，按照一定的工艺和结构研制出来的。传感器的组成细节有较大差异，但总的来说，传感器由敏感元件、转换元件和其他辅助元件组成。敏感元件是指传感器中能直接感受（或响应）与检出被测对象的待测信息（非电量）的部分，转换元件是指传感器中能将敏感元件所感受（或响应）出的信息直接转换成电信号的部分。其他辅助元件通常包括电源，即交、直流供电系统。

目前，具有各种信息感知、采集、转换、传输及处理的功能传感器件，已经成为各个应用领域，特别是自动检测、自动控制系统中不可缺少的重要工具。例如，在各种航天器上，利用多种传感器测定和控制航天器的飞行参数、姿态和发动机工作状态，将传感器获取的种种信号再输送到各种测量仪表和自动控制系统，进行自动调节，使航天器按人们预先设计的轨道征程运行。

由于传感器是信息采集系统的首要部件，是实现现代化测量和自动控制（包括遥感、遥测、遥控）的主要环节，是现代信息产业的源头，又是信息社会赖以存在和发展的物质与技术基础。因此传感技术与信息技术、计算机技术并列成为支撑整个现代信息产业的三大支柱。可以设想，如果没有高度保真和性能可靠的传感器，没有先进的传感器技术，那么信息的准确获取就成为一句空话，信息技术和计算机技术就成了无源之水。目前，从宇宙探索、海洋开发、环境保护、灾情预报到包括生命科学在内的每一项现代科学技术的研究以及人民群众的日常生活等等，几乎无一不与传感器和传感器技术紧密联系着。可见应用、研究和开发传感器和传感器技术是信息时代的必然要求。

传感器种类很多，按被测物理量分类主要有压力、温湿度、流量、位移、速度、加速度传感器等。按敏感元件类型主要有电阻式、压电式、电感式、电容式传感器等。下面对几种常见的传感器进行简单介绍。

（一）电阻式传感器

电阻式传感器是将非电量（如力、位移、形变、速度和加速度等）的变化量，变换成与之有一定关系的电阻值的变化，通过对电阻值的测量达到对上述非电量测量的目的。电阻式传感器主要分为两大类：电位计（器）式电阻传感器及应变式电阻传感器。

电位计（器）式电阻传感器又分为线绕式和非线绕式两种，线绕电位器的特点是：精度高、性能稳定、易于实现线性变化。非线绕式电位器的特点是：分辨率高、耐磨性好、寿命较长。它们主要用于非电量变化较大的测量场合。

应变式电阻传感器是利用应变效应制造的一种测量微小变化量的理想传感器，其主要组成元件是电阻应变片。电阻应变片品种繁多，形式多样，但常用的可分为两类：金属电阻应变片和半导体电阻应变片。金属电阻应变片就是由金属丝和金属片为材料制造的，而半导体应变片则是用半导体材料制成的应变片。根据应变式电阻传感器所使用的应变片的不同，应变式电阻传感器可分为金属应变片和半导体应变片。这类传感器灵敏度较高，用于测量变化量相对较小的情况。目前，应变式电阻传感器是用于测量力、力矩、压力、加速度、重量等参数的最广泛的传感器之一。

电阻式传感器的应用范围很广，例如电阻应变仪和电位器式压力传感器等，其使用方法也较为简单，例如在测量试件应变时，只要直接将应变片粘贴在试件上，即可用测量仪表（例如电阻应变仪）测量；而测量力和加速度等，则需要辅助构件（例如弹性元件、补偿元件等），首先将这些物理量转换成应变，然后再用应变片进行测量。

（二）电容式传感器

电容式传感器的核心是电容器，其构成极为简单：两块互相绝缘的导体为极板，中间隔以不导电的介质。电容式传感器主要有以下优点：由于极板间引力是静电引力，一般只有毫克级，所以仅需很少能量就能改变电容值；极板很轻薄，因此容易得到良好的动态特性；介质损耗很小，发热甚微，有利于在高频电压下工作；结构简单，允许在高、低温及辐射等环境下工作，有的型式，电容相对变化量大，因此容易得到高的灵敏度；能把被测试件作为电容器的一部分（如极板或介质），故极易实现非接触测量。

由于电子技术的发展，使得电容式传感器应用更加广泛，特别是它的一些优点被充分的利用，如作用能量小、相对变化量大、灵敏度高、结构简单等。当前，电容式传感器在压力、差压、荷重以及小位移的检测中广为应用。

第五节　机械制造中的装配技术

一、装配与装配方法

为了达到装配精度，人们根据产品的结构特点、性能要求、生产纲领和生产条件创造出许多行之有效的装配方法。归纳有互换法、选配法、修配法及调整法四大类。

（一）互换法

互换法可以根据互换程度，分为完全互换和不完全互换。

完全互换就是机器在装配过程中每个待装配零件不需挑选、修配和调整，装配后就能达到装配精度要求的一种装配方法，这种方法是用控制零件的制造精度来保证机器的装配精度。完全互换法的优点是装配过程简单，生产效率高；对工人的技术水平要求不高；便于组织流水作业及实现自动化装配；便于采用协作生产方式。组织专业化生产，降低成本：备件供应方便，利于维修等。因此只要能满足零件经济精度加工要求，无论何种生产类型，首先考虑采用完全互换装配法。

当机器的装配精度要求较高，装配的零件数目较多，难以满足零件的经济加工精度要求时，可以采用不完全互换法保证机器的装配精度。采用不完全互换法装配时，零件的加工误差可以放大一些，使零件加工容易，成本低，同时也达到了部分互换的目的。其缺点是将会出现一部分产品的装配精度超差。

（二）选配法

在成批或大量生产的条件下，若组成零件不多但装配精度很高，采用互换法将使零件公差过严，甚至超过了加工工艺的现实可能性。在这种情况下，可采用选配法进行装配。选配法又分三种：直接选配法、分组选配法和复合选配法。

直接选配法是由装配工人从许多待装的零件中，凭经验挑选合适的零件装配在一起，保证装配精度。这类方法的优点是简单，但是工人挑选零件的时间可能较长，而装配精度在很大程度上取决于工人的技术水平，且不宜用于大批量的流水线装配。

分组选配法是先将被加工零件的制造公差放宽几倍（一般放宽 3 ～ 4 倍），加工后测量分组（公差带放宽几倍分几组），并按对应组进行装配以保证装配精度的方法。分组选配法在机器装配中用得很少，而在内燃机、轴承等大批大量生产中有一定的应用。

复合选配法是上述两种方法的复合。先将零件预先测量分组，装配时再在各对应组内凭工人的经验直接选择装配。这种装配方法的特点是配合公差可以不等。其装配质量高，速度较快，能满足一定生产节拍的要求，在发动机的气缸与活塞的装配中，多采用这种方法。

（三）修配法

在单件小批生产中，装配精度要求很高且组成环多时，各组成环先按经济精度加工，装配时通过修配某一组成环的尺寸，使封闭环的精度达到产品精度要求，这种装配方法称为修配法。修配法的优点是能利用较低的制造精度，来获得很高的装配精度。其缺点是修配劳动量大，要求工人技术水平高，不易预定工时，不便组织流水作业。利用修配法达到装配精度的方法较多，常用的有单件修配法、合并修配法及自身加工修配法等。

（四）调整法

调整法与修配法在原则上是相似的，但具体方法不同。调整装配法是将所有组成环的公差放大到经济精度规定的公差进行加工。在装配结构中选定一个可调整的零件，装配时用改变调整件的位置或更换不同尺寸的调整件来保证规定的装配精度要求。常见的调整法有可动调整法、固定调整法及误差抵消调整法三种。

二、装配工艺规程的制定

（一）制定装配工艺规程的基本原则

装配工艺规程是用文件形式规定下来的装配工艺过程，它是指导装配工作的技术文件，是设计装配车间的基本文件之一，也是进行装配生产计划及技术准备的主要依据。所以，机器的装配工艺规程在保证产品质量、组织工厂生产和实现生产计划等方面有重要作用，在制定时应注意下列 4 条原则。

在保证产品装配质量的情况下，延长产品的使用寿命；

合理安排装配工序，减少钳工装配工作量；

提高效率，缩短装配周期；

尽可能减少车间的作业面积，力争单位面积上具有最大生产率。

（二）装配工艺规程的内容

进行产品分析，根据生产规模合理安排装配顺序和装配方法，编制装配工艺系统图和工艺规程卡片；

确定生产规模，选择装配的组织形式；

选择和设计所需要的工具、夹具和设备；

规定总装配和部件装配的技术条件和检查方法；

规定合理的运输方法和运输工具。

（三）制定装配工艺规程的步骤

1. 进行产品分析

分析产品图样，掌握装配的技术要求和验收标准。对产品的结构进行尺寸分析和工艺分析。研究产品分解成“装配单元”的方案，以便组织平行、流水作业。

2. 确定装配的组织形式

装配的组织形式根据产品的批量、尺寸和质量的大小分固定式和移动式两种。固定式是工作地点不变的组织形式；移动式是工作地点随着小车或运输带而移动的组织形式。固定式装配工序集中，移动式装配工序分散。单件小批、尺寸大、质量大的产品用固定装配的组织形式，其余的用移动装配的组织形式。装配的组织形式确定以后，装配方式，工作地点的布置也就相应确定。工序的分散与集中以及每道工序的具体内容也根据装配的组织形式而确定。

3. 拟定装配工艺过程

在拟定装配工艺过程时，可按以下步骤进行。

（1）确定装配工作的具体内容

根据产品的结构和装配精度的要求可以确定各装配工序的具体内容。

（2）确定装配工艺方法及设备

为了进行装配工作，必须选择合适的装配方法和所需的设备、工具、夹具和量具等。

（3）确定装配顺序

各级装配单元装配时，先要确定一个基准件先进入装配，然后根据具体情况安排其他单元进入装配的顺序。如车床装配时，床身是一个基准件先进入总装，其他的装配单元再依次进入装配。从保证装配精度及装配工作顺利进行的角度出发，安排的装配顺序为：先下后上，先内后外，先难后易，先重大后轻小，先精密后一般。

（4）确定工时定额及工人的技术等级

目前装配的工时定额大都根据实践经验估计，工人技术等级并不进行严格规定。但必须安排有经验的技术熟练的工人在关键的装配岗位上操作，以把好质量关。

（5）编写装配工艺文件

装配工艺规程中的装配工艺过程卡片和装配工序卡片的编写方法与机械加工的工艺过程卡和工序卡基本相同。在单件小批生产中，一般只编写工艺过程卡，对关键工序才编写工序卡。在生产批量较大时，除了编写工艺过程卡外还需编写详细的工序卡及工艺守则。

第二章 工程机械可靠性设计

第一节 机械产品可靠性设计原理

可靠性设计原理是在传统设计的基础之上，将设计对象的设计参数，如载荷、材料性能、强度、零部件尺寸等与设计有关的参数、变量等要素处理为服从某种统计规律的随机变量，按可靠性设计准则建立概率数学模型，应用概率与数理统计理论及强度理论，求出在给定设计条件下零部件产生破坏的概率公式，并应用这些公式求出在给定可靠度下零部件的尺寸、寿命等。

一、应力－强度干涉理论

应力－强度干涉理论揭示了机械产品产生故障，且有一定故障概率原因及产品可靠性设计的本质。由于干涉存在，任一设计都存在故障或者失效概率，机械产品设计目的就是将故障或失效概率限制在某一可接受范围。

实际工程应用中，相关性是机械产品失效的普遍特征，独立假设条件下的可靠性计算结果往往与实际经验的可靠性值有较大的偏差。因此建立应力－强度相关干涉的可靠性计算模型更符合实际。

传统的应力强度干涉模型均基于 S 和△之间相互独立，设 S 和△的密度函数分别为 g（s），$f(\delta)$ 分布函数分别为 G（s），F（δ）则零件可靠性模型是

$$R=P(\Delta>S)=\int_{-\infty}^{+\infty}\int_{S}^{+\infty} f(\delta)\, g(s)\, d\delta\, ds \quad (2.1)$$

考虑了零件的尺寸参数、表面状况、温度、腐蚀等因素的影响，S 和△之间呈现负相关关系。故可认为S和△之间的相关结构符合负相关Copula模型，就可建立应力-强度相关性干涉可靠性计算模型。

二、已知应力－强度分布的可靠性计算

（一）应力－强度相互独立的可靠性计算

1. 应力－强度均为正态分布

经过大量的试验分析，机械零件的强度及应力的概率密度函数服从于正态分布，即

$$f(\delta)=\frac{1}{\sigma\sqrt{2\pi}}\exp\left[-\frac{1}{2}\left(\frac{\delta-\mu_\delta}{\sigma_\delta}\right)^2\right],\quad g(s)=\frac{1}{\sigma_S\sqrt{2\pi}}\exp\left[-\frac{1}{2}\left(\frac{\delta-\mu_S}{\sigma_S}\right)^2\right]$$

根据概率论的研究，当应力和强度均为正态分布的随机变量时，其强度差Z= △ -S 也为一正态分布随机变量，其应力均值和均标准差分别为

$$\mu_z=\mu_\delta-\mu_s,\quad \sigma_z=\sqrt{\sigma_\delta^2-\sigma_s^2}$$

强度差的概率密度函数为

$$P(Z)=\frac{1}{\sigma_Z\sqrt{2\pi}}\exp\left[-\frac{1}{2}\left(\frac{Z-\sigma_Z}{\sigma_Z}\right)^2\right]$$

零件的破坏概率为

$$P(Z<0)=\int_{-\infty}^{0}P(Z)dZ=\int_{-\infty}^{0}\frac{1}{\sigma_Z\sqrt{2\pi}}\exp\left[-\frac{1}{2}\left(\frac{Z-\sigma_Z}{\sigma_Z}\right)^2\right]$$

2. 应力－强度均为截尾分布

在机械零件可靠性设计中为了计算的简便，目前对随机变量（即设计变量）所使用的分布都假定为标准的理论分布，如应力、强度、寿命、载荷、几何尺寸等。在这些理论分布中，随机变量的取值范围都是从－∞～∞。实际上随机变量的这种取值范围不符合机械零件设计变量的取值范围。如零件的尺寸、载荷、应力、强度及寿命等设计变量，其取值不可能为无穷大，也不可能为零，更不可能为负无穷大，因此截尾分布是合理的，本文依据对截尾分布进行了详细的描述。

（1）截尾分布

机械零件中所有设计变量都应该是服从两端截尾的分布。为了叙述方便，以寿命分布为例加以讨论。对于工作中的机械零件，通常是确定他达到失效时的寿命分布。设其理论分布的概率密度为 f_T（t），则可靠度为

$$R(t)=P(T>t)=\int_t^{\infty} f_T(t)\,dt$$

寿命小于零显然不合理。对于合格的产品，其寿命等于 0 或接近于 0 也不合理，从寿命不可能为负这个角度讨论了下侧截尾的正态分布，有

$$R(t)=\frac{1}{K\sqrt{2\pi}\sigma}\int_t^{\infty} e^{-\frac{(t-\mu)^2}{2\sigma^2}}dt=1-\frac{1}{K\sqrt{2\pi}\sigma}\int_0^{t} e^{-\frac{(t-\mu)^2}{2\sigma^2}}dt \quad (2.1)$$

式中：K 为正规化常数，由截尾分布理论有

$$K=\frac{1}{\sqrt{2\pi}\sigma}\int_0^{\infty} e^{-\frac{(t-\mu)^2}{2\sigma^2}}dt$$

从工程设计的实用性来看，式（2.1）的这种截尾分布仍不可以满足要求，一般应改写为

$$R(t)=\begin{cases}1,\ t<t_{\min}\\ \int_t^{t_{\max}} f_T^*(t)dt,\ t_{\min}\le t<t_{\max}\\ 0,\ t\ge t_{\max}\end{cases} \quad (2.2)$$

式中：$f_T^*(t)$ 为寿命 T 的截尾概率密度，即

$$f_T^*(t)=f_T(t)/K$$

其中，$f_T(t)$ 为与截尾分布相对应理论分布的概率密度，正规化常数为

$$K=\int_{t_{\min}}^{t_{\max}} f_T(t)dt$$

这就是从寿命角度出发计算两端截尾分布的可靠度模型。

（2）截尾点的确定

截尾分布实际应用的关键在于截尾点确定的合理性。

需要设计要求的几何尺寸，通常都有严格的公差限制。所以关于尺寸分布的截尾

点可取成尺寸的上、下限，即最大极限尺寸和最小极限尺寸。

对于使用载荷应该通过实测后获得截尾点。在设计时，都按名义载荷进行计算的。因此，在设计阶段，关于载荷分布的截尾点由设计人员按自己的经验给定，如估计载荷的变化大约在名义载荷的百分之几左右变化，这样就可以求得载荷的上、下限。应力分布的截尾点可通过运算获得，也可通过实测获得。

对于强度，通过对 40 多种常用金属材料的大量试验数据的收集，大部分材料的强度极限和屈服极限的截尾点都在均值 ±2 倍标准差取值。对于超过均值 ±2 倍标准差的材料，若强度极限的变异系数小于等于 0.05，屈服极限的变异系数取 0.07，则截尾点也可取成均值 ±2 倍标准差。

（二）应力 - 强度相关的可靠度计算分析

进行应力 - 强度相关的可靠度计算时，必须分析应力与强度相关的关系和程度，选择合适的 Copula 函数进行可靠度计算。在机械产品中，应力与强度间的相关性多表现为负相关，如零件的强度随零件尺寸参数的增大、表面状况良好等因素而增大，零件的应力随之减小。温度、湿度及腐蚀等因素也对两者有类似作用。因此，应力 - 强度相关结构选择 Clayton 模型有

$$C_\theta(u,v)=\left(u^{-\theta}+v^{-\theta}-1\right)^{-\frac{1}{\theta}} \quad (2.3)$$

对于相关程度参数 θ 可根据极大似然法或经验给出，反映了不同材料及几何外形的零件和在不同环境条件下，应力与强度间相互依赖的程度。采用极大似然法时，似然函数为

$$L_\theta=\prod_{j=1}^{m}C_{\theta j}\left(u_j,v_j\right)g\left(s_j\right)f\left(\delta_j\right) \quad (2.4)$$

式中：j 为零件不同状态时，测定应力与强度样本的次数 j=1，2，…，m，其中，m 为样本容量；$C_{\theta j}$ 为 C_θ 的密度函数，有

$$C_{\theta j}=\left.\frac{\partial C_\theta(u,v)}{\partial u\partial v}\right|_{u=uj,v=vj}$$

$$u_j=G\left(s_j\right),\ v_j=F\left(\delta_j\right)$$

传统的应力强度干涉模型常基于 S 及△之间相互独立，设 S 和△的密度函

数分别为 g（s），$f(\delta)$ 分布函数分别为 G（s），F（δ）则零件可靠度模型为

$$R=P(\Delta>S)=\int_{-\infty}^{+\infty}\int_{S}^{+\infty}f(\delta)\,g(s)\,d\delta\,ds$$

第二节 机械产品可靠性设计方法

机械产品可靠性设计通常有以下几种方法，即①静强度可靠性设计；②疲劳强度可靠性设计；③动态可靠性设计；④时变可靠性设计；⑤摩擦可靠性设计等。在这些设计方法中，为了使设计更加合理，又引入了新的设计手段，即①灵敏度设计；②稳健性设计；③优化设计等。这些方法和手段融合使用，将会使设计方法趋于完善。

一、静强度可靠性设计

机械静强度可靠性设计本质在于把应力分布、强度分布和可靠度在概率意义上联系起来，给出一种设计计算的依据，前述提到的“连接方程”就是应力与强度呈正态分布或对数正态分布的一种概率形式，在可靠性设计中具有重要价值，是对传统安全系数的设计方法进行改进和补充。

（一）安全系数法

常规设计中，强度与应力之比称为零件安全系数是一常数值，其具有直观、易懂、方便、有一定实践依据等优点，而一直沿用。零件是否可靠的判断标准是安全系数 n 是否大于许用安全系数。但由于应力、强度分布的离散性，显然这种数值型安全系数对于零件、结构可靠性的评价不太合理。例如有两个完全相同构件，材料强度都为 500MPa，设计载荷均为 250MPa，那么传统意义上的静强度设计安全系数均为 2.0，从传统静强度设计的意义上讲，二者具有相同的安全性。那么，从可靠性角度来讲二者的安全性又将如何？假定第一个构件的材料强度和设计载荷的变异系数均为 0.1，而第二个构件的材料强度和设计载荷的变异系数均为 0.15。若从工程上常用的 3 倍的标准差原则来考虑，第一个构件强度的下限为 500-3×（500×0.1）=350MPa，载荷的上限为 250+3×（250×0.1）=325MPa，是大于设计载荷的；而第二个构件强度的下限为 500-3×（500×0.15）=275MPa，载荷的上限为 250+3×（500×0.15）=362.5MPa，这时强度是小于设计载荷的。显然，后者的安全性要小于前者。这里需要说明的是：在实际工程恰好出现强度处于下限而载荷处于上限的可能性不大，但从概率的角度来讲，这一事件发生概率是存在的，而传统意义上的静强度安全系数只能说明各设计变量（它们是随机变量）均值之间的关系，而没有考虑各种随机变量的变异性对结构安全的影响，而可靠性分析恰好可以给出这一概率。

常规设计中的安全系数也无法进行可靠度预计（即使平均安全系数一致，各千零件的可靠度变动范围很大）。于是，国内外学者考虑随机安全系数，且借助于正态分布的理论背景，得到应力与强度正态分布下的可靠度计算公式，但机械零件安全系数一可靠度分析的探讨均未考虑应力强度两者的相关性。也就是说，传统安全系数一可靠度计算表达式实质是把所有工况视为应力与强度相互独立这一特殊情况来处理的。实际上，由于应力与强度两变量均受到零件几何尺寸、材料物理性质、表面质量及工作环境等共同因素的影响，导致它们是相关的。这样按独立情形进行的产品可靠性设计也就不一定达到所预计标准，从而不可以满足涉及重大安全或高精度产品的需求。针对应力与强度两变量的负相关干涉，将目前国内外较流行的相关性研究工具——Copula 函数引入至安全系数一可靠度计算建模中，给在应力与强度相关干涉下的机械产品可靠性设计方法。

1. 载荷经典安全系数

经典的数值型安全系数有以下三种，即

$$n=\overline{\delta}/\overline{S}$$

式中：$\overline{\delta}$ 为强度样本均值；$\overline{S}$ 为应力样本均值，故称平均安全系数。

$$n=\delta_{\min}/S_{\max}$$

式中：$\delta_{\min}$ 为强度最小值；$S_{\max}$ 为应力最大值，称极限应力与强度状态下的最小安全系数。$N=\overline{\delta}/S_{\max}$ 为一种折中的安全系数。

上述安全系数具有以下共性：①安全系数仅是一确定数值，不能反映应力与强度随机分布形态。实际上，应力与强度分布的均方差 σ_δ 和 σ_S 对零件失效概率影响明显。②没有与产品可靠度之间建立联系，缺乏可靠性评价基础。如把安全系数取得太大，造成材料浪费、重量增大及成本提高，取得太小，又恐危及安全性。

2. 应力 - 强度相互独立的随机安全系数可靠性计算模型

设应力为 S，强度为 δ，则安全系数变量 N/ δ /S。零件可靠度为

$$R=P\left(N=\frac{\delta}{S}>1\right)=\int_1^{\infty}f_N(n)\,dn \quad (2.5)$$

式中：δ 和 S 为随机变量；f_N（n）为 N 的密度函数。

经典机械静强度可靠度设计多认为 δ 和 S 相互独立并且服从正态分布 N（μ_S，σ_S^2）和 N（μ_δ，σ_δ^2），其密度函数分别为 gS（s）和 $f_\delta(\delta)$。由概率论的理论知，给定安全系数的可靠度为

$$R=P(N>1)=1-\Phi\left(\frac{1-\overline{n}}{\sigma_N}\right) \quad (2.6)$$

这里，$\bar{n}=\frac{\mu_\delta}{\mu_S}$，$\sigma_N=\frac{1}{\mu_S}\left(\frac{\mu_\delta^2\sigma_S^2+\mu_S^2\sigma_\delta^2}{\mu_S^2\sigma_S^2}\right)^{\frac{1}{2}}$。

当然，式（2.6）仅适用于应力和强度相互独立且均服从正态分布，而由概率分布商理论，不难得到应力 S 与强度 δ 一般型分布时，那么安全系数变量的密度函数为

$$f_N\text{（n）}=\int_1^\infty f_\delta(ns)\times g_s(s)\times \text{sds}\quad(2.7)$$

（二）应力 - 强度相关干涉的可靠性计算方法

由零件强度均值 μ_δ 和零件危险断面上的应力均值 μ_δ 之比的平均安全系数为

$$\bar{n}=n_m=\frac{\mu_\delta}{\mu_s}\quad(2.8)$$

当应力 S 和强度 δ 独立且分别服从正态分布 N（μ_S，σ_S^2）和 N（μ_δ，σ_δ^2）时，其可靠度为

$$R=\Phi\left(\frac{(n-1)\mu_\delta}{n_m\sqrt{\sigma_s^2+\sigma_\delta^2}}\right)=\Phi(\beta)\quad(2.9)$$

式中：$\beta=\frac{\mu_\delta-\mu_s}{\sqrt{\sigma_s^2+\sigma_\delta^2}}$ 为可靠性指标。

（三）应力 - 强度相关干涉的可靠性设计

机械设计中，需要处理的静强度可靠性设计的产品以受拉零件、梁、承受转矩的轴、滚动轴承及传动齿轮为主。以受拉零件为对象，说明应力 - 强度相关干涉下的静强度可靠性设计的原理，其他类型产品可靠性设计方法类似。

1. 设计步骤

设作用在零件上的拉伸载荷 P（μ_P，σ_P），零件的计算截面面积 A（μ_A，σ_A），零件材料的抗拉强度 δ 均是随机变量。当动载荷波动很小时，可视为静强度处理，失效模式为拉断。零件静强度可靠性设计可按如下步骤进行：

（1）按标准，选定零件可靠度 R

（2）明确零件材料强度分布参数 μ_δ，σ_δ

（3）列出应力表达式 S=P/A，若采用圆截面设计，则 S=P/ π r^2，因截面积 A 是

要求的未知量，则应力 S 的特征参数（μ_S，σ_S）可表示成关于 A 的函数；

（4）由（2）和（3）确定了强度δ和应力 S 分布的密度函数；

（5）确定强度 S 和应力 S 两者相关结构 Copula C_θ（u，v）的解析式；

（6）将（1）～（5）信息表达式代入相关干涉的零件可靠度计算模型（2.5）中，求出关于截面积 A 均值μ_A的方程的解；

（7）据标准和设计准则，由确定零件的尺寸参数，如果是圆截面设计，可确定拉杆半径的值。

2. 载荷、材料力学性能与几何尺寸的统计分析

在机械可靠性设计中，需要掌握载荷、材料力学性能与几何尺寸的分布形式和统计参数。一般情况下是通过大量试验测试与统计积累，或利用前人经验、手册及表格等各种文献提供的数据查取。

（1）载荷

大量的统计表明，静载荷可用正态分布描述，而一般动载荷可用正态分布或对数可用正态分布描述。对特殊工况下的载荷可用试验数据进行统计分析，最后得出分布形式和统计参数。

（2）材料力学性能

①静强度指标

机械产品的金属材料的抗拉强度σ_b，屈服极限σ_S一般能较好地符合或近似符合正态分布；多数材料的延伸率δ符合正态分布；剪切强度极限τ_b与σ_b有近似线性关系，故近似于正态分布；剪切屈服极限τ_S =（0.3-0.6）σ_S；碳钢与低合金钢的扭转强度极限$\tau_{nb} \approx 0.288\ \sigma_b$；扭转屈服极限$\tau_{ns}$对于碳钢$\tau_{ns} \approx$（0.3-0.6）$\sigma_S \approx$（0.34-0.36）$\sigma_b$，于合金钢$\tau_{ns} \approx 0.60\ \sigma_S \approx$（0.43-0.48）$\sigma_b$；弯曲强度：对于碳钢$\tau_{us}$ =1.20，$\sigma_S \approx$（0.67-0.72）σ_b，对于合金钢σ_{us} =1.11 $\sigma_S \approx$（0.83-0.89）σ_b。

有时可以通过给出了些常用金属材料的变差系数反映强度和屈服极限的统计特性。由表 2-1 可以看出，同一种材在不同应力状态下的变差系数是不一样的，不同材料在同一应力状态下的变差系数也不相同。统计表明，变差系数值的波动范围较大。即使是同一材料，在相同的试验条件下进行试验所得结果也有较大的分散性。因此只能取其均值用于计算。

一般情况下，变差数 CX<0.2，当 CX>0.2 则说明材料的生产工艺不稳定，不宜用于可靠性设计。

表 2-1　一些常用材料的变差系数

钢号	C_{σ_b}	C_{σ_s}	光滑试件	缺口试件
			$C_{\sigma_{-1}}$	$C'_{\sigma_{-1}}$
20	0.069	0.125	0.020	0.031
35	0.076	0.110	0.008	0.021
40	0.065	0.092		
45	0.070	0.070	0.0246	0.041
16Mn	0.041	0.054	0.0301	0.054
35CrMo	0.144	0.218	0.0321	0.046
40Cr	0.050	0.050	0.0245	
40MnB			0.0424	0.0365
60Si2Mn	0.037		0.0425	0.021
40CrNi	0.060	0.060		
30CrMnSiA	0.071	0.100	0.149	
ZG35H	0.171	0.208		
QT60-2			0.020	0.055
QT40-17			0.046	0.030

许多手册、文献、表格中所提供的数据，一般多仅给出公差或上、下限范围而不涉及它们的分布数字特征值。为得到机械的可靠性设计所需要的数据。对这些数据可做如下处理：对于表格中给出极限应力或强度的某一上和下限范围 σ_{max}，σ_{min} 按下列公式计算均值及标准差，即

$$\mu_\sigma=\frac{1}{2}\left(\sigma_{max}+\sigma_{min}\right) \quad (2.10)$$

$$S_\sigma \text{或} \sigma_\sigma=\frac{1}{6}\left(\sigma_{max}+\sigma_{min}\right) \quad (2.11)$$

②硬度

多数材料的硬度接近于正态分析，也常常能较好地符合威布尔分布。表 2-2 给出了一些金属材料的硬度均值及标准差。

表 2-2 金属材料硬度的均值与标准差

序号	材料名称		抗拉强度极限均值 / MPa	屈服极限均值 /MPa	硬度名称	屈服极限的标准差		附注
						标准差	占强度极限的百分数 ×100	
1	锰钢		614	418	HB	221*	5.13*	1.19% ~ 1.37%C, 1.5% ~ 12.0%Mn, 0.5% ~ 2.1%Si
					RC	46.5*	1.79*	
2	低合金钢（回火温度如右）	370℃	1406	1276	RC	37.0*	3.60*	0.23% ~ 0.34%C, 0.37% ~ 0.87%Mn, 0.46% ~ 0.65%Cr, 0.15% ~ 0.24%Mo, 0.41% ~ 0.65%Ni
		454℃	1215	1153	RC	29.5*	6.21*	
		538℃	1075	1023	RC	26.5*	5.66*	
		620℃	995	907	RB	62.0*	1.61*	
3	高强度合金钢		1085	1691	RC	49.99*	4.00*	0.003% ~ 0.050%C, 15.0% ~ 17.8%Ni, 4.28% ~ 5.10%Mo, 6.40% ~ 14.10%Co, 0.13% ~ 0.83%Ti, 0.01% ~ 0.62%Nb
4	灰铸铁		173	-	HB	186.8*	5.98*	3.47% ~ 3.69%C, 2.17% ~ 2.72%Si, 0.61% ~ 0.84%Mn
5	球墨铸铁	63-43-15 系列	545.2	395.3	HB	166.85*	7.37*	北美洛克维尔公司数据
		80-53-06 系列	745.0	498.5	HB	216.82*	12.02*	
铝青铜	A		771.6	329.4	HB	178.2*	8.60*	9.37% ~ 11.80%Al, 2.74% ~ 6.05%Fe, 07% ~ 6.26%Ni, 0.31% ~ 0.63%Mn
	B		856.0	488.4	HB	217.6*	7.05*	9.37% ~ 11.80%Al, 2.74% ~ 5.69%Fe, 09% ~ 6.26%Ni, 0.49 ~ 0.63%Mn

③材料弹性模量与泊松比

金属材料的弹性模量 E，剪切弹性模量 G 以及泊松比 μ 也是具有离散性的，可认为近似于正态分布，其参数可查表 2-3。

表 2-3　弹性模量 E，G 与泊松比 μ 的分布参数表

序号	材料名称	弹性模量 E			剪切弹性模量 G			泊松比 μ		
		E/MPa	SE/MPa	CE	G/MPa	SG/MPa	CG	$\bar{\mu}$	S_μ	C_μ
1	低碳钢	206010	3269	0.015	78970	163	0.002	0.29	0.013	0.046
2	16Mn	206010	3269	0.015	78970	163	0.002	0.29	0.013	0.046
3	合金钢	201105	4905	0.024	79461			0.28	0.015	0.052
4	灰、白口铸铁	134888	7357	0.054	44145			0.25	0.006	0.026
5	球墨铸铁	142245	4905	0.034	73084	438	0.006			
6	铝及铝合金	69651	3269	0.046	25996	163	0.006	0.33		
7	铜及铜合金	100062	9165	0.091	42183	98	0.002	0.36	0.018	0.050
8	钛及钛合金	112815	1635	0.014	40858	1336	0.030	0.30	0.011	0.037
注：表中各项目左至右分别为该项的均值、标准差及变差系数										

应指出，现有的统计分布数据不但很缺乏，而且由不同来源提供的数据也不尽相同。

（3）几何尺寸

零件加工后的尺寸是一个随机变量，零件尺寸偏差多呈正态分布。一般，对小字样的离散程度的量度，用极差 R 比用标准 S 更为方便，也可以用极差 R 按表 2-4 给出的 R/S 数来估算 S。

表 2-4　标准差 S 的估算用表

样本容量 n	5	10	25	100	700
R/S	2	3	4	5	6

通常，在机加工中尺寸的容许偏差为公差，如果与尺寸的变动性有关的数据仅有容许偏差 ±△x 则可用△x 来估算标准差。当预期尺寸值能集中在 $\bar{x}\pm\triangle x$ 的界限以内时，标准差的近似值 σ_x 为

$$\sigma_x \approx \frac{\left(\bar{x}+\triangle x\right)+\left(\bar{x}+\triangle x\right)}{6}=\frac{\triangle x}{3} \quad (2.12)$$

二、疲劳强度可靠性设计

大多数机械产品都承受随机载荷、波浪载荷或交变载荷，使产品产生交变应力。据统计机械产品的断裂事故多由这种交变应力引起的疲劳破坏所致。疲劳过程实质是载荷重复作用导致产品内部材料损伤积累，损伤之后才能判断何时发生失效，及什么状态下的失效。因此对承受交变载荷的多数机械产品结构来说，静强度可靠性设计不可以反映它们的实际工况，只有用疲劳强度可靠性设计才符合实际设计工况。

（一）疲劳强度的概率模型

1. 引言

疲劳强度指的是结构抵抗疲劳破坏的能力。工程中常用 S 与 N 之间的关系来表示结构的疲劳强度，这里，S 是交变应力的应力范围，N 是结构在应力范围为 S 的横幅交变应力作用下达到破坏所需要的应力循环次数，亦称为疲劳寿命。在以往确定性的疲劳设计和分析中，S 和 N 之间认为有确定的一一对应关系，若用一曲线来拟合 S 与 N 之间的关系，就得到所谓的 S-N 曲线。

事实上，S 与 N 之间的表系是通过对试件进行疲劳试验得到的。由于材料性能本身的分散性，以及试件灵度、加工状态和试验设备、环境、操作等方面存在的不确定性，疲劳试验的结果有很大的随机性和分散性。即使在给定应力范围水平下进行一组相同试件的疲劳试验，测得的一组疲劳寿命值也会是各不相同的。于是，在若干不同应力范围水平下试验得到的数据将形成一个散布带。显然要正确地揭示出隐含在这些随机的分散的试验数据中的必然规律性，必须采用概率和统计的方法。

首先，给定应力范围 S 下的疲劳寿命 N 应当作为以一个随机变量研究。为了掌握 N 的分布规律，要把在给定应力范围水平下用一组相同试件试验测得的疲劳寿命数据看成是 N 的一个子样，并对它进行统计分析，得到了子样的频率分布及统计特性。然后根据子样的统计结果推断出 N 的母体分布形式，并对分布参数进行估计。

由于任意给定应力范围下的疲劳寿命是一个随机变量，因此表示不同的应力范围与相应的疲劳寿命之间关系的 S-N 曲线也只有建立在统计的方法上的。在疲劳可靠性分析中，通常采用中值 S-N 曲线，其中 N 定义为疲劳寿命的中值。中值 S-N 曲线连同疲劳寿命的其他有关统计特性（如对数疲劳寿命的标准差等）就构成了结构疲劳强度的概率模型。

2. 理论分布的疲劳寿命模型

目前使用最多的疲劳寿命的理论模型是对数正态分布及 Weibull 分布。

（1）对数正态分布

当给定应力范围水平下疲劳寿命的分布采用对数正态分布模型时，对数疲劳寿命服从正态分布。现用 X 表示对数疲劳寿命，即令 X=lgN，X 的概率密度函数是

$$f_X(x)=\frac{1}{\sqrt{2\pi}\sigma_X}\exp\left[-\frac{1}{2}\left(\frac{x-\mu_X}{\sigma_X}\right)^2\right] \tag{2.13}$$

式中：μ_X 和 σ_X 为对数疲劳寿命的母体均值和标准差，这两个参数需要利用子样的统计特性来估计。

若用 $\hat{\mu}_X$ 和 $\hat{\sigma}_X$ 分别表示对数疲劳寿命母体均值及标准差的估计值，有

$$\hat{\mu}_X = \overline{\lg N} = \frac{1}{n}\sum_{i=1}^{n}\lg N_i$$

$$\hat{\sigma}_X = S_{\lg N} = \left\{\frac{1}{n-1}\left[\sum_{i=1}^{n}(\lg N_i)^2 - n(\overline{\lg N})^2\right]\right\}^{\frac{1}{2}} \quad (2.14)$$

（2）Weibull 分布

当给定应力范围水平下疲劳寿命的分布采用 Weibull 分布模型时，他的概率密度函数为

$$f_N(N) = \frac{b}{N_a - N_0}\left(\frac{N-N_0}{N_a-N_0}\right)^{b-1} \exp\left[-\left(\frac{N-N_0}{N_a-N_0}\right)^{b}\right] \quad (2.15)$$

式中：N_0 为最小寿命参数；N_a 为特征寿命参数；b 为形状参数。

3. 中值 S-W 曲线

在疲劳可靠性分析中，一般采用中值 S-N 曲线，这时 N 定义为疲劳寿命的中值 $\tilde{N}$。

中值 S-N 曲线通常通过成组试验的方法得到的，即选取若干不同的应力范围水平，在每一应力范围水平下各用一组试件做试验，然后，对各组试验数据分别进行统计分析，得到疲劳寿命的中值以及其他统计特征值，最后用曲线拟合中值疲劳寿命数据点，就得到了中值 S-N 曲线。例如，在图 2-1 中标出了 6 个不同的应力范围水平下得到的中值疲劳寿命数据点，以及拟合这些数据点得到的中值 S-N 曲线。该曲线给出有限疲劳载荷寿命与无限疲劳寿命的划分范围。对一般钢材，循环次数 N0 表示 S-N 曲线水平段。N0 称为寿命数。其相应的应力水平称为疲劳极限，或持久限 Sr 它是受无限次应力循环而不发生疲劳破坏的最大应力。

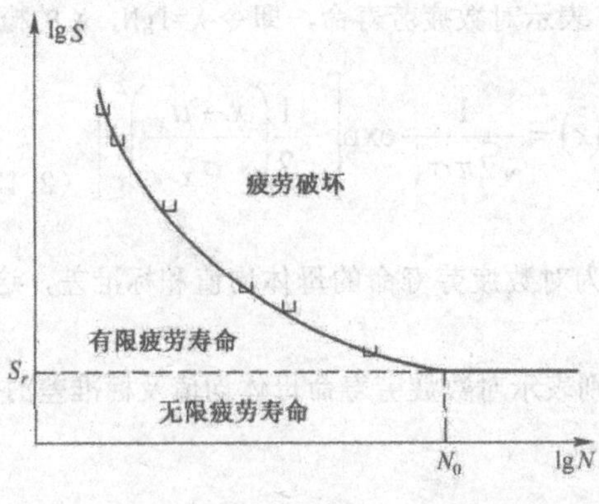

图 2-1

长期以来对疲劳寿命试验数据的研究发现，在双对数坐标系之中，中值 S-N 曲线常常接近是直线。根据这一现象，为便于分析和使用，通常把中值 S-N 曲线的表达式为

$$NS^m=A \quad (2.16)$$

式中：m 和 A 为两个参数。对式（2.16）等号两边取对数，得

$$\lg N=\lg A-m\lg S \quad (2.17)$$

这就是在 lgA-lgS 坐标系中的直线方程。如图 2-2 所示，图中将横坐标轴定为 lgN 轴，纵坐标轴定为 lgS 轴。m 是直线的斜率，lgA 是直线在 lgN 轴上的截距。研究表明，对于船舶及海洋工程结构，在整个寿命期间，疲劳极限不可确定的。

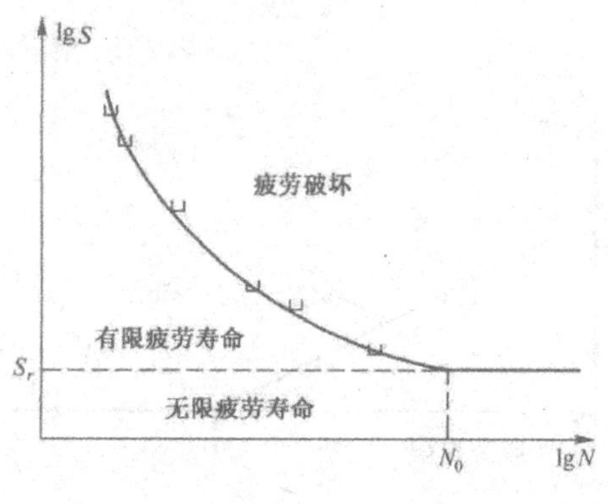

图 2-2

4. P-S-N 曲线

（1）概述

实践表明 S-N 曲线由于受到试验数据分散性影响，存在相当明显的分散性。若在常规的确定性疲劳设计与分析中用中值 S-N 曲线表示疲劳强度，那么平均而言就有一半构件的实际疲劳寿命将低于按 S-N 曲线计算所得的值，过早地发生破坏。或者说，过早发生破坏的概率将达到 50%。这显然是不安全的。为保证结构的安全，目前在常规的疲劳设计与分析中多采用概率 S-N 曲线（P-S-N 曲线）来表示疲劳强度。对给定的应力范围 S，用 P-S-N 曲线计算得到的疲劳寿命是具有存活率 p 的安全寿命。也就是说，在疲劳寿命的母体中，实际寿命大于此安全寿命的概率是 p，适当选取存活率后建立的 P-S-N 曲线，可以使过早破坏的概率降到可以接受的程度，从而在保守的意义上考虑了疲劳强度的随机分散性质。在常规的疲劳设计与分析中引入 P-S-N 曲线是对确定性方法的一种改进。（参见图 2-3 ～图 2-5）

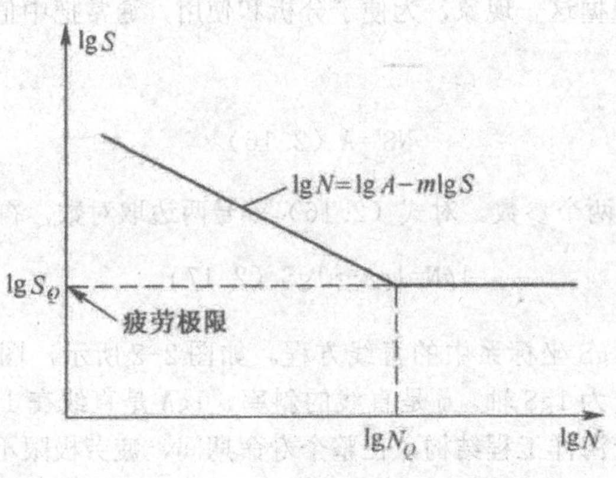
lg$S$
lg$N$=lg$A$−$m$lg$S$
lgS_Q
疲劳极限
lgN_Q
lg$N$

图 2-3

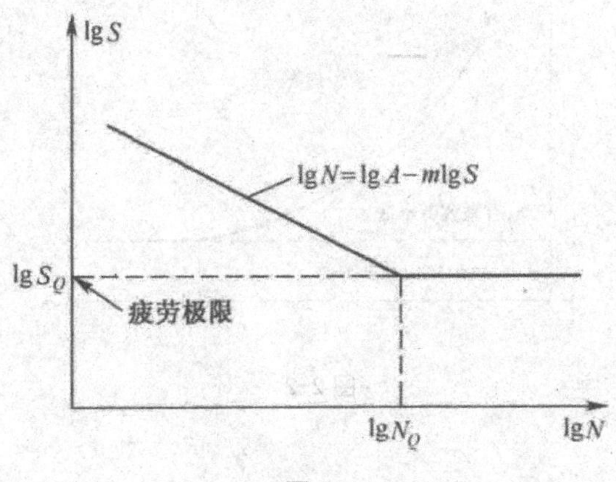
lg$S$
lg$N$=lg$A$−$m$lg$S$
lgS_Q
疲劳极限
lgN_Q
lg$N$

图 2-4

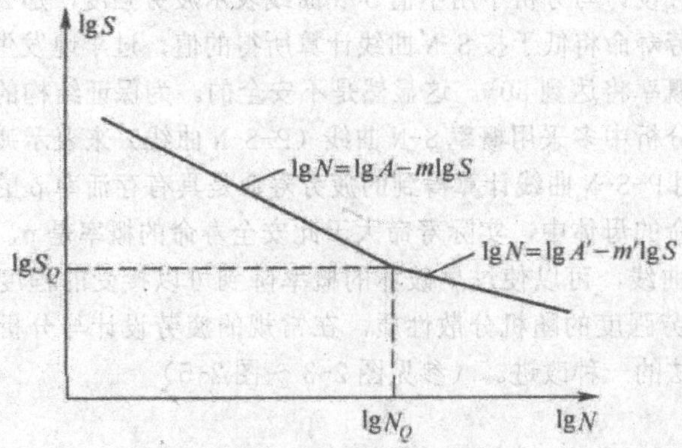

lg$S$
lg$N$=lg$A$−$m$lg$S$
lgS_Q
lg$N$=lgA'−m'lg$S$
lgN_Q
lg$N$

图 2-5

（2）存活率与安全寿命

若给定一疲劳寿命值 NP 作为结构安全的标准，那么疲劳寿命作为随机变量大于该给定值的概率 p=P（N ≥ NP）表示母体中由 p（百分比）的构建的疲劳寿命高于 NP。概率 p 称为“存活率”（Survivability），NP 则称为存活率 p 的“安全寿命”。从定义不难看出，中值疲劳寿命就是存活率为 50% 的安全寿命，因此 $\tilde{N}$ 亦可记作 N50）。

当疲劳寿命的分布已知时，有（参见图 2-6）

$$p=P（N \geq NP））=\int_{N_P}^{+\infty} f_N（N）dN=1-\int_{-\infty}^{N_P} f_N（N）dN \quad (2.18)$$

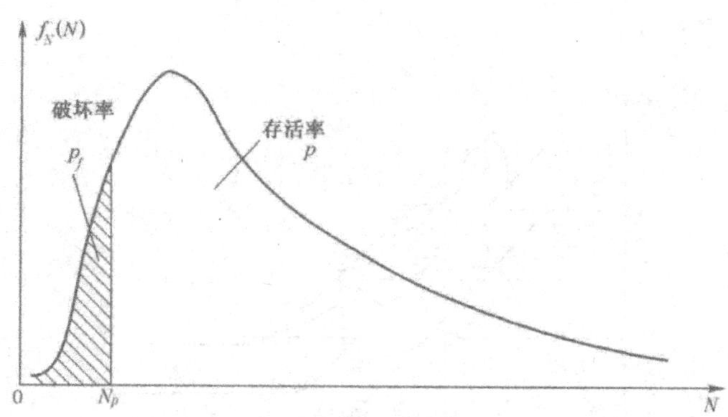

图 2-6 存活率与破坏率示意图

给定存活率后，从上式可计算出对应的安全寿命 NP。

（3）P-S-N 曲线的含义

图 2-7 表明多种不同应力水平下 N 的分布情况。由该图可见，随着应力水平的降低 N 值的分散度越来越大。由此进一步表明，疲劳寿命 N 不仅与存活率 p 有关，而且与应力水平 S 有关。但为与前述 S-N 曲线相一致，习惯上也将 P，S 与 N 的函数关系画在 N-S 二维坐标中，当 P 的取值一定时，则以 S 为自变量形成一条 S-N 曲线；当 P 的取值变化时，则每一 P 值对应着一条 S-N 曲线而形成 S-N 曲线族，图 2-8 所示的双对数线性。这种以 P 作参数的 S-N 曲线族，称为 P-S-N 曲线。这里存活率 P 就是可靠度。随着曲线族中 S-N 曲线的下移而使存活率 P 或可靠度 R 增加，反之上移，则不可靠度 F（失效概率）增加。如果应力水平上升而循环次数保持不变，则可靠度迅速减小，如图 2-8 所示。通常在工程中使用的或文献资料提供的 S-N 曲线，若无特别说明，它表示了疲劳极限的中值，且意味着该疲劳极限的可靠度仅为 50%，用它估计疲劳寿命，可靠性太低。因此应进行大量的试验，以得到呈概率分布的 P-S-N 曲线，以使设计人员能按照不同的可靠度要求选择不同的 P-S-N 曲线。

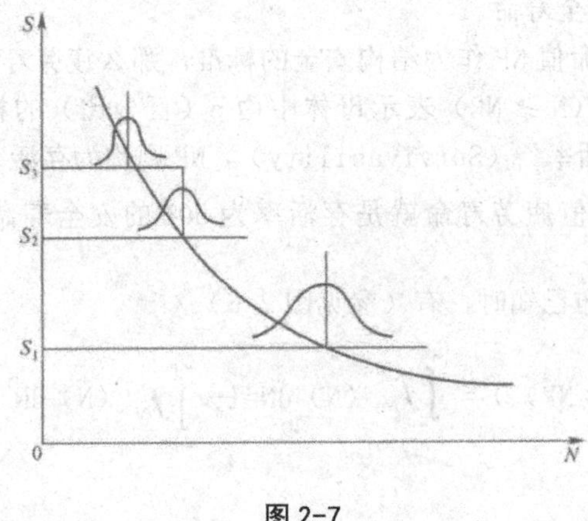

图 2-7

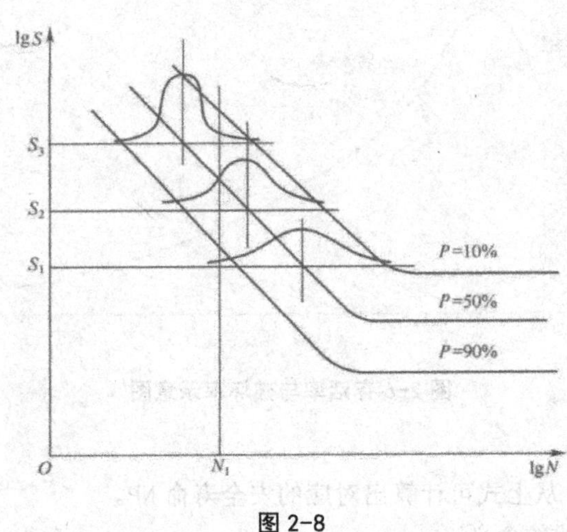

图 2-8

（二）给定应力下寿命分布的疲劳可靠度计算

在疲劳可靠度计算中，要想得到给定寿命下的强度是十分困难的。在理论之上，也无法通试验直接测出。而在给定循环载荷下的寿命分布，却是容易通过试验得到的。对于给定的材料与结构，疲劳寿命分布是由载荷唯一确定。因此，通过载荷给出疲劳寿命分布，是进行疲劳可靠度计算的有效途径。

1. 确定性恒幅循环载荷作用下的零件疲劳可靠度

对于确定性恒幅循环载荷作用下的疲劳可靠度计算，通常需要知道给定应力水平下疲劳寿命的累积分布函数（或概率密度函数）以及零件在该应力水平下指定使用寿命或循环次数。

假设零件在给定的恒幅循环载荷 s 作用下的疲劳寿命 n 的概率密度函数为 AUIO，当零件的使用寿命或循环次数为某一确定值时，零件的疲劳可靠度可表示为

$$R(N^* \mid s)=P(N^*<n \mid s)=\int_{N^*}^{+\infty} f_N(n \mid s)\,dn \quad (2.19)$$

使用寿命或循环次数为确定值时，在确定性恒幅循环载荷的作用下的零件疲劳可靠度计算模型如图 2-9 所示。

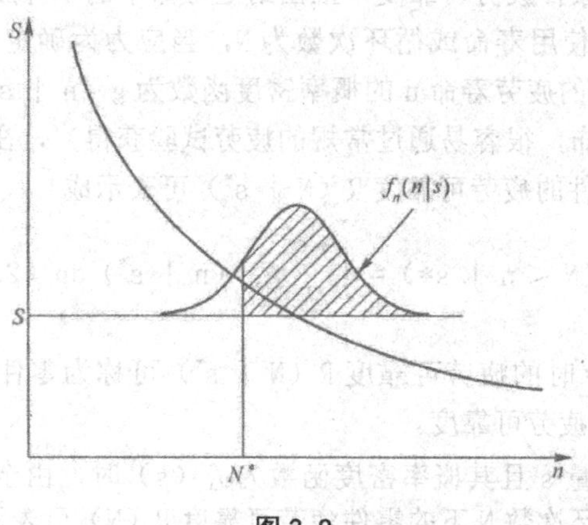

图 2-9

当零件使用寿命或循环次数 N 为随机变量且其概率密度函数为寿命 N 时，零件的疲劳可靠度可表示为

$$R=\int_0^{+\infty} f_N(N)\int_N^{+\infty} f_n(n \mid s)\,dndN=\int_0^{+\infty} f_n(n \mid s)\int_0^{n} f_N(N)\,dndN \quad (2.20)$$

使用寿命或循环次数为随机变量时，确定性恒幅循环载荷作用下的零件疲劳可靠度如图 2-10 所示。

式（2.20）是载荷循环数 - 疲劳寿命干涉模型的一般表达式，这种模型适用于确定性恒幅循环载荷作用下的零件疲劳可靠度计算，就是循环载荷的幅值是确定的且在载荷循环作用的整个过程中幅值不变。

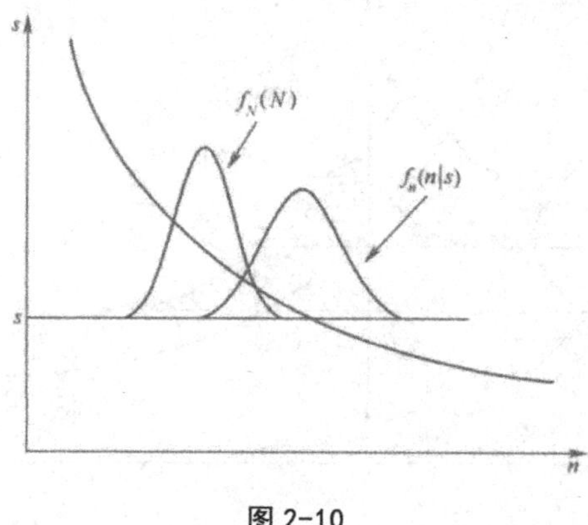

图 2-10

2. 不确定性恒幅循环载荷作用下的零件疲劳可靠性

为了应用传统的应力-强度干涉模型进行疲劳可靠度分析和计算，往往需要得到零件在给定寿命下的疲劳强度概率分布模型，这在实际中是非常困难的。从全概率公式的角度去认识应力-强度干涉模型，在不需要获得给定寿命下的疲劳强度概率分布的前提下，通过引入条件疲劳可靠度，推出给定寿命下的零件疲劳可靠性计算模型。

假设零件的指定使用寿命或循环次数为N，当应力为确定值 s^* 时，且在该确定性应力 s^* 循环作用下的疲劳寿命 n 的概率密度函数为 $g(n \mid s^*)$（对于给定应力下的疲劳寿命的概率分布，很容易通过常规的疲劳试验获得），在这种确定性应力水平 s^* 的循环作用下，零件的疲劳可靠度 $R(N \mid s^*)$ 可表示成

$$R(N \mid s*) = P(N < n \mid s*) = \int_N^{+\infty} g_n(n \mid s^*)\,dn \quad (2.21)$$

应力为确定值 s* 时的疲劳可靠度 $R(N \mid s^*)$ 可称为零件在该确定性恒幅循环载荷 s^* 作用下的条件疲劳可靠度。

当应力为随机变量 s 且其概率密度函数为 $f_s(s)$ 时，由全概率公式可得，在给定疲劳寿命或载荷循环次数 N 下的零件疲劳可靠度 R（N）可表示是

$$R(N) = \int_0^{+\infty} f_S(s) R(N \mid s)\,ds = \int_0^{+\infty} f_s(s) \int_N^{\infty} g(n \mid s)\,dnds \quad (2.22)$$

不确定性恒幅循环载荷作用下的零件疲劳可靠性计算模型如图 2-11 所示。

运用式（2.22）便可以在无须得到给定寿命下疲劳强度概率分布的前提下，进行不确定性恒幅循环载荷作用下的零件疲劳可靠度分析与计算。根据这样的模型，只要知道了作为循环载荷幅值函数的疲劳寿命的概率密度函数（可以通过多个确定性恒幅循环载荷下的疲劳寿命分布回归得到），就可以计算出在不确定性恒幅循环载荷作用之下的零件疲劳可靠度。

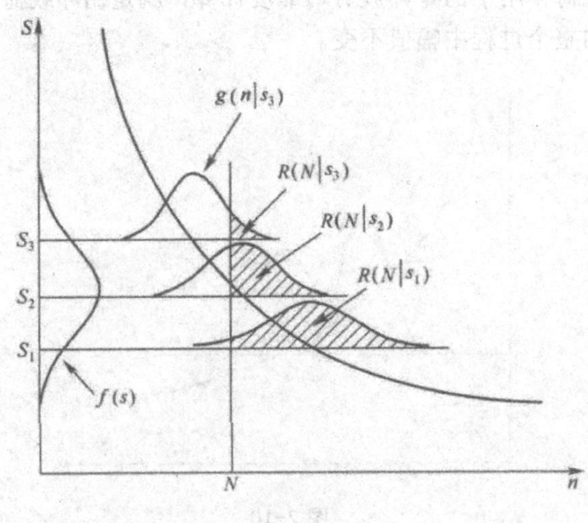

图 2-11

（三）以寿命为控制变量的疲劳可靠性

1. 疲劳累积损伤的相关公式

首先考虑离散型载荷谱作用的情况。若设应力范围水平共有 k 级，那么在载荷谱作用时间长度（回复周期）L 期间，结构的疲劳累计损伤度是

$$D_L=\sum_{i=1}^{k}\frac{n_i}{N_I} \quad (2.23)$$

式中：n_i 为载荷谱中第 i 级应力范围 S_i 的循环次数，可以从应力范围的超越累积频次曲线得到（图 2-12（a））；N_i 为应力范围为 S_i 的恒幅交变应力作用下结构达到破坏所需的循环次数，可以从 S-N 曲线得到（图 2-12（b））。

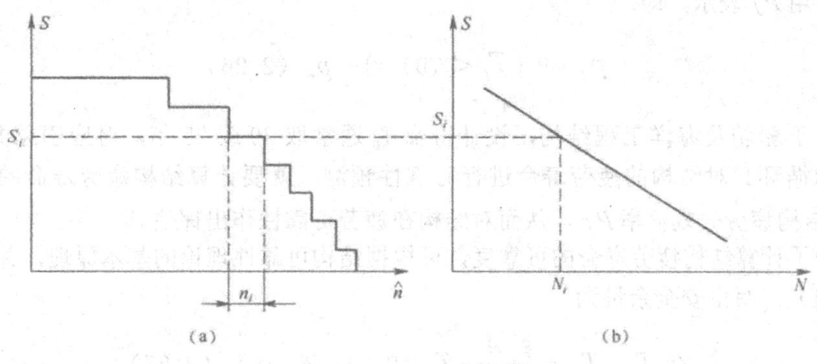

图 2-12

2. 疲劳寿命表达式

Miner 线性累积损伤认为当疲劳累积损伤度等于 1 时结构发生破坏，但由于 Miner 理论本身的近似性，结构发生破坏时累积损伤度并不总等于 1。考虑这一不确定因素，可用随机变量△表示发生疲劳破坏时的累积损伤度，所以结构发生疲劳破坏时有

$$D=\Delta$$

再考虑疲劳载荷计算过程的不确定因素，疲劳寿命为

$$T_f=\frac{\Delta A}{B^m\Omega} \quad (2.24)$$

式中：A 和 m 为 S-N 曲线中的参数，A 是一个随机变量，它反映了疲劳强度的不确定性；Ω 为应力参数，根据应力范围 S 计算，作为确定值处理；B 为随机变量，反映疲劳载荷计算过程的不确定。这里的△和 B 可根据试验数据和经验选取，如 Wirsching 等建议在船舶及海洋工程结构疲劳寿命计算中设△和 B 为对数正态分布，取△的中值和变异系数分别为 $\tilde{\Delta}$ =1.0 和 C_{Δ}=0.30。在一般情况下对海洋平台的管

节点取 $\widetilde{B}$ =0.70 和 C_B=0.50。

3. 疲劳寿命可靠性

若对结构给定一设计寿命 TD，那么当计算所得的疲劳寿命 T_f 大于或等于设计寿命 TD 时，结构就是安全的；反之，当 T_f 小于 TD 时，结构就是不安全的。从可靠性角度考虑，结构安全性的度量应是疲劳寿命 T_f 大于等于设计寿命 TD 的概率。这一概率称为结构疲劳寿命的可靠度，用 p_s 表示，即

$$p_s = P（T_f \geqslant TD）\quad (2.25)$$

另一方面，计算所得的疲劳寿命 T_f 小于设计寿命 TD 的概率称为结构的疲劳失效概率，用 p_f 表示，即

$$p_f = P（T_f < TD）=1- p_s \quad (2.26)$$

对于船舶及海洋工程结构，设计寿命 T_D 通常取 20 或 25 年，对应于总共约 10^8 次应力循环。对结构的疲劳寿命进行可靠性预测，就要计算结构疲劳寿命的可靠度 p_s 或结构疲劳失效概率 p_f，从而对结构在疲劳可靠性作出评估。

为了计算结构疲劳寿命的可靠度，可根据结构可靠性理论的基本原理，并计及式（2.24）。写出安全余量为

$$Z= T_f - T_D = \frac{\not{c}\square A}{B^m \Omega} - T_D = G（A，B，\triangle）\quad (2.27)$$

式中 A，B 和△为基本随机变量；G 为极限状态函数。

在目前情况下，极限状态函数是非线性的，并且一般来说，基本随机变量 A，B 和△可以有任意的概率分布形式。

（四）顺序累积损伤疲劳可靠度的计算

如果一个构件承受若干组顺序加载的交变应力，每一组交变应力有同一平均值和相同的最大应力，组与组件最大交变应力不同。其可靠性计算较为复杂。下面以三组顺序加载为例，阐述这一方法。

图 2-13 描述一个旋转轴受三组不同疲劳应力顺序作用的载荷历程，N_1，N_2 和 N_3 分别为在第一个应力水平、第二个应力水平及第三个应力水平的循环数。

由于扭转产生的剪切应力所致。进行可靠性计算需要的试验数据，其试验条件应和工作情况相同，即弯曲应力 S_a 和剪应力 τ_m 的比相同。

$$\Lambda = S_a / \sqrt{3}\tau_m \quad (2.28)$$

试件上应力集中系数和旋转轴相等，并处在相同的位置。图 2-13 中 S_m 按下式计算

$$S_m = \left(S_a^2 + 3\tau_m^2\right)^{\frac{1}{2}} \quad (2.29)$$

可靠性计算方法叙述如下。

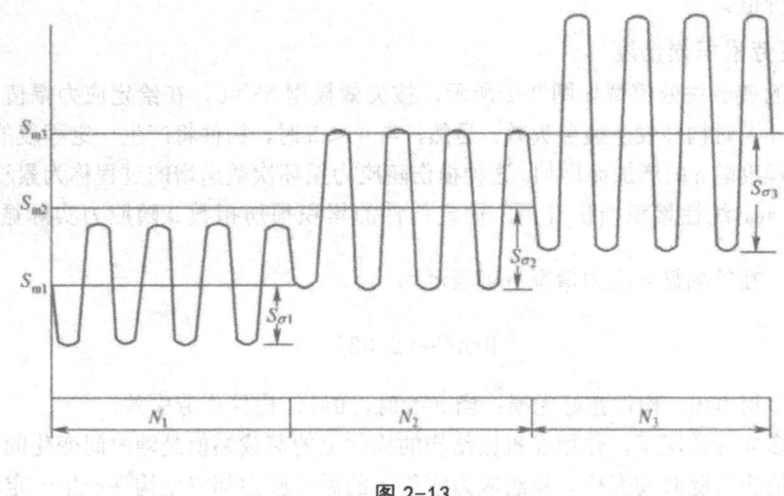

图 2-13

将第一个应力水平（Sa1，Sm1）的可靠度假定及第二个应力水平（Sa2，Sm2）的可靠度相等，确定开始耗损的对应第二应力水平的疲劳寿命，即用耗损的可靠度相等（或可靠性相等）作为第一、第二加载交接处的连续条件，依次类推有

$$PR(N1)=\int_{N1}^{+\infty} f_1(N)\,dN=\int_{\lg N1}^{\infty} f_1(N')\,dN'=\int_{Z1}^{\infty}\varphi(Z)\,dZ \quad (2.30)$$

式中：f_1（N）为第一应力水平疲劳寿命 N 的对数正态分析的概率密度函数；f_1（N′）为第一应力水平疲劳寿命 N 取对数后的正态分布概率密度函数；φ（Z）为标准正态分布的概率密度函数。

$$Z1=\frac{\lg N_1-\overline{N'_1}}{\sigma_{N'_1}} \quad (2.31)$$

式中：N'_1 和 $\sigma_{N'_1}$ 为第一应力水平的疲劳寿命取对数后的统计平均值及标准偏差。

（五）载荷为随机过度的疲劳可靠性

远洋船舶、海洋平台及其他钢质海洋工程结构的疲劳损伤，主要是由于海洋波浪作用，在结构内引起交变应力造成的。海洋中波浪无规则运动，是一个典型的随机过程，由此引起的交变应力也是一个随机过程。实际工程上，作用在结构上许多情况下的载荷都是随时间不规则的变化，应当用随机过程描述。由于疲劳破坏是一个与时间有关的累积过程，即使较小的载荷，在一定时间作用下也可能造成显著的疲劳损伤，因此将疲劳载荷作为一个随机过程研究更符合工程实际。基于累积损失模型的高周疲劳情况，研究载荷为随机过程的疲劳可靠性，对船舶与海洋工程中的疲劳可靠性设计具有重要价值。

1. 疲劳累积损伤度

经典的疲劳失效模型如图 2-1 所示，按失效模型 $NS^m=C$，在给定应力幅值 S 下应力循环数 n=N 时构件发生疲劳失效。显然，当 n＜N 时，构件将产生一定程度的损伤，且损伤的程度随 n 的增加而增加。这种损伤随应力循环次数递增的过程称为累积损伤。常用的 Miner 线性累积损伤准则。假定构件的累积损伤指数 D 随应力实际循环数 n 线性递增，在等幅循环应力情况下可表示为

$$D=n/N \quad (2.32)$$

当 n=0 时 D=0，构件完好无损；当 n=N 时，D=1，构件疲劳失效。

但很多实际情况下，作用在机械结构的构件上的荷载幅值是随时间变化的，相应的应力幅值也将随时间变化。每级应力幅值下的循环应力都将使构件产生一定程度的损伤，即

$$\triangle D_i=n_i/N_i \quad (2.33)$$

变幅值循环应力情况下的 Miner 线性累积损伤准则可表示为

$$D=\sum\triangle D_i=\sum[n_i/N_i] \quad (2.34)$$

然而即使是等幅加载情况，材料疲劳寿命的试验结果也十分离散，经典疲劳失效模型是试验数据平均的结果，因此建立随机疲劳失效模型是必要及合理的。

基于 $NS^m=C$ 方程的随机失效模型仍可表示为

$$NS^m=C \quad (2.35)$$

只是式中 N 不再是确定的值，而是随机变量；S 在等幅疲劳试验中仍是确定的值，而在随机疲劳试验中将是随机变量。随机疲劳失效模型可用 P-S-N 曲线表示，如图 2-14 所示。图中 $\overline{N_i}$ 和 p_{N_i} 表示确定性应力幅值 S_i 下的极限循环次数均值和概率密度。

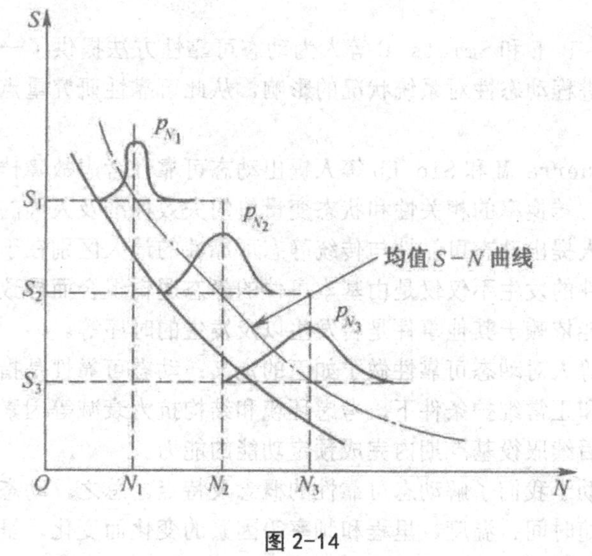

图 2-14

在随机干扰下，构件控制截面的应力λ（t）是随机过程，相应的应力幅值S是随机变量，而在任意给定的时间段[0，T]内循环次数n（s）=n（s，T）也是随机变量。假定应力反应λ（t）在[0，T]时段内的总循环次数是n（T），应力幅值S的概率密度函数为p_s（s），则幅值为s的单位幅值内的循环次数n（s，T）可表示成

$$n(s, T) = n(T)\ p_s(s)$$

三、动态可靠性设计

（一）动态可靠性的概述

动态可靠性及其应用，近年来在国内外获得了迅速发展。由于动态可靠性设计所涉及的问题远比静态可靠性设计所涉及的问题复杂得多，其原因是作用于机械产品的载荷都是与时间相关的随机变量，产品本身的特性参数（如强度、材料性能和几何尺寸等）也具有固有的随机性，这样产品的动态特性（如频率、位移、应力及能量传递等）呈现与时间相关的随机特性。若不考虑动态特性，将难以给出产品准确的可靠性评价，因此可靠性研究必然由静态向动态转变。

对于动态可靠性的概念，目前还没有形成统一的定义。机械动态的可靠性设计的概念应该隶属于机械动态设计的概念范畴，因此动态可靠性应该明晰地在概率动力学的基础上，研究运动或振动状况下的可靠性指标，并以机械产品的动态特性指标为依据进行可靠性设计。如果机械可靠性定义为“机械产品在规定条件下、规定时间内完成规定功能的能力”，那么动态可靠性就强调这样的事实：①机械产品的运行演变是动态行为；②损伤（包括维修）会影响机械产品的动力学特性；③动力学行为必然影响机械产品的可靠性或失效率（包括维修率）。总结国内外相关文献对动态可靠性的论述。

国外Lebeau P E和Smidts C等人为动态可靠性方法提供了一个框架，以便明确地记录时间及进程动态性对系统状况的影响，从此可靠性研究重点从可靠性分析向可靠性方法转变。

国外Marseguerra M和Sio Eb等人提出动态可靠性考虑故障传播过程中事件发生的顺序和时间、转换率的相关性和状态变量值的失效标准及人因的作用。

国内金光等人提出动态可靠性与传统静态可靠性的最大区别在于：动态可靠性认为系统失效等事件的发生不仅仅是由基本事件的静态逻辑组合而导致，基本事件对系统失效的影响可能依赖于其他事件是否发生以及发生的时序等。

国内杨伟军等人对动态可靠性做了如下的定义：动态可靠性是指在规定服役期限内，在正常使用和正常维护条件下，考虑环境和结构抗力衰减等因素的影响，结构服役某一时刻后在后续服役基准期内完成预定功能的能力。

这些论述有助于我们了解动态可靠性的概念及特点。总之，动态可靠性模型的最大特点是可靠性随时间、温度、里程和频率等因素的变化而变化，呈现出动态特性。

（二）载荷为随机过程的动态可靠性设计

传统的机械系统的可靠性模型一般没有考虑随机载荷作用次数对系统可靠性的影响。用这些模型计算得到的可靠度实际上是随机载荷作用一次或指定载荷作用次数时的可靠度。并不能计算载荷作用任意次数时的可靠度，当然也就不能够反映系统可靠度随时间的变化规律。然而，系统在服役期间所受随机载荷的作用往往是反复多次的，忽略随机载荷作用次数对系统可靠性的影响同样会造成很大的误差。通过载荷对系统作用次数的分析，给出了机械系统动态可靠性模型，具体描述如下：

1. 载荷作用一次的系统可靠性模型

当强度△的概率密度函数为$f_{\Delta}(\delta)$，载荷L的概率密度函数为$f_L(l)$时，可靠度表示为

$$R=\int_{-\infty}^{+\infty} f_L(l)\int_{L}^{\infty} f_{\Delta}(\delta)\,d\delta\,dL=\int_{-\infty}^{+\infty} f_{\Delta}(\delta)\int_{-\infty}^{\delta} f_L(l)\,d\delta\,dL \quad (2.36)$$

式（2.36）是载荷－强度干涉模型的一般表达式，可直接用于具有单一失效模式的零部件可靠度计算。下面，在系统层运用载荷－强度干涉模型建立系统可靠性模型。

当载荷为确定值L时，由载荷－强度干涉模型可知，可靠度为强度随机变量大于载荷的概率。在这种确定性载荷条件下，系统中各零件失效相互独立。此时各零件失效与否完全取决于零件的自身性能情况，而与系统中的其他零件无关。载荷为确定值时的系统可靠度可称作系统在该载荷条件下的条件可靠度。

2. 载荷作用多次的系统可靠性模型

设载荷的累积分布函数和概率密度函数分别为 $F_L(l)$ 和 $f_L(l)$，随机变量 X 为载荷样本（L_1，L_2，…，L_m）中的最大值，即等效载荷。由上述分析可得，载荷作用 m 次时等效载荷 X 的累积分布函数 $F_X(X)$ 为

$$F_X(X)=[F_L(X)]^m \quad (2.37)$$

概率密度函数 $f_X(X)$ 为

$$f_X(X)=m[FL(X)]^{m-1} f_L(X) \quad (2.38)$$

3. 系统的动态可靠性模型

在机械产品和系统中，载荷的作用可以用随机过程来描述。泊松随机过程作为一种重要的计数过程可以很好地描述载荷作用次数随时间的变化。

（三）考虑频率统计特性的动态可靠性设计

传统的机械产品的振动可靠性设计中，常把产品工作时的固有频率和激振频率取为定值，没有考虑由于产品自身结构及工作环境等因素的随机性而造成固有频率和激振频率离散影响。所以产品静态设计是安全的，但运转中却出现损坏现象。故考虑振动的离散影响，避开共振，给出考虑频率随机性的动态可靠性设计方法应更为合理。

1. 固有频率和激振频率的统计分析

（1）固有频率

由于制造和装配的离散性，机械及构件在同一振型下的固有频率并不完全相同，同时机械及构件的固有频率也不是定值而是随机变量。由试验统计分析结果表明，机械及构件的固有频率服从正态分布。确定他固有频率的分布参数为

$$\omega_n = f(x_1, x_2, \cdots, x_n)$$

式中：ω 为构件在某一振型下实测频率；x_i 为强度影响随机量（部件尺寸、材料特性、表面质量、工作转速、温度、支承刚度及润滑状态等独立的随机变量，它们的均值分别为 $\overline{x_1}$，$\overline{x_2}$，…，$\overline{x_n}$；标准差分别为（σ_1，σ_2，…，σ_n）。

上式中各随机变量取均值时，固有频率均值为

$$\overline{\omega_n} = f(\overline{x_1}, \overline{x_2}, \cdots, \overline{x_n}) \quad (2.39)$$

固有频率的标准差为

$$\sigma_{\omega_n} = \sqrt{\sum_{i=1}^{n}\left(\frac{\partial f}{\partial x_i}\right)^2 \sigma_i^2} \quad (2.40)$$

（2）激振频率

统计分析结果表明，机械及构件正常工作时其转速n服从正态分布，其均值为$\overline{n}$标准差为σ_n。机械及构件的激振力频率ω与其转速n的关系为ω =cn其中，c为正整数。由n服从正态分布得知ω也服从正态分布。ω的均值$\overline{\omega}$和标准差σ_ω为

$$\overline{\omega}=c\,\overline{n},\ \sigma_n=c\,\sigma_\omega \quad (2.41)$$

2. 机械振动频率比的统计分析

由于固有频率和激振频率均为随机变量，因此频率比λ也为随机变量，按可靠性均值与方差的计算公式，有

$$\overline{\lambda}=\frac{\overline{\omega}}{\overline{\omega_n}} \quad (2.42)$$

式中：$\overline{\omega}$和$\overline{\omega_n}$为ω和ω_n的均值。

λ的方差为

$$\sigma_\lambda^2=\frac{\sigma_\omega^2}{\overline{\omega_n}^2}+\frac{\sigma_{\omega_n}^2\overline{\omega}^2}{\overline{\omega_n}^4} \quad (2.43)$$

当激振频率和固有频率随机变量相互独立，并且激振频率的变异系数为$C_\omega=\sigma_\omega/\overline{\omega_n}<0.1$，固有频率的变异系数$C_{\omega_n}=\sigma_{\omega_n}/\overline{\omega_n}<0.1$频率比随机变量可近似认为是服从分布参数为（$\overline{\lambda}$，$\sigma_\lambda$）的正态分布。

四、时变可靠性设计

多数机械产品在整个服役期间，由于静力、动力作用、振动、腐蚀、疲劳、磨损以及材料性能的蜕变等，其抗力和其他特性随时间逐渐发生变化。这种变化一般表现为衰减，使产品可靠性呈现时变特征，因此产品可靠性必然是时间的函数。对这种考虑时间因素而失效的产品的可靠性设计，成为时变可靠性设计。该设计主要研究产品发生逐渐失效时所对应的可靠性设计问题，根据产品时变可靠性模型，进行产品结构设计和寿命预测等可靠性工作，是保证产品在整个服役期内高可靠的必然要求。

（一）随机过程进行离散处理的时变可靠性

抗力不变的时变可靠性模型：设产品结构上的载荷效应及结构抗力均为随机过程，其极限状态的功能函数可表示为

$$Z(t)=g(R(t),S(t))=R(t)-S(t) \quad (2.44)$$

式中：R（t）为结构抗力随机过程；S（t）为结构载荷效应随机过程，为结构

中一个或多个载荷的线性或非线性函数，则在设计基准期T内结构可靠的概率为

$$P_S(T)=P\{Z(t)>0, t\in[0, T]\}=P\{R(t)>S(t), t\in[0, T]\} \quad (2.45)$$

式（2.45）表示结构在其设计基准期内每一时刻的t抗力都大于载荷效应时结构才能处于可靠状态。结构在设计基准期T内的失效事件为结构可靠事件的补事件，因而结构失效的概率为

$$P_f(T)=1-P_S(T)=P\{R(t_i)<S(t_i), t_i\in[0, T]\} \quad (2.46)$$

式（2.46）表示在结构的设计基准期内，只要有一个时刻ti结构抗力小于结构载荷效应，结构就会失效。式（2.46）中的随机过程计算很烦琐，把整个过程的设计基准期分成若干时段，载荷效应和结构抗力的随机过程离散为若干个随机变量，使式（2.44）变为一个仅仅含随机变量的功能函数，这样简化了可靠性计算。

一般情况下，结构所承受的载荷多而复杂，结构可靠度分析时一般将结构承受的载荷分为永久载荷和可变载荷。我国在编制结构可靠度设计统一标准时，采用了校准法，这时只考虑永久载荷和一种可变载荷的组合，称作基本组合，并以此为基础确定结构设计的目标可靠性指标，当有两个或多个可变载荷作用时，则再考虑可变载荷效应的概率组合。设结构的永久载荷效应为G，可变载荷效应为Q（t），那么在基本组合下结构某一状态的功能函数为

$$Z(T)=R(t)-G-Q(t) \quad (2.47)$$

五、机械磨损可靠性设计

对于机械设备，机构运动副零件的失效，绝大多数是由于润滑不良、油质变化、配对副材料欠佳、制造与装配质量差、灰尘和温度的影响引起的摩擦磨损，以及由于使用条件变化及交变载荷作用下引起的表面疲劳磨损引起的。因此，开展磨损可靠性设计，对于提高磨损环境下工作的机械产品的可靠性具有重要意义。

（一）随机磨损可靠性

1. 随机磨损可靠性计算模型

磨损可靠性是指机构在规定的时间内，规定的使用条件下，磨损副的实际磨损量在许用磨损量范围内的可能性。如果用概率表示，即为磨损可靠度。

对于磨损可靠性，工程上常用的失效判断准则为实际磨损量小于许用磨损量时正常；当实际磨损量大于等于许用磨损量时失效。设磨损副在某一时刻t时的许用磨损量和实际磨损量分别为w_{max}和w则该磨损副可靠性计算的功能函数是

$$Z=g(X)=w_{max}-w \quad (2.48)$$

式中：X为随机变量矢量，X=（w_{max}，w）

由此得到相应的磨损失效概率 p_f 为

$$p_f = P(w_{max} \leqslant w) \quad (2.49)$$

可靠度为

$$R = P(w \leqslant w_{max}) \quad (2.50)$$

式（2.50）中的实际磨损量通常是机构尺寸、材料、外载等参数的函数，在工程应用中一般将机构尺寸、外载、材料的硬度和弹性模量等都是服从一定分布的随机变量（一般大多取作正态分布），从而机构磨损失效概率仍可以用可靠性指标的常用的计算方法的解析式或数值仿真方法求得。磨损量可以有质量磨损量、体积磨损量及线磨损量等几种表达方式，相对应的，不同的研究对象其累积磨损量及允许磨损量的形式也会有所不同。例如发动机缸壁的磨损量用线磨损量表达，其安全性的判定标准为累积磨损量 w_p（μ m）小于许用的磨损量 w_{max}（μ m），即零件的可靠度为

$$R = P(w_{max} > w_p) \quad (2.51)$$

式中：w_p 为 t 时后的累积线磨损量。

对于齿轮机构，在磨损中造成齿轮轮齿变薄，因而在齿轮传动中，齿轮齿面磨损量应该要小于齿厚的偏差，即

$$R = P(T_S > h) \quad (2.52)$$

式中：h 为在给定工作时间 t 下的磨损量；T_S 为给定的允许齿厚偏差。

2. 磨损基本过程

累积磨损量是一段时间内一定磨损速度下表面质量丢失的总和，对磨损的不同阶段磨损量随时间的变化是不同的，图 2-15（a）典型的磨损过程。

通常情况下磨损基本过程分为三个阶段：第Ⅰ阶段为磨合阶段，磨损率较大，通常粘着、擦伤、咬合或剧烈磨损出现在磨合阶段，该阶段的磨损时间设为 t_0，一般为随机变量；第Ⅱ阶段为稳定磨损阶段，在正常情况下，进入稳定磨损阶段后，磨损率不随时间变化（图 2-15（b）），因而可以认为磨损量与磨损时间 t_1 呈线性关系；第Ⅲ阶段为激烈磨损阶段，是系统功能丧失的阶段，此时系统润滑状况逐渐恶化，磨粒积聚逐渐增多，摩擦表面温度越来越高，表面磨损加快。对于这一阶段，由于其时间很短，系统进入这一阶段后很快失效，所以通常不将其考虑在磨损寿命期内。这样耐磨寿命 t 为 t_0 与 t_1 的和。若用 $W_0(t_0)$ 表示磨合期的磨损量，耐磨寿命与磨损量的关系为

$$W = W_0(t_0) + \omega t_1 \quad (2.53)$$

式中：W 为实际磨损量（可以用质量、体积或深度来表达），一般为随机变量；ω 为稳定磨损期磨损率。

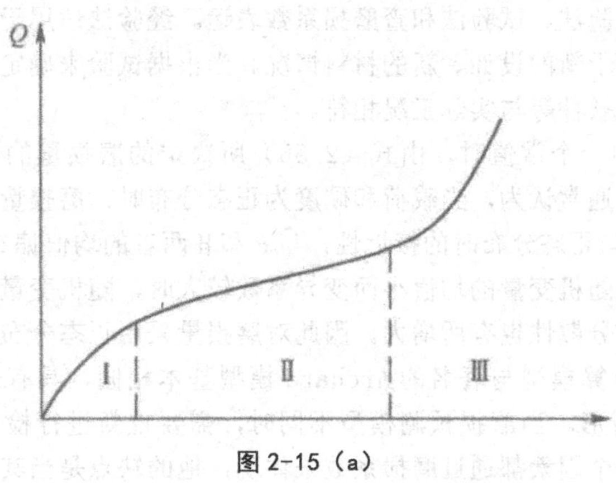

图 2-15（a）

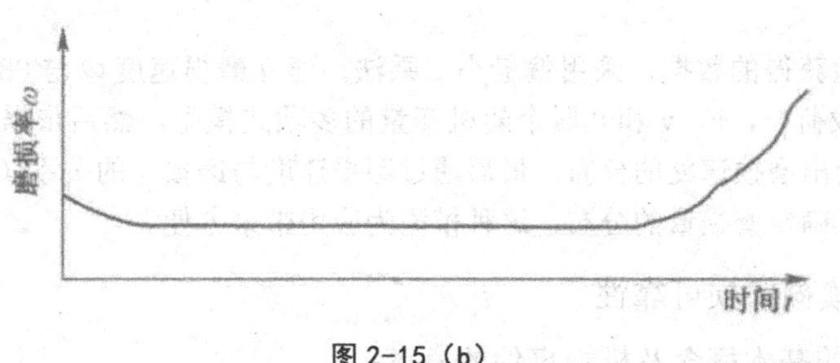

图 2-15（b）

对于正常的磨损过程，磨损量与时间是线性还是线性和指数的组合关系或者其他的拟合关系，要根据具体的情况来确定。在进行数据处理时，如果从宏观上看为线性关系，则用线性回归的方法拟合直线，如果经过检验拟合线性函数的效果较差，则可进行分段拟合或简单的指数拟合，当然也可以进行多项式拟合。

3. 磨损量的分布

很多文献，包括美国的可靠性手册，都以为实际磨损量 W 可视作正态分布。零件的磨损量受很多因素的影响，如运行速度、表面加工质量、环境温度、环境中的磨粒、润滑特性、载荷、运行路程或运行时间、材料特性等；但其中多数只与磨损量的大小或与其时间函数有关系，而与磨损量 W 取的分布无关。与分布有关的主要有下述三个随机变量，即载荷 P、硬度 H 与运行路程 L，并存在下述关系即

$$W=K(PL/H) \quad (2.54)$$

由于运行路程可以较准确地进行测量，变异系数较小，因而能将其视作常数，则上式改写为

W=KW（P/H）（2.55）

式中，KW为磨损系数，其值取决于磨损条件、摩擦副的形式和材料等因素。目前的确定方法有经验法、试验法和查磨损系数表运。经验法适用于对原设计作出改进的情况。试验法用于新的设计、新的材料情况。当根据试验来确定磨损系数时，应尽量保证材料、润滑条件等与实际工况相符。

当磨损系数为一个常值时，由式（2.55）所决定的磨损量的分布，尽与随机变量P和H所决定。通常认为，当载荷和硬度为正态分布时，磨损量也近似服从正态分布。但实际上，W与正态分布时的接近性，与P和H两者的均值偏离零值的大小有关。研究结果表明，当随机变量的均值小而变异系数较大时，随机变量W取作正态分布的误差将增大，而且分散性也有所增大。因此对磨损量采用正态分布时，要慎重。

以上磨损量计算模型与著名的Archard模型基本相同，具有一定的代表性，但不适用于所有的情形。当磨损预测模型不同时，需要重新进行检验。该模型将润滑介质和滑动速度两个因素都通过磨损系数来体现，他的缺点是当其中的一个因素变化时，磨损系数相应地变化，这时就需要重新确定磨损系数，这样就为模型的应用带来很多不便。

通过试验获得的数据，采用偏最小二乘法，建立磨损速度ω与PB（润滑介质的最大无卡咬载荷），P，v和H四个随机变量的多项式模型，然后依据这四个随机变量的分布，给出磨损速度的分布，最后通过磨损速度与磨损量的关系（在稳定阶段呈线性关系），确定磨损量的分布，这种模型为应用带来方便。

（二）模糊磨损可靠性

1. 模糊的基本概念及模糊事件的概率

如果将被讨论的对象全体称为论域，用U来表示，则在普通集合中，对于论域U中任意一子集A，论域U中的某一元素是否属于集合A是明确的。这时可以用特征函数来表征，是一种“非此即彼”的现象。然而，在一些子集中，元素是否属于集合A却不能明确回答，只能说它属于集合A的程度，这就引入了模糊集合的概念。

设给定论域U，U到[0，1]闭区间上任一映射$\mu_{\tilde{A}}$，都确定U上的一个模糊子集$\tilde{A}$，$\mu_{\tilde{A}}$（x）叫$\tilde{A}$的隶属函数，它称作x关于$\tilde{A}$的隶属度，表示x属于$\tilde{A}$的程度。所谓模糊事件，就是在论域U上，若模糊子集$\tilde{A}$是一个随机变量，则称$\tilde{A}$为一模糊事件。若X是离散型随机变量，其可能取值是x_i（i=1，2，…），则模糊事件A的概率为

$$P(\tilde{A})=\sum_{i=1}^{\infty}\mu_{\tilde{A}}(x_i)P_i \quad (2.56)$$

式中：$\mu_{\tilde{A}}(x_i)$为x_i关于$\tilde{A}$的隶属度；P_i为随机变量X敢值x_i的概率。

若X是连续型随机变量，$f(x)$是概率密度，则模糊事件的概率为

$$P(\tilde{A}) = \int_{-\infty}^{\infty} \mu_{\tilde{A}}(x) f(x) \, dx \quad (2.57)$$

式中：$\mu_{\tilde{A}}(x)$为x关于$\tilde{A}$的隶属度

2. 常用隶属函数

隶属函数在模糊数学理论中占有十分重要地位，隶属函数的确定是模糊数学及其应用的基本和关键问题。虽然模糊数学研究对象的特点具有模糊性和经验性，使得隶属函数在确定上具有主观性和经验性。但它的确定也要遵循相应的原则，同时要深刻了解所研究问题的基本内容，弄清产生模糊性的客观原因，寻找出能够表示所研究对象的客观规律性，核实所收集到的规律内容的全面性和可靠性，这样选择的隶属函数比较合理，能反映客观实际。

隶属函数的理论分布有很多种，在机械系统的可靠性设计中遇到的如许用的磨损量等应采用偏小型的隶属函数，其中较为常用的是降半梯形、降半正态隶属函数，对降半梯形隶属函数图 2-16，表达式为

$$\mu_{\tilde{A}}(x) = \begin{cases} 1 & x \le a \\ \dfrac{b-x}{b-a} & a < x \le b \\ 0 & x > b \end{cases} \quad (2.58)$$

降半正态隶属函数图 2-17，表达式为

$$\mu_{\tilde{A}}(x) = \begin{cases} 1, & x \le a \\ \exp\left[-\left(\dfrac{x-a}{\sigma}\right)^2\right], & x > a \end{cases} \quad (2.59)$$

式中：σ为常数，由经验来确定。

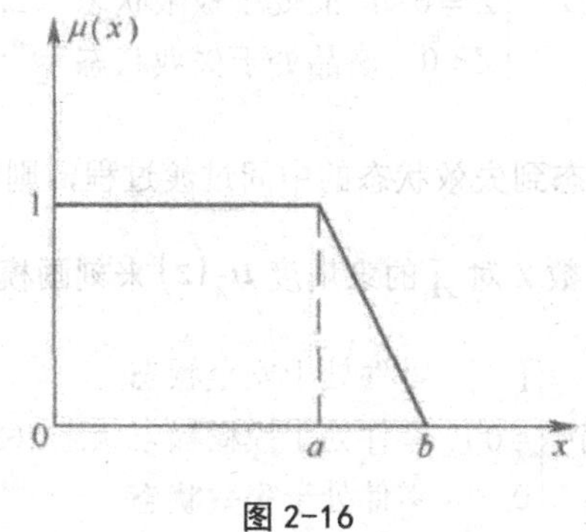

图 2-16

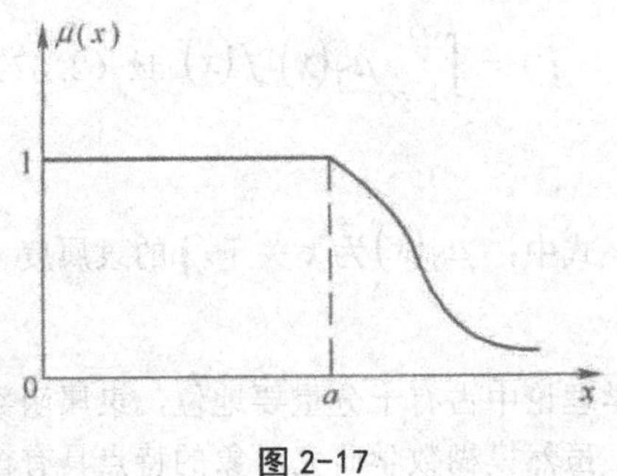

图 2-17

3. 模糊可靠性计算模型

在磨损过程中，当磨损值超过了允许的磨损量之时，零件进入失效状态，但零件从正常状态到失效状态是一个逐渐过渡的过程，因此磨损失效判断准则具有模糊性。在磨损可靠性计算中，取 W=Wmax 为磨损失效的临界点，这种约束是刚性的，按照这种约束，当磨损量非常接近 Wmax 但小于 Wmax 时，可靠度为 1，而一旦大于 Wmax 时，可靠度就变为 0。这种突变的处理，难以与磨损失效的实际规律相吻合。在处理这一逐渐过渡的过程时，采用模糊的方法将确定失效状态的判据作为模糊许用磨损量，实际磨损量作为随机变量。因为磨损是一种渐变失效行为，所以当许用磨损量为 Wmax 时，实际磨损量 W 在 Wmax 左右小区间内取值，磨损的状态并无实质的差别，如判定某零件磨损量 25 μm 时为磨损失效状态，就不能绝对肯定当磨损量为 24.9 μm 时，绝对不会失效，也难以说明磨损量为 25.1 μm，零件就绝对不能工作。因此，零件的“磨损量多大才会引起失效”是一个模糊概念。不能明确地判断是安全状态还是失效状态，而只能判别其在某种程度上是属于安全或失效。我们将这种情形下确定的零件磨损可靠性称为模糊可靠性。

（1）功能函数描述的模糊可靠性计算模型

常规可靠性设计按功能函数的取值，严格地把机械产品分为三种不同的状态，就是

$$g(X)=\begin{cases} Z>0 & \text{产品处于安全状态} \\ Z=0 & \text{产品处于极限状态} \\ Z<0 & \text{产品处于失效状态} \end{cases} \quad (2.60)$$

考虑了零件从安全状态到失效状态的中间过渡过程，则零件所处的安全状态是一模糊事件 $\tilde{A}$，可用功能函数 Z 对 $\tilde{A}$ 的隶属度 $\mu_{\tilde{A}}(z)$ 来刻画模糊事件 $\tilde{A}$，即

$$\mu_{\tilde{A}}(z)=\begin{cases} 1 & \text{零件处于安全状态} \\ \in 0,1 & \text{零件处于模糊极限状态} \\ 0 & \text{零件处于失效状态} \end{cases} \quad (2.61)$$

一般把零件可靠性条件按 Z=g（X）≥0 进行的设计称为极限状态设计，现把零件可靠性条件按 Z=g（X）≥0 进行的设计称为模糊极限状态设计。因此零件的可靠度指的是模糊事件 $\tilde{A}$ 的概率，即 Z=g（X）$\tilde{\geq}$ 0 的概率，他表达式为

$$R = p_s = P(Z \tilde{\geq} 0) = \int_{-\infty}^{\infty} \mu_Z f_Z(z)\,dz \quad (2.62)$$

式中：$f_z(z)$ 为 Z 的密度函数；μ_Z 为 Z 的隶属函数，它指的是功能密度函数积分法，如图 2-18 所示。μ_Z 可表示成

$$\mu_Z = \begin{cases} 1 & z \geq 0 \\ \mu'(z) & -a < z < 0 \\ 0 & z \leq -a \end{cases} \quad (2.63)$$

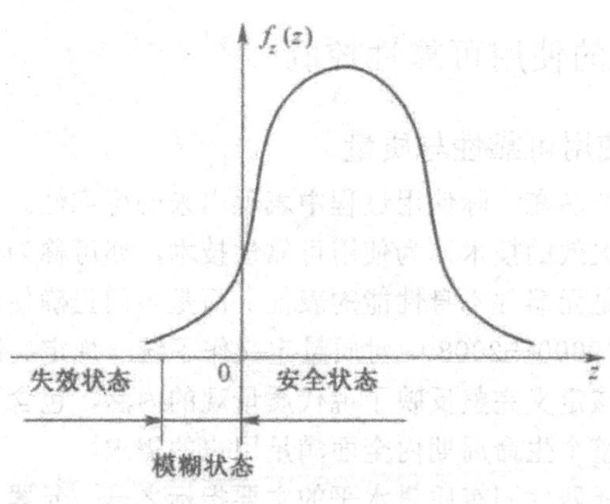

图 2-18（a）

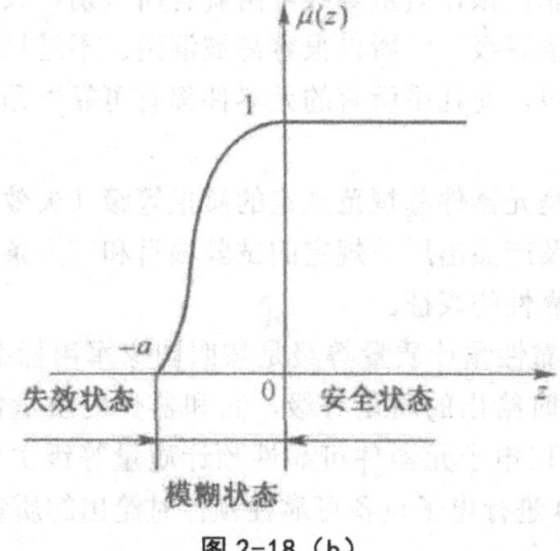

图 2-18（b）

第三节 机械产品的可靠性技术

晶体管的发明将人类历史带入又一次新的技术革命，尤其是进入20世纪60年代以后，随着MOS晶体管和MOS集成电路的出现，微电子工业将人类社会带入了一个高度集成的数字时代。1965年，Gordeii Moore总结集成电路发展的规律，提出了著名的“摩尔定律”，即集成电路的集成度每3年增长4倍。

集成电路朝着更大规模的集成度发展，可靠性问题成为VLST超大规模集成电路发展和应用中需要考虑的重要因素。综合讨论电子元器件的使用可靠性、为提高元器件可靠性而引入的降额设计和动态设计、典型可靠性问题（经时击穿、栅泄漏、负偏压温度不稳定性）等内容，并且介绍了针对元器件失效的分析技术。

一、机械产品的使用可靠性控制

（一）元器件使用可靠性与质量

使用可靠性是指产品在实际使用过程中表现出来的可靠性。电子元器件领域中，把避免使用不当造成失效的技术称为使用可靠性技术，亦可称为使用可靠性。需指出的是，使用可靠性不是元器件本身性能的表征．而是一门正确使用元器件的技术。

国家标准GB/T 19000—2008中对质量定义作了统一规定，即质量是一组固有特性满足需求的程度。该定义完整反映了现代质量观的内涵，包含了产品的所有重要特性，它要求在产品的整个生命周期内全面满足用户的需求。

质量等级是表征元器件固有质量水平的主要指标之一。元器件的质量等级可分为如下两大体系：①用于元器件生产控制、选择和采购的生产保证质量等级；②用于电子设备可靠性预计的可靠性预计质量等级。两者有所区别，又相互联系。由于它们有时都可以被简称为“质量等级”，所以很容易被混淆。不过只有军用级元器件才有质量保证等级及失效率等级，而几乎所有的元器件都有可靠性预计的质量等级，这是两者最主要的差别。

生产保证质量等级是元器件总规范规定的质量等级（失效率等级），是生产厂家按总规范要求组织生产及产品出厂前规定的试验项目和应力条件进行筛选后产品品质的量化状态，是固有可靠性的表征。

国产电子元器件可靠性预计质量等级是按照国家军用标准GJB.Z 2990-2006进行电子设备可靠性预计时给出的质量等级，它和器件的质量保证等级及失效率等级有一一对应的关系。进口电子元器件可靠性预计质量等级主要是按照美国军用标准MIL-HDBK-217 NOTICED进行电子设备可靠性预计时给出的质量等级。

（二）元器件的使用质量管理

大量统计数据表明，元器件使用中的失效率往往比其基本失效率高 1 ～ 2 个数量级，并且由于元器件选择或使用不当造成的失效比例高达 50% 以上。因此，加强元器件的使用质量管理，对保证元器件的使用可靠性是十分必要的。

1. 元器件的使用质量管理流程

为保证元器件的使用质量，必须进行元器件的全过程的质量控制，称为元器件的使用质量管理。元器件的使用质量管理从大的方面可以分为设计选型的管理、采购管理、验收管理、储存管理、生产调试过程管理及合理的淘汰管理机制等，细化之后的过程一般包括：选择、采购、监制、验收、二次筛选、破坏性物理分析（DPA）、失效分析、保管储存、超期复验、发放、装联和调试、使用、静电防护、不合格元器件处理、评审及质量信息管理等工作内容，针对军用元器件，质量保证的基本流程（除评审、信息管理）。

产品设计人员根据产品设计要求，依据上级单位发布的元器件优选目录，选择产品适用的元器件型号。产品设计初步完成后，应贯彻“保证质量，控制进度，节约经费，尽量集中”的原则，由采购主管部门统一协调组织采购工作。元器件验收包括到元器件生产单位去验收（下厂监制和验收）和到货检验两种类型的验收。对元器件原则上应全部进行二次筛选，对关键、重要的元器件应按产品要求进行破坏性物理分析。淘汰不合格元器件批次，储存和保管合格元器件，对元器件在仓库储存的条件必须做出明确的规定，并定期监督管理。对超过储存期的元器件要进行复查，按需要发放元器件、电装和调试，完成产品研制和生产，在元器件从出厂到装机调试过程中，各使用环节都应严格实施元器件的防静电要求。在产品生产及元器件使用的各个环节中，对关键元器件或重复出现失效的元器件应进行专门的失效分析。在元器件使用质量管理过程中，产品研制和生产单位应对元器件使用的合理性进行评审，并对元器件质量和可靠性信息进行收集、反馈和统计分析。

2. 元器件选择

元器件的选择是元器件使用质量管理流程中至关重要的一个环节，只有正确地选择元器件，才能保证设计目的的实现和确保产品的可靠性。设计人员应该根据元器件所使用部位的电性能、体积、质量以及使用环境要求和价格因素等。选择正确的元器件型号并考虑所选元器件的外形封装形式、防静电和耐辐射等要求。

3. 元器件采购、监制和验收

元器件采购的目的是使采购到的元器件与设计选择要求的性能和质量一致。采购时要改变传统的“采购即简单的买卖”的思想，而要在保证质量的前提下控制进度和成本．进行统筹订货．在采购过程中积极主动参与元器件的质量管理。采购过程对元器件生产以及供应方的评价和管理十分重要，采购元器件需在型号配套元器件合格供应商名录内选择供应商。为了保证所选择的器件满足要求，使用单位应该对元器件采购过程加强管理．制定“元器件采购质量管理办法”，对采购部门工作人员的责任、采购清单内容要求、合同要求等进行规定；同时，元器件采购应制定采购文件，包括采购标准、采购清单和采购合同；在签订采购合同之前应对元器件采购清单进行评审，通过评审的采购清单可作为签订元器件采购合同的依据。

元器件监制是指到元件生产厂对元器件的生产过程进行监督。通过监制能够及早发现影响元器件固有可靠性的薄弱环节，使具有潜在缺陷的元器件在生产阶段就予以剔除。在采购合同中规定了需到元器件生产单位去监制的元器件，应由验收委托单位委托具备资质的实验室进行。根据生产单位的质量保证能力情况，监制分为重点工序监制和全过程监制两种方式。监制人员的主要职责是监督、检查供货单位是否按相应的标准、技术条件及工期文件所确定的内容和要求进行生产。元器件监制T作的主要内容包括了解元器件生产厂当前生产工艺状况和重点工序的质量控制状态．对厂商已经检验合格的监制品进行抽检或全检，向生产厂商反映监制工作中发现的质量问题，在监制的流程中对元器件的监制情况进行确认。

元器件验收工作主要是指到元器件生产厂去进行元器件的验收。元器件验收是到生产厂把好元器件质量的最后一道关，它对保证元器件的质量和供货进度以及减少经济损失均能起到重要作用。元器件验收包括下厂验收和到货检验两种形式。对于重点型号使用的元器件或关键元器件一般采用下厂验收的方式。在进行验收工作时，应该首先确认与元器件生产厂核实所验收的采购合同一致，了解提交验收元器件的全过程质量管理和控制情况，不能忽视生产过程中发生的质量问题、处理和分析结果及其纠正措施并索取相关报告；其次要检查所交付的元器件储存期是否满足订购合同规定的规范或技术条件的要求；同时，还要对生产厂的质量证明文件进行审查，质量证明文件至少应包括筛选试验报告、工艺流程卡、质量一致性报告及产品合格证等；应该与生产厂商共同完成验收试验，当合同中有DPA要求时，还应在验收时做规定的DPA项目。

4．元器件筛选

元器件筛选是指专为剔除有缺陷的或可能引起早期失效的或选择具有一定特性的元器件产品进行的筛选。这种筛选一般都是在元器件产品的全部生产过程完成之后，对元器件产品100%的进行筛选。它是一种对产品进行全数的非破坏性检验，其目的是为了淘汰有缺陷的元器件和根据使用要求筛去不符合要求的元器件。对于任何设计合理、工艺成熟的生产线生产出来的产品也有可能还存在早期失效产品，它们会致使整批产品的使用可靠性大大降低，通过筛选剔除掉早期失效元器件，使得通过筛选的元器件从开始使用就进入失效率低而恒定的时期，进而提高元器件批产品的使用可靠性。

元器件的筛选分为一次筛选和二次筛选，一次筛选是元器件生产厂出厂之前对元器件进行的筛选。如果元器件生产单位已做的筛选试验不能满足产品对元器件质量控制要求时，为确保产品用元器件的使用质量，元器件的使用单位对已经验收合格的元器件可进行二次筛选．或使用单位认为有必要在一次筛选后再进行筛选。

5．元器件破坏性物理分析

破坏性物理分析（Destructive Physical Analysis.DPA）是为验证元器件的

设计、结构、材料和制造质量是否满足预定用途或有关规范的要求，按照元器件的生产批次进行抽样，对元器件样品进行解剖，以及解剖前后进行一系列检验和分析的全过程。

DPA是对合格产品的分析，它是采用和失效分析相似的技术方法，分析评估特性良好的元器件是否存在影响可靠性的缺陷，是一种对批质量的评价。DPA借助一些失效分析的手段，并以预防失效为目的，对元器件的使用可靠性起着重要保障作用。它是遵循“预防为主、早期投入”的方针，对重要的元器件在投入使用之前，按生产批次对元器件抽样件进行DPA，剔除不合格的有缺陷的批次，从而保证了系统的可靠性。

6. 失效分析和不合格元器件处理

失效分析是为确定和分析元器件的失效模式、失效机理和失效原因对失效样品所做的分析和检查。失效分析是对失效元器件的事后检查，通过对失效的元器件进行必要的电、物理、化学的检测和分析，确定失效模式、机理和原因。它既要从本质上研究元器件自身的不可靠性因素，又要分析研究其工作条件、环境应力和时间等因素对器件发生失效所产生的影响。

在到货检验、二次筛选、储存、电装和调试及使用过程中，发现失效或不合格元器件时，应对其进行失效分析，确定失效模式和失效机理，提出纠正措施。分析结果如为批次性失效，应对整批元器件拒收或退换，如为非批次性失效，就剔除失效元器件后可以接受。必要时应抽样进行DPA，验证失效的非批次性。对于使用的元器件，应整批进行针对性检验，当不合格品率小于允许的不合格品率时，剔除不合格品后可整批接收或继续使用，否则应整批拒收、退换。

7. 元器件使用

设计人员在合理选择元器件的同时，应进一步采用一些可靠性设计技术，提高元器件的使用可靠性。这些使用可靠性设计包括降额设计、容差设计、热设计及电磁兼容防护设计等。

8. 元器件电装与调试

元器件的电装是指将若干个元器件按照要求有序地组装和焊接到印制电路板的过程。正确的电装技术是保证元器件使用可靠性的重要措施，因此在电装时应该严格控制电装的环境和工艺。元器件电装的基本要求有：保证安全使用，不损伤元器件，保证电路的电性能正常，保证某些元器件（例如散热片、变压器等）的机械强度，保证散热要求，并且要满足电磁兼容要求。

电子电路的调试就是以达到电路设计指标为目的而反复进行的“测量、判断、调整、再测量”的过程。电路板应按操作规程进行调试，调试时应采取必要的防护措施，特别需要注意测试设备应良好接地，禁止电路板及整机在通电情况下装联或拆卸元器件。电路调试的目的是发现和纠正设计方案的不足及电装的不合理，然后采取措施加以改进，使电子电路或电子装置达到预定的技术指标。

9. 元器件储存、评审和质量信息管理

由于产品电子产品研制周期较长．而元器件更新换代比较快，往往在产品电子产品的研制过程中或产品在使用过程中需要维修时，有些元器件已经不再生产，为了解决这一矛盾，通常需要在采购电子元器件时留有足够的余量，以解决产品研制的需要。作为元器件的采购方和使用方普遍采用“一次采购、多次使用”的方式，但这主要取决元器件允许长期储存的期限，以及超过了规定的储存期限后，需要通过必要的检测，才能验证元器件的质量和可靠性仍能满足要求。元器件的储存可靠性主要与这些因素有关：由设计、工艺和原材料决定的元器件固有质量状况，元器件储存的环境条件．元器件的不同类别，产品的可靠性要求。

元器件评审的目的是评定研制阶段的元器件在选择和使用等方面是否满足相关规定的要求。为确保产品质量，产品研制过程中可以组织专家对影响元器件质量的有关问题进行评审，以发现元器件选用过程中存在的问题并提出改进意见。元器件的评审工作包括：检查元器件的选用是否符合优选要求；检查关键、重要元器件选用情况是否正确合理；检查元器件的使用（降额设计、热设计和安装工艺等）是否符合有关规定；检查是否按规定进行了元器件验收、复验、二次筛选和破坏性物理分析以及对不合格批的处理；检查已用的元器件是否符合规定的元器件储存期要求；检查是否对失效元器件进行了失效分析、信息反馈及采取了有效的措施。

元器件的质量与可靠性控制与各种相关的信息是密不可分的。在元器件选择、采购、监制和验收、筛选和复验以及失效分析等环节中，存在大量的元器件信息，如型号元器件选用信息、元器件相关的试验信息、元器件失效和失效分析信息等，这些信息对于从事型号产品研究的单位来说都是极大的财富。建立现代信息管理立体网络，以最佳途径和最快的速度对质量与可靠性信息进行收集、整理、存储、分析、处理并反馈到决策和执行部门，单靠个体行为是无法完成的。为保证信息管理渠道畅通与信息的完整，必须建立科学的信息管理模式。良好的信息管理工作可以及时向各部门提供高质量信息，不仅可以缩短提高产品质量和可靠性的进程，而且可以减少为大量获取信息所做的重复试验，具有重大的经济效益。加强了质量和可靠性信息管理网络建设是各企业有序、有效开展管理工作的必然要求。

（三）元器件选用分析评价和优选目录

1. 元器件选用与分析评价过程

正确并合理地选择元器件，并对元器件选用过程进行管理和有效控制，是实现设计目标的有效手段。元器件选用应首先分析产品设计和元器件使用需求及其限制条件，根据元器件优选相关原则或优选目录选择元器件。对于所选择的元器件，应明确其可能遇到的局部使用环境，对其性能、可靠性、费用、电装、生产制造商以及元器件代理商能力等进行评价。

1）元器件使用需求及限制分析

需求及限制分析的目标是通过分析使设计工程师可以选择恰当的元器件并使之符合所需的产品。即元器件的选用必须符合产品要求，同时还必须考虑受产品设计特性限制的要求。这些分析可能包括产品功能需求、外形及尺寸需求、市场价格期望、产品研制周期和上市时间需求、技术性限制、成本限制、测试需求及质量需求等内容。

2）元器件的选择

备选元器件首先应该符合产品的功能需求和技术发展趋势，此外还必须考虑一个合理的可接受的费用。

（1）选择电子元器件一般遵循以下原则：

①选用元器件的应用环境、性能指标、质量等级等应满足产品的要求；②优先选择经实践证明质量稳定、可靠性高、生命周期长的标准元器件；③选择有良好信誉的生产厂家的元器件；④弄清元器件的型号标志含义，提供完整的元器件型号；⑤应最大限度地压缩品种、规格和生产厂家，有利于选购和管理。

（2）国产元器件的选择顺序：

①“型号元器件优选目录”中的元器件；②经电子元器件质量认证委员会认证合格的QPL及QML中的元器件；③经过使用考验的、符合要求的、能够稳定供货的定点生产厂生产的元器件；④有成功应用经验，符合设备使用环境的其他元器件。

（3）进口元器件的选择顺序：

①“型号元器件优选目录”中的元器件；②国外权威机构的QPL/PPL中的元器件；③生产过程中经过严格筛选的高可靠元器件；④经过国内型号使用考核符合型号要求的元器件；⑤优先选择国外著名元器件生产厂家和有良好信誉的代理商。

（4）元器件质量等级的选择原则：

①产品分配的可靠性指标高，应选用质量等级高的元器件；②关键部件或重要设备应选用高质量等级的元器件；③基本失效率高的元器件，应选用质量等级高的产品；④为了同时能够满足产品质量和经济性的要求，各种不同设备或者同一设备的不同部件可以采用不同质量等级的元器件。

3）应用评价

元器件的寿命周期经历元器件的组装、储存和使用情况等相关的环境。元器件局部使用环境是指产品中邻近该元器件的环境，它随产品的整个过程环境变化。设计人员应分析元器件全寿命周期内的应力条件，对元器件进行性能、可靠性和电装等评价。

性能评价的目标是评价元器件适应产品功能和电性能需求的能力。所选元器件应在电、机械和功能性能上适合产品的运行条件，设计应将使得各类元器件能够在最坏工作条件下也不会出现“过应力”情况。

可靠性评价为产品设计工程师提供了元器件在特定使用条件下可靠工作的持续能力。如果元器件的可靠性不能通过可靠性评价，应考虑一种可替换的元器件或改进产品设计，包括加入热设计、减振处理和修改组装参数等。

电装评价包括电装过程兼容性问题、电路板走线兼容性问题。电子设计人员除掌握印制电路板设计和各种可靠性试验技术之外，还必须要了解电装工艺规范，有助于提高电子产品可靠性。

4）元器件制造商与代理商的评价

制造商评价是指对元器件制造商的生产一致性的能力进行评价。代理商评价是指在代理商能够不影响元器件内在质量条件下提供元器件以及提供所需服务的能力评价。如果元器件制造商与代理商能够满足最低可接受水平的要求，那么他们所提供的元器件产品就可以成为备选元器件。

2. 军用产品元器件的选用

军用电子设备使用环境一般都比较恶劣，同时其质量和可靠性水平要求很高。军用产品设计人员必须根据元器件的性能特性要求、使用环境要求和质量等级要求等要素，正确地选择元器件。军用产品元器件的选择除了上文提到的原则之外，还应注意以下几点：

①首先从“型号元器件优选目录”或有关部门制定的“元器件优选目录”中选择；②在满足性能和质量要求的前提下，优先选用国产元器件；③严格控制“元器件优选目录”外的元器件和新研元器件的选用；④不得选择禁止使用的元器件和尽可能减少限制使用的元器件。

为满足需要，在军用元器件选用过程中，设计工程师除了选择“型号元器件优选目录”中的元器件外，有时不得不选用目录外的元器件。因此，必须对军用元器件选用过程进行控制和管理来保证军用产品的质量和可靠性，该项工作包括优选目录外元器件的选用控制、新研国产元器件的选用控制、进口元器件的选用控制、工业级元器件的选用控制和塑封元器件的选用控制等内容。

3. 元器件优选目录制定和使用

对军用产品用元器件，产品研制单位应按照GJB 3404—1998《电子元器件选用管理要求》制定“军用电子元器件优选目录”作为选用、质量管理和采购的依据。“元器件优选目录”应该根据产品研制和生产不同阶段进行动态管理和修改。

与元器件优选相关的一些目录主要有：合格产品目录（Qualified Products List，QPIJ、元器件合格制造厂目录（Qualified Manufacture List，QML）、元器件优选目录（Preferred Pam List，PPL）。QPL和QML认证的目的是保证持续的产品性能、质量和可靠性，提供完成长时间或者高复杂的评价和试验。

QPL是对具体产品或产品系列进行的质量认证，包括生产线审查和产品鉴定。通过认证的产品列入认证合格产品清单，通常适合于要求长期和稳定供应的元器件产品，该产品设计或制造过程工艺应极少发生重大更改，常用于军事产品行业等领域。QML是对材料和工艺而非具体产品进行的质量认证，包括生产线审查和材料与工艺鉴定，通过认证和鉴定的元器件生产线列入合格制造厂目录。PPL是由研制单位按有关标准规定的要求内容和程序制定，为了使产品设计人员能择优选择元器件的品种、规格和生产厂，并控制选择的元器件质量等级以及压缩元器件的品种、规格和生产厂，达到保证元器件的使用质量和减少保障费用的目的。

研发单位应在方案设计阶段就编制“元器件优选目录”，编制目录时要优先将通过国家军用标准认证并列入合格产品目录的元器件和生产厂列入“元器件优选目录”，选择实践证明质量稳定、可靠性高、技术先进的标准元器件作为优选品种。“元器件优选目录”的主要内容形式应包括序号、元器件名称和型号、规格、主要技术参数、封装形式、质量等级、采用标准及生产厂或者研制单位等内容。

（四）元器件使用可靠性设计

电子元器件的使用可靠性设计是在产品功能设计的同时，针对产品在使用过程中可能出现的失效模式，采取相应的设计技术，以消除或控制元器件失效，使产品在全寿命周期内满足规定的可靠性指标。元器件使用可靠性设计包括降额设计、热设计、静电防护设计、抗辐加固设计、耐环境设计等。

降额设计是将元器件在使用中所承受的应力低于其设计的额定值，通过限制元器件所承受的应力大小，达到降低元器件的失效率、延长使用寿命，提高使用可靠性的目的。需要降额的主要参数有结温、电压和电流等。

热设计是控制电子设备内所有元器件的温度，使其在设备所处的工作环境条件下不超过规定的最高允许温度，从而达到防止元器件出现过热应力而失效，保证电子设备正常、可靠工作的目的。温度是影响元器件失效率的重要因素，对微电路来说，温度每升高 10X：大约可使失效率增加一倍。因此在元器件的布局和安装过程中，必须充分考虑到热的因素，采取有效的热设计，保证元器件工作在允许的温度范围内。

静电防护应贯穿于电子产品的全过程，即在设计、生产、使用的各环境都要采取相应措施。这可以从两个方面着手：一是在器件的设计和制造阶段，通过在芯片上设计制作各种静电保护电路或保护结构，来提高器件的抗静电能力；二是在器件的装机使用阶段，制定并执行各种防静电的措施以避免或减少器件可能受到的静电的影响。因此必须在各个环节都采取措施，其中任何一个环节的疏忽，都能造成静电对器件的损伤。

抗辐加固设计归纳起来有两种途径：一是根据使用需要，通过采用抗辐射能力强的新设计、新工艺、新材料等进行器件抗辐射加固，制造出具有较高抗辐射能力的器件；二是在器件使用过程中，采用抗辐射加固措施，使各种辐射效应减至最小，即应用抗辐射加固，又称系统级加固。

元器件的耐环境设计又称为环境适应性设计，是保证元器件在规定的寿命期内，在装运、储存和使用过程的预期环境中，实现规定功能的设计技术。根据元器件所处的环境类别，重点对元器件应进行耐高温环境设计、耐力学环境设计、“三防”（耐潮湿、盐雾和霉菌环境）设计、耐静电环境设计及耐辐射环境设计。

（五）军用元器件质量保证及其标准

随着高新技术的发展，现代武器具有电子化、自动化、智能化的特点。电子设备作为高技术战争和电子战争的核心而言，其复杂程度不但很高，而且发展速度很快。对军工产品使用电子元器件加强全面质量管理，将它当作一项系统工程来实施，对提高整机产品的可靠性有举足轻重的意义。

1. 军用元器件质量保证

军工产品上的元器件质量由其固有质量和使用质量组成，因此军用元器件的质量保证由元器件固有质量保证和使用质量保证两部分组成。

为保证军用元器件的质量水平达到实际要求，军用元器件产品质量及其生产需要按照相关规范要求通过规定的程序予以认证。质量认证包括两方面：一是对元器件生产单位的生产线及其质量保证能力的审查和评定；二是对其所生产的元器件产品进行鉴定或考核。凡符合规定要求的、通过质量认证的军用元器件，均被列入合格产品目录（QPU）或合格制造厂目录（QML），优先推荐给军工产品研制单位选择并使用。

在保证和提高军用元器件的固有质量的同时，作为军工产品的研制单位，在产品方案论证阶段结束后，应编制元器件质量和可靠性管理规定（或要求）作为军工产品后续研制阶段组织实施和监督检查元器件保证工作的主要依据。元器件质量和可靠性管理规定（或要求）主要包括了使用方质量保证机构的职责、元器件优选目录的制定、元器件质量等级范围、元器件监制验收要求、二次筛选要求、破坏性物理分析要求、失效分析要求和特殊环境（抗辐射和盐雾等）要求等内容。

军用元器件质量保证工作除了考虑上述问题外，对军工产品研制生产中使用到的进口元器件、新品元器件、自制元器件及超期储存的元器件等的质量保证问题，进行控制和管理。

2. 军用元器件可靠性和质量保证有关标准

为保证军用元器件的质量与可靠性，我国制定了一系列元器件规范、标准和指导文件。

元器件规范包括了元器件的总规范和详细规范。总规范对某一类元器件的质量控制规定了共性的要求，详细规范是对某一类元器件中的一个或一系列型号规定了具体的性能和质量控制要求，因此每个器件或元件的总规范下面又有若干个详细规范，总规范必须与详细规范配套使用。

元器件试验标准是指导对某一类元器件进行试验、测量或分析的技术标准．这类标准的数量较少，但对保证元器件的质量起很重要的作用。对元器件的用户而言，结合产品规范了解有关试验和测量方法的标准，不仅有助于深入地掌握元器件承受各种应力的能力，还能为制定二次筛选等法规性文件提供参考。

元器件的指导性标准主要包括三种：第一种是指导电子设备设计的标准（与元器件密切相关），如 GJ1VZ 299C—2006《电子设备可靠性预计手册》等；第二种是指导元器件选择和使用的标准，如 GJB/Z 56—1994《宇航用电子元器件选用指南半导体集成电路》等；第三种是元器件的系列型谱，如 GJB/Z 38—1993《军用电容器系列型谱》等。

二、机械产品的降额设计与动态设计

（一）降额设计的定义及基本原理

所谓元器件的降额设计，国内外的相关文献中描述各有不同。在我国现行的元器件降额标准 GJB/Z 35—1993《元器件降额准则》中定义为“元器件使用中承受的应力低于其额定值，以达到延缓其参数退化，提高使用可靠性的目的。通常用应力比和环境温度来表示”。元器件工作过程当中所承受的应力包括电、热、机械应力等。

1. 降额相关定义

需要明确的降额相关定义如下：

（1）降额

元器件以承受低于其额定值的应力方式使用。

（2）额定值

对于某一具体参数而言，额定值是设计的元器件所能承受的最大值（应力）。额定值通常用来说明那些随着应力增加，故障率也增加的应力，如温度、功率、电压或电流。例如，电容器的容量、电阻的阻值也是额定值．因为其对可靠性的影响不大，同性能关系更大，一般不考虑降额。

（3）应力

施加在元器件上并能影响故障率的电气、机械或环境力。

（4）应力比

工作应力除以最大额定应力，通常用 s 表示。

（5）应用

元器件的使用方法，该方法通常直接影响预计的故障率。应用因子包括元器件工作环境的所有电气、机械及环境特性。关键应用因子是对元器件故障率有严重影响的一种具体特性，因此将其作为降额指南的一部分。

2. 降额设计基本原理

从元器件可靠性高低与承受的热、电应力的关系举例来说，一般情况下，元器件的平均寿命（MTTF）可表示为

$$\mathrm{MTTF} \propto F^{-m} \exp\left(\frac{E_a}{kT}\right) \quad (2.64)$$

式中：F 代表电应力；T 为工作温度；k 是玻耳兹曼常数；E_a 是激活能；m 为指数项常数。

由式（2.64）可见，元器件工作时承受的电应力（例如工作电压、工作电流）和工作温度越高，则元器件的工作寿命就越低，可靠性越差。因此在激活能 E_a 确定的情况下，要提高可靠性，就应该降低应力强度和工作温度。

降额设计的根本目的就是通过可靠性设计，使元器件工作时，对可靠性影响较大

的关键部位承受的应力适当低于常规水平，延缓特性参数的退化，以降低其基本失效率从而提高使用可靠性。当元器件的工作应力高于额定应力时，失效率增加；反之，一般都要下降。

降额设计中元器件本身可以认为是可靠的，影响元器件可靠性和质量的主要参数都会给出额定值和最大额定值。最大额定值是器件的极限参数，是由其自身的结构、材料和工艺决定的。元器件在额定值下一般是允许工作的，但这时其失效率往往比较高。尽管元器件在设计时考虑留有一定的安全余量，元器件在开始使用时并没有发生失效（这里不将元器件缺陷引起的早期失效考虑进去），但是，比较大的使用应力施加在元器件上时，随着时间的推移其性能退化速度比较快，这是由于元器件本身的材料等原因造成的。因此，只有在低于额定值的条件下，元器件才能保证其性能与可靠性。

3. 降额设计的重要性

元器件的可靠性对其电应力和温度应力比较敏感，在一定范围内，随着电应力和温度应力的增加，元器件的失效率迅速上升。施加在电子元器件上的电、热应力大小直接影响电子元器件的基本失效率。

常规情况下允许给元器件施加的热电应力称为元器件最大工作条件。而考虑可靠性的要求，采取降额设计技术，元器件允许承受的热电应力称为安全工作条件。则安全工作条件与最大工作条件之比就是降额因子，也称为降额系数，以此表征元器件的降额程度。

1979 年 3 月，航天 DF-3-20 批计算机在地面等效器件试验过程中，因电源中的固体钽电容直流工作电压降额系数高达 0.825（固体钽电容直流工作电压降额推荐：Ⅰ级，S=0.5；Ⅱ级，S=0.6；Ⅲ级，S=0.7），降额未达标而发生了事故。因此需要充分重视元器件的降额设计。

（二）降额设计的基本原则

降额设计是保证产品可靠性的重要手段，也是元器件可靠性设计的重要内容，因此要求对系统所用元器件正确合理地做好降额设计，进行降额设计应遵循之下基本原则：

（1）元器件的降额量值允许做适当调整

但对关键元器件应保证规定的降额量值。在多参数的降额时，尽可能设计关键参数的降额，个别影响不大的参数可做适当的改变。

（2）各类电子元器件都有最佳的降额范围

在此范围内工作应力的变化对其失效率有明显的影响，在设计上也较容易实现，且不会在设备体积、重量方面付出过大代价。

（3）降额到一定程度后可靠性的提升是很微小的

因此不能过度降额，过度降额会使效益下降，增加设备的重量、体积及成本等，有时还会使某些元器件工作不正常，大大降低参数稳定性。

（4）不应采用过度的降额补偿方法解决低质量元器件的使用问题

同样也不能由于采用了高质量等级的元器件而不进行降额设计。

（5）对于系统和整机设计

目前积累了各种元器件降额设计的一套准则。例如：我国已制定GJB/Z 33--1993《元器件降额准则》，国产元器件的降额设计应按此标准参考、执行。国外元器件降额可按美国国防部可靠性分析中心《元器件选择、应用和控制》和美国波音宇航公司《可靠性元器件降额准则》的降额设计要求进行。

（6）不应将相关标准所推荐的降额量值绝对化，降额设计是多个方面因素综合考量的结果

（三）降额设计的内容

元器件降额设计的工作内容及过程主要分为以下几个方面：首先根据降额准则确定元器件的降额等级、降额参数以及降额因子，接下来根据确定好的降额等级、降额参数和降额因子对元器件进行降额分析与计算，最后撰写降额设计报告。

1. 降额准则

降额设计是可靠性设计中的一项重要内容，降额准则更是降额设计的依据与标准。在电子设备的可靠性设计准则中，通常都对元器件的降额使用提出了明确的要求。我国现行的元器件降额标准GJB/Z35—1993《元器件降额准则》是国内电子设备可靠性设计的重要标准，也是电子设备可靠性设计方案评审的主要依据，在工作实践中得到了广泛的应用。

由于国内外元器件质量等方面的要求不同，各国家和大型企业均有属于自己的一套降额设计准则，如欧洲空间标准化合作组织（European Cooperation for Space Standardization，ECSS）发布的ECSS-Q-30-11C《电子元器件筛选和降额准则》，以及美军标MIL-STD-975M（NASA）《军用电气、电子、机电元件清单》附录A《标准元器件降额准则》、NASA标准EEE-INST-002《电气、电子和机电元器件选择、筛选、鉴定和降额指南》等。

2. 降额等级

对许多元器件类型来讲最低降额点和过降额点之间有个可接受的降额等级范围，所谓最佳降额点是指应力增加一点就将引起故障率迅速增长的应力点。

通常元器件有一个最佳降额范围。在此范围内，元器件工作应力的降低对其失效率的下降有显著的改善，设备的设计易于实现，且不必在设备的重量、体积和成本等方面付出大的代价。

应按设备可靠性要求、设计的成熟性、维修费用和难易程度、安全性要求以及对设备重量和尺寸的限制因素，综合权衡确定其降额等级。

在最佳范围内推荐采用三种降额等级：Ⅰ级降额，也称作最大降额；Ⅱ级降额，也称中等降额；Ⅲ级降额，也称最小降额。

（1）Ⅰ级降额

Ⅰ级降额是最大的降额，适用于设备故障将会危及安全、导致任务失败和造成严重经济损失情况时的降额设计。它是保证设备可靠性所必需的最大降额，对元器件使

用可靠性的改善最大，超过Ⅰ级降额的降额设计往往对元器件可靠性的提高有限，并且可能使设备设计变得困难，起到适得其反的作用。

（2）Ⅱ级降额

Ⅱ级降额是中等降额，适用于设备故障将会使工作任务降级和发生不合理的维修费用情况的降额设计。这级降额对元器件使用可靠性有了明显改善，Ⅱ级降额在设计上较Ⅰ级降额易于实现。

（3）Ⅲ级降额

Ⅲ级降额是最小的降额，适用于设备故障只对任务完成有较小的影响以及能快速、经济的修复设备的情况。这级降额在设计上最易实现，对元器件使用可靠性的相对效益最大，但可靠性改善的绝对效果不如Ⅰ级和Ⅱ级降额。

通常，用于很重要或很复杂的系统和设备中的元器件才采用Ⅰ级降额或Ⅱ级降额。各类电子元器件的详细降额准则及应用指南可参见GJB/Z 35《元器件降额准则》或根据任务总体的要求确定。表2-5为我国国家军用标准GJB/Z 35中对不同类型的产品推荐应用的部分降额等级。

表2-5 GJB/Z 35推荐的部分降额等级

应用范围	降额等级	
	最高	最低
航天器与运载火箭	Ⅰ	Ⅰ
战略导弹	Ⅰ	Ⅱ
战术导弹系统	Ⅰ	Ⅱ
飞机与舰船系统	Ⅰ	Ⅱ
通信电子系统	Ⅰ	Ⅱ
武器与车辆系统	Ⅰ	Ⅱ
地面保障设备	Ⅱ	Ⅱ

3. 降额参数

降额参数指的是能够影响元器件失效率的有关性能参数和环境应力参数。降额参数确定的依据是元器件的失效模型。在GJB/Z 299C《电子设备可靠性预计手册》中给出了各类国产元器件的失效模型。

根据不同类型元器件的工作特点，对元器件失效率有影响的主要降额参数和关键降额参数各不相同。大部分元器件的降额参数不仅内容不同，而且降额参数的数量也不一致，通常为3项到7项。

降额参数的确定原则，首先应符合元器件在某降额等级下各项降额参数的降额值的要求。其次，在不能同时满足时，要尽量保证对失效率降低起关键影响的元器件参数的降额量值。确定降额参数时还一定需要注意参数的细节，包括参数工作应力的性质（如定值或是交变值）和降额基准值的种类（如额定值或是极限值）。

一般来说，集成电路的降额参数有电源电压、输入电压、输出电流、功率及最高结温等。高结温是对集成电路破坏最大的应力，器件在工作时，结温要维持比较低的水平；器件实际工作频率应低于其额定工作频率，否则功耗会迅速增加；对于大规模集成电路，着重改进其封装散热方式以降低结温，尽可能降低其输入电平及输出电流和工作频率。再如，电容器的主要降额参数为电压和环境温度：电压影响电容器寿命，越接近额定电压时影响越大；环境温度影响电容器的使用寿命、电容量、绝缘电阻介电强度以及器件的密封等。

4. 降额因子

降额因子是指元器件工作应力与额定应力之比。应力包括影响元器件失效率的电、热、机械等负载。降额因子一般小于 1，若等于 1 则没有降额。降额因子的选取有一个最佳范围，一般应力比为 0.5 ～ 0.9。在最佳降额范围内元器件的基本失效率会下降很多，但若进一步降低应力比，元器件失效率的下降程度微小，对提高系统可靠性并无太大作用，甚至可能有害。

在确定降额因子的过程中，不应将降额标准中的降额量值绝对化，要多方面因素综合考虑。对元器件失效率影响不大的个别参数在降额设计过程中可将降额量值做适当调整，但不要轻易降低降额等级。

5. 降额分析与计算

降额的分析与计算也是降额设计中非常重要的一项工作内容。在元器件降额设计的具体过程中，首先需要根据设备应用的具体工作条件确定出所选用元器件的降额等级，其次按照所规定的降额等级，明确元器件的降额参数和降额量值，再利用电、热应力分析计算或测试来获得温度值和电应力值，最终按照相关军用规范或元器件技术手册的数据，获得元器件的额定值，再考虑降额系数，获得元器件降额后的容许值。

降额可通过两种途径解决，即通过降低应用应力或者通过提高元器件的强度来实现。因此，对于没有达到元器件降额要求，尤其是降额不够的元器件应更改设计，采用容许值更大的元器件或者设法降低元器件的使用应力值。

因受条件限制，降额后仍未达到降额要求的个别元器件（非关键和重要元器件）。经分析研究和履行有关审批手续后，才可允许暂时保留使用。

（四）降额使用

降额使用就是使元器件在低于额定值的状态下工作。这是提高元器件使用寿命、保证电子设备可靠性的通用做法，也是可靠性设计的重要内容。元器件的寿命在其结构确定后，主要决定于它所承受的应力。降额使用时用减小应力的方法提高寿命的有效措施，在元器件使用过程中不可避免地会有外界条件的起伏波动，如果元器件在满额定值状态下工作，即使发生很小的起伏波动，也会使元器件时而进入超额定值的工作状态，影响其可靠性。

对什么参数实施降额，做多大幅度的降额，不同的元器件可能不同。相同的元器件在不同的工作条件和环境条件下也有区别，需要相互协调。

元器件的降额使用，并不是降额幅度越大越好。通常元器件都存在一个最佳的降额区，过低的降额会引起元器件性能的劣化和可靠性的降低。

（五）降额设计应注意的问题

降额设计是可靠性设计的一项重要内容，因此一般型号均要求对系统所用元器件正确合理地做好降额设计以利于正确选择和使用元器件。

应熟悉各种元器件参数的含义，明确降额参数的基准值。元器件的降额参数主要是电参数和温度参数，电参数中包含电压、电流及功率等，温度参数包含结温、环境温度和壳温等。降额时需明确是哪种参数需降额，降额的基准值是额定值还是规定值。

为了制定出最佳的降额范围，需要综合考虑整机系统的重要性、寿命要求、失效后造成的危害程度及成本等问题。

降额可以有效提高元器件的使用可靠性，但降额是有限度的。各类元器件都有最佳的降额范围，在这个范围内工作应力的变化对其失效率有明显的影响。通常，超过最佳范围的更大降额，元器件可靠性的改善相对下降，而设备的重量、体积和成本却会有较快的增加。有时过度的降额会使元器件的正常特性发生变化，甚至有可能找不到满足设备或电路功能要求的元器件；过度降额还可能引入元器件新的失效机理，或导致元器件数量不必要的增加等问题。

元器件的降额量值允许做适当的调整，但是对关键元器件应保证规定的降额量值。

需要注意的是，并不是所有元器件都可以随意进行降额设计。例如，电子管的灯丝电压和继电器的线圈吸合电流是不能降额的，否则会使电子管的寿命降低，继电器不能可靠吸合，特别是微波大功率磁控管等，对其降额不仅会影响寿命，而且还会因灯丝欠热而跳火，以致不能正常工作，继电器则不能吸合或引起接点抖动；晶体管的驱动功率不能降额，它直接影响额定频率，而其工作温度也必须保持在规定的限制范围内，以保证达到额定的工作频率。

有的元器件，降额到一定程度时却得不到预期的效果。例如，薄膜电阻器的功率降额到 10% 以下时，失效率就不再下降。又如三极管的电压降额到额定值的四分之一以下和一般二极管的反向电压降额到最大反向电压的 60% 以下之时，失效率也都不再下降。

另外，必须根据产品可靠性要求选用适合质量等级的元器件，不应采用降额补偿的办法解决低质量等级元器件的使用问题。

（六）降额设计示例

电子设备中一些常用元器件的基本失效率与降额后的失效率的比较可参见表 2-6，表中 S 表示降额系数。从表中可知，金属膜电阻当温度不变（70℃）时，功率降低一半，其失效率降低了两个数量级。云母电容的环境温度降低一半，电压降低 30%，其基本失效率降低三个数量级，因此降额设计是提高可靠性的有效办法。但并不是对所有的元器件都是降额越多越可靠，对有的元器件降额过多时反而使失效率显著增加，所以在进行降额设计时应熟悉元器件的工作原理和失效机理才能做到合理降额。

表 2-6 连接器降额准则

名称	金属膜电阻	金属化纸介电容	云母电容	固态钽电容	集成电路
应力基本失效率 λ_0/h^{-1}	70℃（S=1） 1.7×10^{-7}	70℃（S=1） 1.14×10^{-5}	80℃（S=1） 1.76×10^{-5}	70℃（S=1） （7-9）$\times10^{-5}$	125℃ 2.1×10^{-5}
应力降额后失效率 λ/h^{-1}	70℃（S=0.5） 1.5×10^{-9}	70℃（S=0.5） 2.27×10^{-7}	40℃（S=0.7） 3×10^{-8}	40℃（S=0.7） （3-5）$\times10^{-8}$	25℃ 4.8×10^{-7}

1. 电容器的降额设计

在电子设备中广泛使用的电容器有玻璃釉电容器、云母电容器、钽（铝）电解电容器、瓷介质电容器等。这些电容器的体积、成本、电容量和电性能都相差各异，各有特点。电容器是电子设备中使用量最大的元器件之一。电容器作为一种储能元件，用于长时间内积累电能和长时间或短时间释放能量，有用作整机电子线路的隔直流、旁路、耦合、滤波、储能、及定时等功能。

电容器降额设计的目的是使电容器满足技术标准的同时还要预留更多的富余量，从而达到降低基本失效率，提高使用可靠性的目的。

电容器的降额设计有温度设计、电压降额设计及环境设计等内容。

温度降额设计，选择耐高温的结构材料，提高电容器的温度承受能力。如提高密封锡的熔化温度、选择耐高温的密封环，选择合适的形成温度等。

电压降额设计，在体积允许的情况下，尽可能地提高阳极钽芯氧化膜的形成电压，使电容器有更小的漏电流和更多的电压富余量。

环境降额设计，选择耐腐蚀性能好的材料作电容器的表面处理，选择了绝缘电阻和绝缘电压远高于标准要求的材料作电容器的绝缘套管。

2. 连接器的降额设计

连接器在电子设备中也较为常见，其主要作用有：传输电信号；输送电能量；通过接触件的闭合或断开以使其所连接系统的电路被接通或断开。相对于其他电子元器件来说，连接器采用的零部件较多，结构较复杂，其可靠性水平目前也较低。因此，提高连接器的可靠性对提升电子设备的可靠性水平有着重要作用，其中连接器的降额设计又是其可靠性设计中的一个重要环节。

影响连接器可靠性的主要因素有插孔材料、接点电流、有效接点数目、插拔次数和工作环境，连接器降额的主要应力是工作电压、工作电流和温度。对连接器主要是降低其最高工作电压、额定工作电流及最高插针额定温度。

连接器的降额准则见表 2-7。连接器工作电压的最大值将随其工作温度的增加而下降，表中 TM 为最高接触对额定温度。

表 2-7 连接器降额准则

降额参数	降额等级		
	Ⅰ级降额	Ⅱ级降额	Ⅲ级降额
工作电压（DC 或 AC）	0.50	0.70	0.80
工作电流	0.50	0.70	0.80
温度/℃	TM-50	TM-25	TM-20

为增加接点电流，可将连接器的接触对并联使用。每个接触对应按规定对电流降额，由于每个接触对的接触电阻不同，电流也不相同，因此在正常降额的基础上需再增加 25% 余量的接触对数。例如，连接 2A 的电流，采用了额定电流为 1A 的接触对，在Ⅰ级降额的情况下，需要 5 个接触对并联使用。

3. 错误的降额示例

工程设计人员在设计过程中，为了提高系统的可靠性，设计余量较大，但往往忽视了元器件本身的技术参数，导致不但没有提高可靠性，反而错误使用元器件。

在某设计部门，设计人员设计某一电路，该电路需要一个 15V 直流电源。为了提高可靠性，设计人员选用功率较大的三端稳压块 7815MK 为该电路的直流电源。在该电路中，7815 的负载电路阻抗较大，消耗电流较小，仅几个毫安；而 7815MK 实际最大输出电流为 1.5A。因此，设计人员认为以 7815MK 提供几个毫安的电流，所留余量很大，该电源电路非常可靠。但设计人员忽视了 7815MK 的使用范围是输出电流必须大于十毫安。因此，导致的结果是该电源电路不在工作条件之内，使得输出 15V 直流电源不稳定。在分析了故障原因后，设计人员在 7815MK 的输出端与地之间加入一个电阻，使 7815MK 的输出电流提高到数十毫安，这样才使输出稳定下来。

因此，必须在选用元器件时正确、合理地降额使用，不合理的降额使用不但对系统的可靠性没有帮助，反而影响了系统正常工作。

（七）动态设计

电子设备中所使用的任何元件、部件或分系统的参数必然有一定的制造误差，且随着设备工作时间的增长，其特征参数值也会发生变化。这些误差和变化必然会对系统的工作产生影响，当这种影响超过了设计容限时，系统就产生故障。变化的误差会使系统产生漂移失效。为了减小或克服这种失效，应改变过去那种认为元器件及机械部件的特性参数不变的静态设计思想，在设计上使参数漂移对系统的影响降至最低，即采用动态设计（又称容差设计）的方法。

下面介绍动态设计的主要方法及途径：

1. 工作状态设计

先采用正交表或其他组合方法，通过分析各种元器件（部件）参数的搭配，寻找一组能使电路（系统）性能最优的参数搭配。这种参数搭配要保证电路（系统）在内部参数（元器件参数）和外部参数（输入信号）等条件变化时，电路（系统）的性能参数变化最小。然后根据网络拓扑学的理论，利用计算机辅助网络分析，计算各个元器件（部件）的参数变化对电路（系统）参数的影响程度。在上述分析的基础上，最后确定系统的最佳工作状态。

2. 动态补偿设计

在设计电路时，为了减小电子元器件特征参数值随环境的变化，可采用动态补偿设计的方法，环境因素中，温度对电子元器件参数值的影响最为严重。电子元器件的特征参数值随温度的变化方式有两种：正温度系数（温度升高特征参数值增加）和负温度系数（温度升高特征参数值降低），如电感线圈所采用的磁介质材料中，钼坡莫合金具有正温度系数，而铝硅铁具有负温度系数。对于有机介质固定电容器，非极性有机介质一般具有负电容温度系数（如聚苯乙烯、聚丙烯等），极性有机介质一般具有正温度系数（如涤纶等）。对于某些陶瓷电容器、电解电容器，低温使用时电容量会明显减小。为此，可采用温度补偿的办法来克服这种影响„ 例如对于电感器，可以采用铝硅铁一类的负温度系数的磁芯来补偿线圈的正温度系数；对于半导体稳压二极管，稳压值是温度的函数，为提高稳压的精密度，大都采用串联补偿的方法来克服稳压值的温漂；对于由电感器和电容器所组成的振荡电路，为了减小温度变化对振荡频率的影响，可以选用负温度系数的电容器来抵消正温度系数的电感器随温度的变化量；某些晶体管的参数漂移，可以选用适当的电容器来抵消；此外还可采用反馈技术来补偿特征参数变化所带来的影响。

3. 动态灵敏度分析设计

随着环境的变化，电子元器件的特征参数值也在改变。通过计算和分析，在电子设备的众多电路或众多的元器件中，找出关键不稳定的电路和元器件，继而采取相应的措施，这就是动态灵敏度分析设计的核心思想。

4. 元器件动态选用设计

不同电子元器件的特征参数随环境变化的程度是不一样的，所以考虑这些变化对于正确选择元器件是十分必要的。

在半导体分立元器件中，硅管的正常工作范围（-55℃～+155℃）要比锗管（-55℃～+90℃）宽，温度稳定性和适应性也较好。再加上硅的导热率比锗的高得多，因而硅管的抗烧毁性能也比锗管的好得多。因此，在温度较高的情况下，应尽量选用硅管。场效应晶体管是一种对静电极其敏感的器件，在包装、运输、测试、电装、调试时必须注意采取防静电措施。在潮湿和盐雾环境中工作的电子设备中，尽量不要采用塑封器件，因塑封器件密封性差，易老化。

常用电阻器中，用温度系数、储存稳定性、工作稳定性及耐潮性衡量，优选顺序：电阻合金线、块金属膜、金属玻璃釉、金属膜、金属氧化膜、热分解膜、合成碳膜。

选用电容器时，要综合考虑温度、相对湿度、大气压力、振动等各方面因素的影响。云母电容器的温度系数比某些陶瓷电容器好，但是云母电容器的密封性不好，不宜在潮湿环境下工作；玻璃膜独石电容器的工作环境温度较宽（-55℃～+125℃），而聚苯乙烯电容器的工作温度范围较窄（仅为-10℃～+55℃）；液体钽电解和铝电解电容器不能在高空低气压下工作，铝电解电容器不宜用于盐雾环境下的电子设备，且其库存时间稍长，特征参数值明显变劣。

元器件选用的基本原则是：在最恶劣的环境情况下，当器件的特征参数值变化最大时，设备仍能正常工作。

5. 动态环境防护设计

由于电子元器件的特性随周围环境的变化而变化，例如：固态电阻器在55℃、相对湿度95%的环境中放置100h，就有10%的阻值变化。因此在实验室静态环境中设计出的电子设备在动态的环境下往往不能可靠地工作，所以应进行动态环境防护设计。

大量的统计数据表明，在导致电子产品参数变化的诸因素中，温度、湿度和老化占95%～98%，而其中尤以温度的影响最为显著，约占60%～70%，因此，在动态环境防护设计中，应采取防止温度、湿度和老化对电子设备稳定性和可靠性影响的措施。对温度的防护可采用热设计方法，为器件的稳定可靠工作提供一个适宜的“微环境”。对湿度的防护可采取密封及三防工艺等措施。对于老化影响，除控制库存和使用环境外，还应进行降额应用。

6. 元器件的特征值稳定

由于制造工艺和物理化学反应等原因，电子元器件往往要经过一段时间的使用后，其特征参数值才能稳定在某一水平上。因此在出厂前应对电子元器件进行高温动态测试，目的是剔除那些特征参数值超过规定范围的元器件，并对正品元件通过烘烤而使其特征参数值稳定。实践证明，对电子元器件进行高温动态测试检测是筛选电子元器件最好的方法。

三、机械产品的典型可靠性问题

20世纪90年代以来，集成电路技术得到了快速发展，特征尺寸不断减小，集成度和性能不断提高。这些发展给集成电路可靠性的保证和提高带来了巨大挑战：在MOS器件按比例缩小尺寸的同时，工作电压并未相应地等比降低，这使得MOS器件的沟道电场和氧化层电场显著增加，导致从前可以忽略的短沟道效应和薄栅氧化层效应变得越来越严重。当MOS器件的特征尺寸达到超深亚微米时，栅氧化层厚度进一步变薄，各种失效模式对超深亚微米MOS器件的影响不可忽视，本节将主要介绍关于器件可靠性的几种典型效应。

（一）栅氧的经时击穿（TDDB）效应

1. 经时击穿（TDDB）及其可靠性概述

随着集成电路的迅速发展，其性能不断提高，超大规模集成电路技术的发展要求器件的特征尺寸不断缩小。在器件特征尺寸不断缩小、集成度和芯片面积以及实际功耗不断增加的情况下，物理极限的逼近使影响集成电路可靠性的各种失效机理的敏感度增强，设计和工艺中需要考虑和权衡的因素大大增加，剩余可靠性容限趋于消失，从而使集成电路可靠性的保证和提高面临巨大的挑战。

在这种情况下，MOS 器件的栅氧化层厚度在不断缩小，然而工作电压却不宜等比例的降低，这就使得在强电场的作用下栅氧化层的可靠性成为一个突出的问题。通常栅氧化层的击穿，是指在高电压下瞬时发生的，而实际上，即使所加电压在低于临界击穿电压的情况下，经过一段时间后也会发生击穿，这就是TDDB击穿，也叫经时击穿。

小尺寸 MOS 器件失效的主要因素为器件参数的漂移及栅氧化层的击穿。引起这些失效的主要原因是栅氧化层中的缺陷以及 Si—SiO2 界面缺陷。缺陷一方面来源于工艺制造过程，即原生缺陷；另一方面来源于器件的工作过程，在各种应力如电应力的作用会产生新的缺陷，而且随着工作时间的增加不断积累，最终导致了器件失效。一般来说，栅氧化层的击穿通常可以分为两大类：一是过电应力引起的高压击穿；另一类是额定条件下与时间相关的经时击穿。高压击穿的原因及表现较为明显，通常可以通过正确的操作程序及电路保护来避免，而经时击穿则与介质层的缺陷等相关，这类击穿对产品的可靠性影响很大，需要在产品的设计阶段进行解决。所以研究 TDDB 效应对分析器件的可靠性问题具有重要意义。

2. 栅氧化层 TDDB 击穿机理

栅氧化层的可靠性是MOS集成电路中最重要的可靠性问题之一，它影响到半导体器件的使用寿命问题。要解决这个问题，需要深入地了解半导体内部材料是如何失效的，清楚地认识到失效的发生、失效的过程以及失效的结果。当前还没有能完美解释各种微纳米器件特性退化的模型，栅氧化层是如何击穿的，其击穿与哪些因素有关？可以说栅氧化层的击穿机理依旧是研究重点。

1）栅氧化层 TDDB 击穿机理概述

薄栅氧化层击穿的限制因素依赖于注入热电子量和空穴量的平衡，当注入电子量非常少时，注入热电子所产生的陷阱数量是薄栅氧化层击穿的限制因素；当注入热电子较多时，注入的空穴量是影响击穿的主要因素。

因此认为薄栅氧化层的击穿是一个两步过程：第一步，注入的热电子在薄栅氧化层中产生空穴陷阱；第二步，空穴被薄栅氧化层中的陷阱俘获后产生导电通路，导致薄栅氧化层的击穿。或者反过来。

从原理上 TDDB 过程分为两个阶段：第一阶段为击穿积累阶段，其特点是在电应力作用下，氧化层内部及 Si—SiO2 界面处产生新生陷阱（电荷）的积累，导致氧化层内部的电场调制效应，当局部电场或局部电流达到临界值时，第二阶段即快速崩溃阶段开始，在这一阶段中，电和热的正反馈过程导致栅氧化层击穿。

2）TDDB 的软击穿与硬击穿

已有大量实验表明，TDDB 的本征击穿可分为软击穿和硬击穿两个过程。软击穿又叫做早期击穿、预击穿等，它不会导致明显的电流变化，只是在阴极和阳极间产生临时导电通道，属于一种非破坏性的击穿；而硬击穿则属于一种破坏性的击穿，这是因为其在阴极和阳极间产生了一个永久的导电通道，当在栅氧化层上施加高压应力之时，栅氧化层中将产生陷阱，导致局部的高电流密度，并在这些区域产生大量的热量进而造成局部的软击穿，但是如果这个过程在一个区域发生多次，则产生硬击穿，氧化层被彻底破坏。

过去人们认为栅氧化层的TDDB击穿主要是由于Na+等沾污引起的，因而采取了各种防护措施以保护栅氧化层不被Na+等沾污。然而实验结果发现，对于无Na+沾污的栅氧化层，仍然会产生TDDB击穿。

3）缺陷产生分析

一般认为，在电应力的作用下，栅氧化层及界面处不断产生多种缺陷，它们相互作用，引起器件退化。关于缺陷产生的机理有两种模型，即负电荷积累模型和正电荷积累模型。

负电荷积累模型认为栅泄漏电流是电子从阴极注入引起的。在电场的作用下，栅氧化层中产生F-N隧穿电流，电子从阴极出发，注入氧化层中，并且在阴极附近产生新的陷阱或被陷阱所俘获，局部电荷的积累使得氧化层中局部电场增强．引起局部介质击穿。随着时间的累积，这种局部介质击穿可以扩展到整个栅氧化层的击穿。

正电荷积累模型认为电子从阴极注入栅氧化层后与Si02晶格碰撞引发碰撞电离，电子在电场的作用下迅速进入阳极，而空穴则在向阴极的漂移过程中被氧化层陷阱俘获，产生带正电的空穴累积。增强的电场在阴极附近又引起碰撞电离，于是正电荷中心不断向阴极靠近，阴极场强不断增大。当场强增大到一定程度时，介质被击穿。

人们通过研究得出以下结论：在栅氧化层击穿过程中。导致氧化层击穿的主要原因是氧化层中缺陷的产生与积累，而这些缺陷的产生是氧化层中的点缺陷在电场和载流子综合作用下的结果。在这些缺陷中，深能级缺陷在氧化层禁带中形成定域态。随着应力时间的持续，缺陷浓度不断增大，定域态之间的距离也不断缩小。当缺陷浓度达到一个临界值时，定域态通过交叠形成扩展能级，氧化层的漏电流开始急剧增大，介质击穿开始触发。

3. 栅氧化层TDDB击穿模型

自20世纪70年代初人们开始研究TDDB击穿机理到现在，仍然没有能够精确描述栅氧化层击穿的完整模型，很多模型的物理机制与实验结果存在着矛盾。就目前来看，能够较为准确地描述栅氧化层击穿的物理模型大致包括以下几种：（1）电子俘获模型；（2）空穴击穿模型，即1/E模型；（3）热化学击穿模型，即E模型；（4）1/E与E模型的统一模型；（5）界面态产生与积累模型。

1）电子俘获模型

电子俘获模型研究者认为电子俘获使阳极电场增加，增加到一个临界值引起Si—0键断裂而发生击穿。

早在1978年，E.Harari首次采用恒流源取代常压或斜坡栅压，以保证电荷注入结处的常电场，避免了高电场条件下氧化层中产生的电荷陷阱对击穿的影响。对一组由厚度30～300人 Å 的 SiO_2 介质组成的面积为2.3×10-6cm^2的小面积电容进行大量的实验，样品总数量是10000。实验结果有力地证明了高应力条件下电子陷阱的产生与击穿之间的关系。当Si—SiO_2界面电子陷阱密度达到一定值时，导致局部电场高于某临界值而发生介质击穿。该临界值为3×10^7V/cm-1，这是Si—0键能承受的

最大电场。高温下注入电子经历较多的电子声子相互作用，电子陷阱产生速率增加，氧化层退化较快，击穿时间变短。

后来D.J.Dumin从击穿的物理过程人手，把介质退化期间产生的陷阱和击穿统计结合，提出了介质击穿和退化相关模型。通过实验证明了电子注入界面的不平整是击穿的主要原因，更精确的模型应考虑陷阱产生的不均匀性及缺陷附近陷阱产生率的增加。

高场应力下超薄介质膜的退化是VLSI技术的重点关心问题。介质中电荷的俘获可以作为退化的监测，但究竟是电子俘获还是空穴俘获、体俘获还是界面俘获的问题上仍然存在分歧。早期认为以断键形式引起的物理损伤是发生击穿的主要原因。陷阱产生是连接物理损伤和电性能退化的桥梁，而断键和形变表现为陷阱，因此也有理由认为可以利用产生陷阱作为介质品质的良好监测。P.P.pte模型研究了陷阱产生及击穿与五个关键参数的关系，即应力电流密度、氧化层厚度、应力温度、电荷注入极性和纯氧化物的氮化。这五个参数均观察到了氧化层退化和新陷阱产生的强烈关系，从原子结构得出其电特性，据此提出了介质击穿的物理损伤模型。该模型认为介质的物理损伤机制是电子被加速到高能以打断键，从而产生损伤。陷阱产生的是介质损伤的具体表现。由电子传送的大量能量使阳极界面陷阱产生非常严重。阳极界面损伤和体内损伤形成细丝状的导电通路，产生大量电流而发生击穿，介质击穿可用陷阱产生来表征，见式（2.65）：

$$Q_{bd}=0.382\times\left(\frac{dV_g}{dQ_{inj}}\right)^{-0.89} \quad (2.65)$$

2）空穴击穿模型

空穴击穿模型又被称为1/E模型（hole induced breakdown model），最早由Chen等人提出。如图2-19所示，当电子从多晶硅栅注入时，一些具有足够高能量的电子可以直接越过3.1 eV阴极势垒而被SiO_2的电场加速到达阳极，另一些能量较低的电子则通过F-N隧穿到SiO_2的导带或者直接隧穿到阳极。在标准的器件工作温度(小于150℃）下，能越过3.1 eV的电子数量可以忽略。

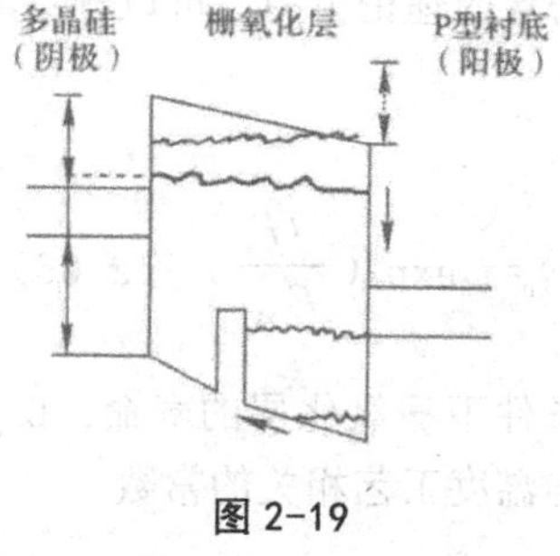

图2-19

如果栅氧化层上加的电场大于5mV/cm，F-N隧穿将占主导地位，但当栅氧化层厚度小于 5nm 时，直接隧穿将成为主导。当电子在高电场下穿越氧化层时将会和晶格碰撞，发生散射。到达阳极后，电子将释放能量给晶格，导致了 Si—O 键的损伤，产生电子陷阱和空穴陷阱。另一部分电子将能量传给阳极价带的电子并使其激发进入导带，从而生成电子——空穴对。产生的空穴又隧穿回氧化层，形成空穴隧穿电流。由于空穴的迁移率比电子迁移率要低 2～3 个数量级，所以空穴很容易被陷阱俘获，这些被俘获的空穴又在氧化层中产生电场，使缺陷处局部电流不断增加，形成正反馈，陷阱不断增多，当陷阱互相重叠并连成了一个导电通道时，氧化层被击穿，如图 2-20 所示。

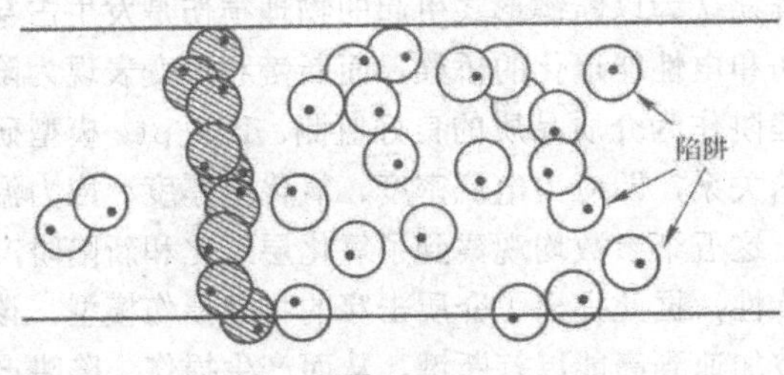

图 2-20

1984 年 S. Holland 和 C. Hu 等人通过对 32 nm 厚的 MOS 电容施加不同极性的恒流源发现电流的注入位于氧化层面积的很小部分，估计约为总面积的百万分之一，导致局部电场增强，斜率明显下降。对器件施加恒流应力，实验有力地证明了氧化层击穿是由正电荷的积累造成的，而这些正电荷经高温退火后无法消除。

I. C. Chen 修正了以前模型，提出了一个较完整的介质击穿量化模型。该模型具有以下特点：首先，尽管排除了俘获电子是引起击穿的原因，却考虑了它对氧化层内电场的影响。其次，以前的模型忽略了空穴在氧化层中的漂移，这个模型考虑了空穴向阴极漂移，其中一部分被俘获，最后认为俘获的空穴位于局部区域。

C. F. Chen 通过斜坡电压应力下 I-V 曲线和不同电量下高频 C-V 曲线的正向漂移证明存在电子俘获，而 I-V 曲线中阴极电场的增强和准静态 C-V 曲线中界面态密度的增加又证明了正电荷的产生。综合考虑了电子俘获、正电荷产生、薄弱区和结实区面积这几种因素．以碰撞电离产生的正电荷在 Si—SiO_2 界面附近薄弱区的聚集程度作为击穿判据，提出了介质击穿的理论模型。可以预见薄栅介质的寿命，理论模型和实验取得了很好的一致。

1/E 模型的表达式为

$$t_{BD}=t_0\exp\left(\frac{G}{E_{OX}}\right) \quad (2.66)$$

式中：t_{BD} 为 TDDB 应力条件下栅氧化层的寿命；E_{OX} 为氧化层电场强度；t_0 为本征击穿时间，和 G 一样都是与温度工艺相关的常数。

3）热化学击穿模型

在众多击穿模型之中，建立可在 F-N 隧穿效应基础上的 1/E 模型（又被称为空穴击穿模型）和电偶极子交互作用基础上的E模型（也称为热化学击穿模型）被广泛接受。

E模型也称为热化学击穿模型，是基于Eyring化学反应的热化学击穿理论得到的，是最早由Crook等人通过大量实验观察得到的经验模型，后来McPherson等人又用热化学的知识证明了这个模型。E模型的理论主要是电场导致缺陷的产生，其次才是电流通过栅氧化层。该模型假设氧化层的退化和击穿是一个热力学过程。在E模型中，氧空位被认为是缺陷中心并导致陷阱的产生和SiO_2的击穿。正常的SiO_2结构中，Si—O—Si键形成的键角大约是120°到180°，当键的夹角大于150°或者由于Si-SiO_2表面缺少氧原子，则会形成氧空位结构，从而俘获了空穴。

E模型解决了1/E模型由于仅仅考虑F-N隧穿电流而在低电场和低电流情况下对栅氧化层寿命评估的巨大误差。在高电场的F-N隧穿效应区域，隧穿电流同样对栅氧化层的击穿产生作用。加速电子在阳极端产生电子空穴对，空穴隧穿回氧化层，大部分空穴将穿过氧化层被阴极收集，部分空穴会被弱的SiO_2共价键俘获。俘获的空穴使共价键更加弱化，在增强电场的作用下加速共价键的断裂，从而导致栅氧化层击穿。因此，E模型被称为增强电场热化学击穿模型。

E模型的数学表达式为

$$t_{bd}=\tau\ \exp(-\gamma E_{OX})\exp\left(\frac{E_a}{kT}\right) \quad (2.67)$$

式中：γ为电场加速因子，单位是cm/MV。式（2.67）两边取对数可以发现，失效时间的对数与栅氧化层上的外加电场EOX呈线性关系，这也是热化学击穿模型被称为E模型的主要原因。

4）1/E与E的统一模型

尽管在高电场（10MV/cm）下E模型和1/E模型都能和实验结果吻合得很好，但在低电场下它们还是有较大的差异。由于现代的IC工作电场一般都小于10mV/cm，所以找到一个更适用于低场下的模型就变得非常重要。鉴于1/E模型和E模型的优缺点，Chenming Hu提出了一种统一的模型，见式（2.68）。在这个模型中令

$$\frac{1}{t_{bd}}=\frac{1}{t_{bd1}}+\frac{1}{t_{bd2}} \quad (2.68)$$

式中：tbd是统一模型的击穿时间；t_{bd1}和t_{bd2}分别是E模型和1/E模型的击穿时间。这个模型假设在足够高的电场下空穴产生和俘获机制占主导地位；当栅氧化层上的电压低于F-N电流的阈值时，F-N隧穿机制不再适用，此时热化学机制成为主要机制。模型的应用结果表明在膜厚大于5nm的情况下它能和实验结果很好地吻合。但是对于更薄的氧化层此模型仍需要修正，因为在更薄的氧化层当中，直接隧穿成为主导机制。

McPherson等人也指出E模型和1/E模型都只是在某些条件适用，例如当氧化层中缺陷处的键强小于3eV时，对于低电场和高于室温的情况E模型更符合实验结果。

当键强高于 3eV 时，需要俘获空穴破坏 Si—O 键，因此 1/E 模型更容易解释。

5）界面态产生与积累模型

MOS 电容在施加电应力后不仅氧化层内有电荷俘获，Si-SiO_2 界面处也有界面态的产生与增长。随应力时间增加，C-V 曲线畸变增加，界面态密度增加。C.F.Chen 对多晶硅 MOS 电容进行实验，界面态密度随注入的电子增加，这一部分抵消了氧化层因俘获电子而引起平带电压的漂移，并且趋于饱和，表明界面态密度的影响不可忽略。J.J.Tzon 等研究了氧化层电荷的产生与击穿之间的温度关系，在 90℃时氧化层内的正电荷密度比 27℃时小，这与正电荷密度达到某一临界值引起击穿的事实不相符合。界面态随注入电子流密度的增加而增加，同时随温度的上升而上升。界面态密度及氧化层击穿时间具有相同的温度关系，表明二者之间有关联。

界面陷阱的另一模型由 D.J.Dimaria 等人提出，认为 SiO_2 的击穿相当于界面态的等效，它的发生源于热电子引起的产生缺陷以及电荷俘获。

4. 基于 TDDB 效应的 MOS 器件测试方法

在研究栅氧化层寿命时，经常采用加速寿命试验，从而较快测得氧化层在加速试验条件下的寿命。将加速寿命试验得到的氧化层寿命按照一定的公式外推，就可以得到器件正常工作条件下的寿命。一般的测试方法是：先对器件进行基本特性测试，确定器件是否有效；通过 V-ramp 测试得出其击穿电压；在器件击穿电压以内的电压范围内选取适当电压作为栅应力；进行 TDDB 测试，处理且分析试验数据，得出结论。

器件的 TDDB 击穿如图 2-21 所示。

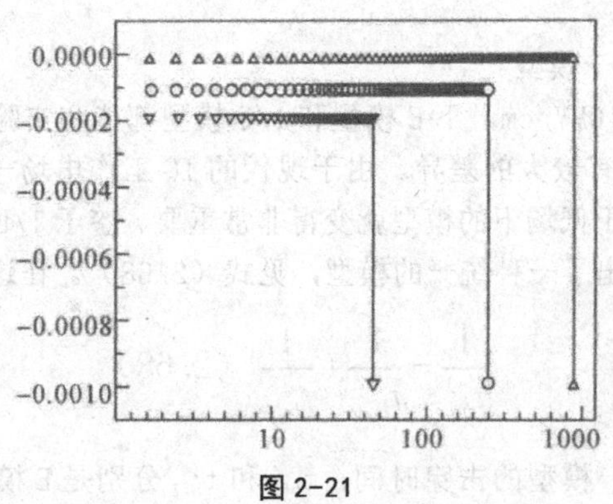

图 2-21

实际研究中，通常采用 Weibull 分布对 TDDB 击穿数据进行处理分析。对每个电压应力下多次测试得到的击穿时间进行处理，做出器件寿命的 Weibull 统计分布图。在图中选取 F=63.2% 为失效标准，确定不同电压应力下器件的有效寿命。之后采用前面介绍的多种寿命预测方法如 E 模型、1/E 模型或两者的统一模型等对实际器件进行寿命预测。

（二）应力导致泄漏电流（SILC）效应

1.SILC 的影响

随着 MOS 器件栅氧化层厚度的不断减小和工作电压的非等比例下降，超薄栅氧（小于 10 nm）的可靠性变得愈发重要，此时即使外加电压不大，由于尺寸很小也会产生高的栅氧化层电场，很容易导致陷阱的产生与氧化层的击穿。这些陷阱将严重影响器件的栅氧特性，并导致器件特性参数的退化。同时应力产生的陷阱将会使得栅泄漏电流增大。在 MOS 器件中这种由于应力导致的泄漏电流增加称为 SILC（Stress Induced Leakage Current）。这种泄漏电流随着氧化层厚度的减小而增加，已经成为非挥发性存储器等比例缩小的一种限制因素。

2. 栅极漏电原理

1）半导体中的随穿效应

根据量子力学原理，微观粒子具有波粒二象性，不会在势垒壁前突然停止运动，而是以一定的概率穿过势垒，这种现象称为势垒贯穿。如果研究的粒子在运动时，遇到一个能量值高于其本身能量的势垒壁，按经典物理原理．粒子是不可能越过势垒的。但是按照量子力学的粒子波动理论，可以解出除了在势垒边界处有反射波存在外，还有穿过势垒的波函数。根据波函数代表粒子的出现概率这种物理含义，表明了在势垒的另一边，粒子具有一定的出现概率。所以说粒子可以贯穿势垒。

理论计算表明，如果一个电子有几电子伏特的能量，方势垒的能量也是几电子伏特，当势垒宽度为 1 Å 时，粒子的隧穿概率达零点几；而当势垒宽度为 10 Å 时，粒子隧穿概率减小到 10-10，已经微乎其微。由此可见隧穿现象与势垒宽度之间存在一定关系。此外，隧穿是一种微观效应，但这种现象可以通过宏观现象表现出来。解释为当粒子数达到一定数量级之后，通过隧穿，透过势垒壁的粒子就可以表现为宏观的电流。比如 MOS 结构反型层电子隧穿通过栅氧化层构成栅极漏电流．这种现象称为隧道效应。隧道效应是解释薄栅漏电流产生原理的物理基础。

隧穿现象可以分为 F-N 隧穿和直接隧穿。其中 F-N 隧穿本质上是一种场辅助下的隧穿。图 2-22 表示的是在 Si-SiO_2- 多晶硅结构中 F-N 隧穿的产生机理：当一个较大的电压加在硅 - 二氧化硅 - 多晶硅结构上的时候，氧化层中的势垒会变得很陡峭。硅导带中的电子所面对的是一个依赖于外加电压的三角形势垒。在足够高电压下，势垒的宽度变得很窄，以至电子能穿越势垒从硅的导带进入氧化物的导带，并漂移到低电位端形成隧穿电流。

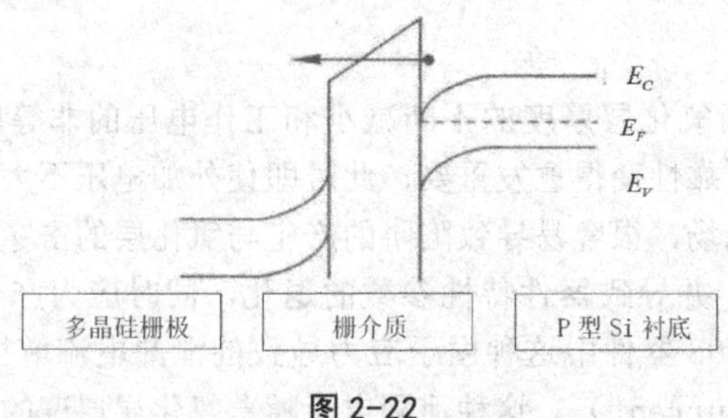

图 2-22

一般认为，对于比较厚的栅氧化层，在施加较大的栅极电压时，电荷通过氧化层有热电子注入和F-N隧穿两种方式。但是在氧化层厚度小于3nm时，直接隧穿就成为栅极泄漏电流的主要机制。这种现象对按比例缩小的超薄栅氧化层MOS器件性能会产生严重影响。从器件物理方面来讲，直接隧穿的是一种能量较低载流子的隧穿过程，也是接近于平衡状态下的弹性输运过程。与热电子注入和F-N隧穿相比，在直接隧穿中，影响隧穿过程的许多物理因素也都发生了变化。所以如果直接隧穿是漏电流形成的主要机制，那么即便在栅极电压较小的情况下，直接隧穿电流的大小也要比热电子注入或F-N隧穿电流大几个数量级。

2）应力对隧穿电流的影响

施加在器件上的电应力会对器件的电学特性产生较大的影响。有文献表明电应力可以改变栅介质中的缺陷分布，进而影响栅极漏电流的特性；也有研究认为，施加在栅极的电应力可以导致新的缺陷产生，因为这产生的栅极漏电流增长称为应力导致的漏电。

要研究导致隧穿电流的根本原因，就需要研究一下栅介质与Si衬底之间的缺陷类型。在高k栅介质与Si衬底的界面上，存在着电子陷阱，其中包括原生电子陷阱和应力导致的电子陷阱。这些电子陷阱对器件的可靠性产生了不良的影响，如导致阈值电压偏移与表面沟道载流子迁移率下降等。与此同时，这些电子陷阱也能对栅极漏电流的形成产生影响。有报道指出，电子陷阱的辅助作用可以增大栅极漏电流。

栅介质中有两种电子陷阱：一种是在器件生长的过程中产生的，称为原生电子陷阱；一种是在对其施加应力的过程中产生的，称为应力导致电子陷阱。

这两种电子陷阱都会在对器件施加电应力的时候俘获从衬底来的大量电子。这些被俘获的电子不仅仅对器件的阈值电压等有很大的影响，同时，也会对栅极漏电流产生影响。如对栅极施加的恒定电应力，会使得栅氧化层与衬底之间的陷阱密度增加，这些缺陷会使得电子通过栅介质的通道增加，进一步地导致栅极漏电流的增加。

3.SILC导电机制

SILC首次被Maserjian和Zaman于1982年发现，其特性已经被大量研究。Maserjian和Zarnan首次提出电荷辅助隧穿效应的观点，指出电子注入使$Si\text{-}SiO_2$界面处正电荷的产生并积累对遂穿电流有显著贡献。后来又有人提出SILC并不是由氧化层中正电荷的产生并积累而引发的，而是由栅氧化层的局部缺陷、离子沾污以及注入界面处存在的弱键所引起的。之后，人们对其进行了广泛研究并积累了大量的实验与理论分析，为理解 SILC 的物理机制提供了基础。但在阐述 SILC 导电机制时存在一个难点，那就是通过 I-V 特性分析所获取的信息并不足以理解 SILC 过程的物理起因。关于应力导致的漏电问题，目前已经提出了几种机制来解释应力导致的栅氧化层的漏电，例如，正电荷辅助隧穿、中性陷阱辅助隧穿和热辅助隧穿。

1）正电荷辅助隧穿模型

Teramoto 的实验结果表明，F-N 应力感应的额外泄漏电流是由高能电子产生的空穴注入氧化层而引起的。应力过程中，阴极导带电子在强电场作用下隧穿进入 SiO_2 导带，在 SiO_2 导带中不断加速并获取动能，从而成为高能电子。高能电子沿着 SiO_2 导带进入阳极导带，高能电子在阳极和晶格碰撞下产生电子 - 空穴对。所产生的空穴在强电场作用下又反隧穿进入 SiO_2 价带，其中一部分空穴陷入氧化层而成为陷阱正电荷。陷阱正电荷会使得氧化层内局部场强增强，场强的增大使得电子隧穿概率增加而产生额外栅泄漏电流，形成 SILC。进一步证实了可以通过热电子注入和紫外辐射方法减少氧化层陷阱正电荷所导致的泄漏电流。

2）陷阱辅助隧穿模型

Dumin 和 Rico 等人通过研究指出，SILC 的起因是陷阱辅助隧穿。他们认为高压应力下，氧化层内部和界面将会有陷阱产生。陷阱分布于氧化层内部，陷阱的存在成为过渡能级。电子从阴极导带隧穿进入陷阱能级，进而又从这陷阱能级隧穿到阳极导带，陷阱辅助

电子隧穿从而产生 SILC。陷阱密度越高的区域，其额外泄漏电流就越大。当某个局部区域陷阱浓度超过临界值时，就会促使低能级电流增加，热量将会沿着该局部路径渗透，在阴极和阳极之间会形成一个短路通道，从而发生击穿。

在陷阱辅助隧穿模型提出后，又有众多学者对其进行了更深入的研究。根据隧穿电子的来源以及隧穿电子在通过氧化层过程中的能量耗损情况，陷阱辅助隧穿模型又有不同的分类。有些学者认为，陷阱辅助电子隧穿是一种弹性隧穿过程，能带图如图 2-23 所示。电子在陷阱辅助作用下穿过氧化层时其能量耗损可忽略。

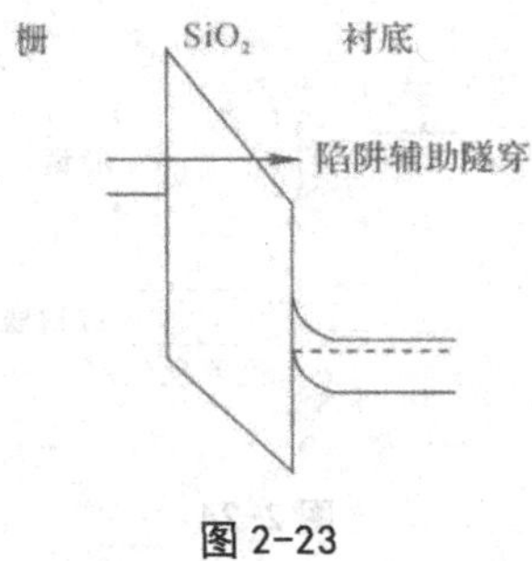

图 2-23

当稳态时，电子从阴极隧穿到陷阱的速率和其从陷阱隧穿到阳极的速率相等，即

$$\alpha N_tP_1(1-\alpha f)=aN_tP_2 f \quad (2.69)$$

式中：N_t 是陷阱面密度，单位为 cm^{-2}；f 是陷阱占有概率；α 是简并列因子，P_1 和 P_2 分别是阴极和陷阱之间、陷阱和阳极间的传输概率。

由式（2.69）计算得 f 为

$$f=\frac{P_1}{\alpha P_1+P_2} \quad (2.70)$$

隧穿概率 P 为

$$P=\alpha P_2 f=\frac{P_1P_2}{P_1+\frac{1}{\alpha}P_2} \quad (2.71)$$

如果陷阱态是自旋简并，则 $\alpha=2$，$P=\frac{2P_1P_2}{2P_1+P_2}$ 否则 $\alpha=1$，$P=\frac{P_1P_2}{P_1+P_2}$。

Takagi Shin-ichi 等人采用一种新的实验技巧研究 SILC 传输特性。对 n^+ 多晶硅栅 PMOS 器件施加 F-N 应力，在应力过程中对其进行载流子分离测量实验，通过测量源端和册端电流的变化来直接计算 SILC 导电过程中电子碰撞电离的量子产额。如图 2-24 所示为载流子分离技术原理。多晶硅栅的电子经 F-N 或直接隧穿注入 Si 衬底，由于能量很高，电子会通过碰撞电离产生电子空穴对。产生空穴由 P^+ 源/漏区收集，碰撞电离的量子产额可以通过测量栅电流与源电流之比来确定。因为直接或 F-N 隧穿电流中电子能量和量子产额存在一定的函数关系，参与 SILC 导电过程的电子能量可以通过量子产额确定。其实验结果表明 SILC 过程中电子能量要比弹性隧穿过程中的能量期望值要低大约 1.5 eV。Takagi Shin-ichi 等人认为了伴随着能量弛豫为 1.5 eV 的陷阱辅助隧穿是 SILC 的导电机理，从而提出非弹性陷阱辅助隧穿模型，如图 2-25 所示。

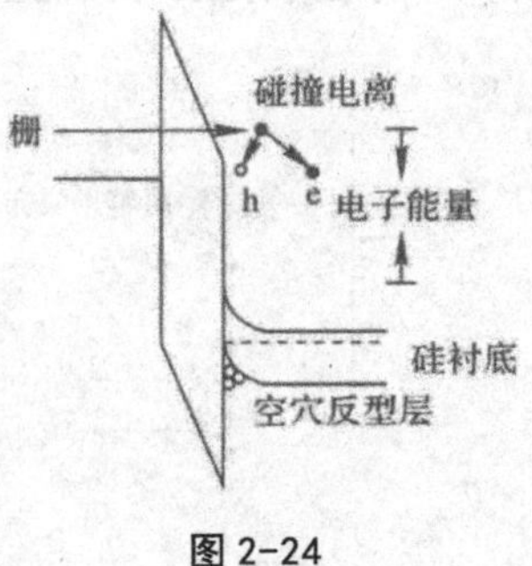

图 2-24

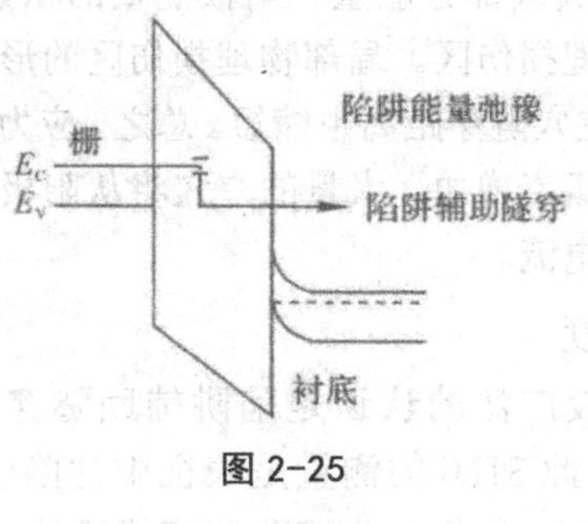

图 2-25

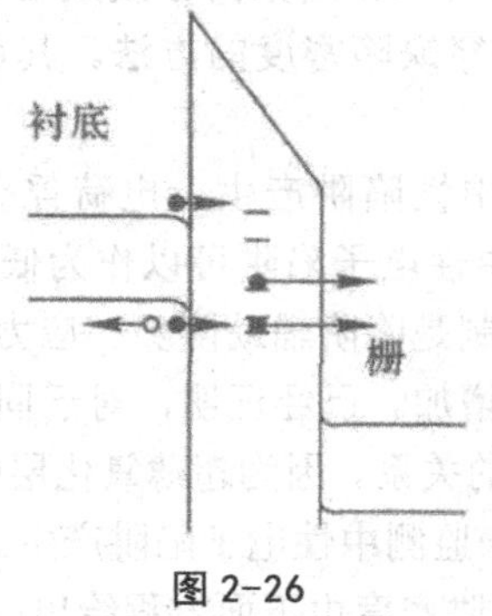

图 2-26

Chen 等人对栅氧厚度为 3.3 nm 的 NMOS 器件在高场恒压（CVS）应力下的软击穿（SBD）和 SILC 进行研究时，提出 SILC 是导带电子陷阱辅助隧穿和价带电子陷阱辅助隧穿共同作用所致，但前者仍然起主要作用，如图 2-26 所示。阴极价带一个电子参与隧穿的同时，一个空穴将在场强作用下向衬底流动。在实验当中测得的衬底空穴电流就是由于阴极价带电子的陷阱辅助隧穿所引起的。

3）热辅助隧穿模型

Olivio 等人在研究高场应力下厚度为 5.1 ～ 9.8nm 的 SiO_2 膜退化时，发现以电流大跳跃形式出现的击穿并不是氧化层失效的主要机理。氧化层在经受高场应力后，低场额外泄漏电流将出现在毁坏性击穿之前。他们用多种测量技巧研究了氧化层泄漏特性，证明了阴极界面附近正电荷的积累不是氧化层泄漏的起因。他们认为应力导致的氧化层泄漏起因于与局部缺陷相关的瑕疵区域。由于氧化层的不完整性，例如在热氧化前，硅表面已经存在的微小颗粒和表面粗糙等，会在氧化层内产生一些局部瑕疵区域。高场应力下瑕疵区域的绝缘体经受严重的物理或化学退化，使得这些区域的完整性得以破坏。这种改变导致了隧穿势垒高度降低，进而引起隧穿电流局部增加，低场下也就产生了氧化层泄漏。

4）局部物理损伤模型

Lee 在研究薄栅氧软击穿时提出局部物理损伤区导致氧化层泄漏电流增加的理论。当氧化层厚度足够薄或者外加电场较低时，电子经 F-N 隧穿后进入氧化层导带所穿越的距离会减小。当这个距离小于电子平均自由程之时，电子穿越氧化层导带是弹道穿越，仅仅在阳极释放其大部分能量。阳极能量的积累会导致 Si—SiO_2 界面产生以断键形式存在的局部物理损伤区。局部物理损伤区的形成，使得氧化层厚度变薄。空穴势垒高度随之降低，空穴隧穿距离也缩短。总之，应力过程中 PDR（物理损伤区域）区的形成，使得空穴隧穿概率增加，大量的空穴将从阳极隧穿注入氧化层，进而产生了栅氧化层内的额外泄漏电流。

4. SILC 表征陷阱密度

对 SILC 的起因，比较广泛的认识是陷阱辅助隧穿，即 SILC 与氧化层中的陷阱密度有着直接联系，因此 SILC 的测量是表征中性陷阱密度的一种较好的方法。Buchanan 指出，归一化 SILC 与氧化层陷阱密度成正比，Buchanan 进一步提出击穿时的 SILC 是一种测量临界击穿缺陷密度的方法。其后，众多学者又提出使用 SILC 增长率去预测击穿。

在氧化层中会发生诸如中性陷阱产生、电荷俘获以及界面陷阱产生等退化现象。高场应力过程中产生的中性电子陷阱可以作为低压下注入电子的跳板．从而产生 SILC。SILC 的基本物理机制是陷阱辅助隧穿。应力过程中，中性电子陷阱密度增加，这就导致了 SILC 的逐渐增加。已经证明，对于固定厚度的氧化层，中性陷阱产生与 SILC 之间存在一一对应的关系。因为超薄氧化层中很难直接测量中性电子陷阱，SILC 可以作为一种间接工具来监测中性电子陷阱产生。

任意 t 时刻总中性电子陷阱密度由下面方程给出：

$$D_{ot}=D_{ot}(0)+D_{ot}(t) \quad (2.72)$$

式中：D_{ot}（0）是未施加应力器件的中性电子陷阱密度；D_{ot}（t）是高场应力过程中产生的中性电子陷阱密度。

类似地，任意 t 时刻固定电压 V 下测量的电流密度由 3 个不同成分组成。

$$J_{mea}=J_{tun}+J_{LEAK}(0)+J_{SILC}(t) \quad (2.73)$$

式中：J_{tun} 是无陷阱理想氧化层隧穿电流，方程（2.72）中无对应成分；J_{LEAK}（0）是制造的器件中存在的由于中性电子陷阱而产生的泄漏电流；是应力导致的泄漏电流。在理想氧化层中，D_{ot}（0）和 J_{LEAK}（0）可以忽略，因为它们较 D_{ot}（t）和 J_{SILC}（t）要小得多。如果从测量电流密度中减去 J_{tun}，就能得出 SILC 成分正比于中性电子陷阱密度 D_{ot}。因此得到式（2.74）：

$$\triangle J=J_{mea}-J_{tun}=J_{SILC}(t) \propto D_{ot}(t) \quad (2.74)$$

Okada K 等人指出，对于固定厚度的氧化层，击穿时刻的中性电子陷阱密度与氧化层电场或外加栅压是无关的。在超薄氧化层当中，软击穿时 S1LC 也达到一个临界值，这与外加栅压是无关的。

SILC 可以用于表征软击穿。软击穿是一种没有强烈热效应的氧化层击穿现象，它不会导致器件最终失效。软击穿过程中，热损伤造成的击穿点没有横向延展。软击穿时，S1LC 异常增加，电流出现起伏。已经证明，对一个标准的经时击穿（TDDB）

测试，如果不考虑软击穿现象，氧化层可靠性将被高估。高场电子注入过程中，氧化层中将会产生电子陷阱。它们是氧化层击穿的重要前提。Michel Depas 等人提出了一个模型，认为SILC是由电子通过氧化层中产生电子陷阱的两步隧穿过程引起的。产生的电子陷阱分布于氧化层整个区域中，SILC被认为是所有电子陷阱的辅助隧穿电流。当局部电子陷阱数目达到临界值，在多晶硅栅和Si衬底间形成一个传导路径，软击穿将会发生。与SILC相比，这是一个很局部化的现象，仅仅发生在电子陷阱数目达到临界值的区域。对SILC，最有效的陷阱位于氧化层隧穿势垒的中部。对于软击穿，电子在氧化层中的一个局部区域通过多级陷阱从多晶硅栅隧穿到Si衬底。当局部区域能量超过氧化层热击穿所需的能量值时，毁灭性击穿将发生。

总之，SILC效应一般用于评价低电场下氧化层的可靠性。由于SILC的基本物理机制是陷阱辅助隧穿，它能作为一种间接工具来监测陷阱产生，被广泛用于去表征MOS器件击穿特性中。

（三）负偏置温度不稳定性（NBTI）

1.NBTI效应的定义

NBTI效应是PMOS器件的负偏置温度不稳定性，通常指PMOS管在高温强场负栅压作用下表现出的器件性能退化，典型温度在80～250℃的范围内。NBTI效应引发阈值电压随温度和栅压应力的漂移，这种阈值电压的漂移对CMOS器件的可靠性造成了严重威胁。

随着器件尺寸的不断减小，PMOS器件NBTI效应变得愈发明显，对CMOS器件和电路可靠性的影响也愈发严重，成为限制器件及电路寿命的主要因素之一。因此，研究NBTI效应的退化现象并从中找出其内在的产生机理进而提出抑制或消除NBTI效应的有效措施是当前集成电路（IC）设计者和生产者所面临的迫切问题。

2.NBTI效应的研究意义

随着器件尺寸与工作电压的非等比减小，器件栅氧化层电场逐渐增大，NBTI效应引发的退化日益显著。很多人对NBTI引起的器件退化进行了研究，发现当栅氧化层厚度减薄到一定程度时，NBTI引起的退化将超过其他效应的影响，成为限制器件寿命瓶颈之一。

一般研究认为，在器件特征尺寸小于0.18 μm后，NBTI效应产生的退化将影响集成电路寿命，是对集成电路技术工艺发展的巨大威胁。NBTI效应对器件退化造成的严重影响已经成为集成电路器件可靠性的瓶颈之一，并成为超深亚微米器件可靠性的研究热点之一。

3.PMOS器件的NBTI效应影响

NBTI效应主要产生原因是集成电路中需要在PMOS器件上施加负的栅偏压，经过施加一定时间的负栅偏置电压和温度应力后，PMOS器件会产生新的界面态。这些界面态位于硅和二氧化硅的界面处，由于俘获空穴的界面态和固定电荷都带正电，使得阈值电压负方向漂移。相比下，NMOS器件受到的影响要小很多，这是由于界面态和固定电荷极性相反而相互抵消。

到目前为止，普遍研究认为PMOS器件中的NBTI效应和Si—SiO_2界面处界面态Nit的产生及正氧化层固定电荷Qf有着密切的关系。NBTI效应随着应力温度和负栅压的增大而增加，很多研究者认为NBTI效应是由PMOS器件反型层沟道中的热空穴所引起的，损伤是由在界面处热空穴与界面缺陷作用形成的正氧化层电荷Qf，与界面态Nit所导致的。Chen等人提出了一个硅表面热空穴和硅氢键（Si—H）之间的电化学反应。它认为NBTI效应在源端和漏端产生的退化相同，在NBTI应力的作用下热空穴注入栅氧中，被氧化层陷阱俘获的空穴改变了氧化层电场，增强了在氧化层中H^+的漂移，H^+是反应过程中在Si—SiO_2界面处产生的。界面状态，的产生通常被解释为在PMOS器件中热空穴和界面处Si—H键之间发生电化学反应，断裂后的Si—H键在界面处形成硅悬挂键。反应中被释放的氢离子被认为向着栅电极扩散，限制了NBTI反应动力学。热空穴注入的影响被认为是退化的关键因素，然而释放的氢物质和缺陷之间的相互作用仍然不清楚。

4. PMOS器件的NBTI效应的产生机理

1）界面态的产生模型

目前有关解释NBTI效应中界面态的产生模型主要有两种，即氢反应模型及电化学反应模型。

（1）氢反应模型

氢反应模型认为NBTI效应中，在高电场的作用下可以使Si—H键分解。最近的计算表明正电性的氢或质子H^+是界面处唯一稳定的电荷态，而且H^+可以和Si—H直接反应形成界面态。反应式如下：

$$Si_3{=}SiH+H^+ \rightarrow Si_3{=}Si\bullet+H_2 \quad (2.75)$$

这个模型的依据是Si—H（钝化的化学悬挂键）被极化，在靠近硅原子附近呈正电性电荷，在氢原子的附近呈负电性。可动的H+朝着负电性Si-H的偶极区域迁移。H+和H-发生反应形成H_2，留下一个正电性的Si悬挂键（或界面态中心）。在这个模型中，H_2可以被分解并再次作为催化剂使更多的Si—H键断裂。如果Si—H键能够不断参加反应，这个过程在理论上可以持续时间非常长。

考虑到Si—H和Si--SiO_2界面处的热空穴之间的相互作用，也有人提出了不同的模型来解释NBTI引起的界面态。与热空穴反应导致Si—H键断裂的分解机制成

$$Si_3{=}SiH+h^+ \rightarrow Si_3 \equiv Si\bullet+H^+ \quad (2.76)$$

在NBTI应力期间，H^+在由硅衬底指向栅极电场的作用下，从Si—SiO_2界面向栅极发生移动。尽管该模型仍具有争议，但这个模型和最近的研究结果保持了一致，反向衬底偏置可以加速NBTI机制。同时，随着沟道载流子浓度的增加，Si—H键中分解的H^+具有更低的激活能．这一点和该模型也是一致的。

（2）电化学反应模型。

NBTI 效应中的电化学反应模型认为，物质 Y 扩散到界面和≡ SiH 发生反应产生界面态 Si_3 ≡ Si• 和未知物质 X：

$$Si_3 \equiv SiH+Y \rightarrow Si_3 \equiv Si\bullet+X \quad (2.77)$$

式中：Y 是未知物质。有人对铝栅 95nm 厚氧化层的 MOS 器件施加（4×10^6）～（7×10^6）V•cm^{-1} 的负栅压应力，然后在氮氢混合气体中 500℃下退火 10 min。实验发现，NBTI 应力下产生的界面态和氧化层固定正电荷 Q_f 密度相同。如果器件保持在应力温度并且使栅极接地，在 NBTI 应力下产生的界面态 Nit 缓慢减少。实验发现退化遵循的指数关系，Si—H 键中的 H 和 SiO_2 晶格发生反应，和氧原子形成 OH 基团，在氧化层中留下 Si^+，在硅表面留下带一个悬挂键的硅原子 Si•。Si^+ 形成正固定氧化层电荷，Si• 形成界面态。这模型为后续不断修正的模型奠定了基础，反应式为

$$Si_3 \equiv SiH+O_3 \equiv SiOSi \equiv O_3 \rightarrow Si_3 \equiv Si\bullet+O_3 \equiv Si^++O_3 \equiv SiOH+e^- \quad (2.78)$$

2）固定电荷的产生模型

固定电荷被称为 Q_f，是靠近 Si—SiO_2 界面处的电荷，主要对阈值电压漂移发生作用，通常认为 Q_f 是三价硅悬挂键在氧化层中的产物，可以表示为 O_3 ≡ Si^+，与界面态产生模型相似，Q_f 产生可以被模型化为

$$O_3=SiH+h^+ \rightarrow 03 \equiv Si^++H^+ \quad (2.79)$$

界面态 Nit，和固定电荷都来自分裂的 Si—H 键。对于 Qf 来说可以发生在界面处或接近界面的氧化层中。随着 NBTI 应力时间的增加，Qf 和 Nit 不断增加。但也有人认为在 NBTI 反应物中还必须有某种物质 A 的出现，这才能促进 NBTI 效应发生。因此，给出了如下的电化学反应公式：

$$O_3 \equiv SiH+A+h^+ \rightarrow O_3 \equiv Si\bullet+H^+ \quad (2.80)$$

式中：A 是在 Si—SiO_2 界面处与水有关的中性物质；h^+ 是硅表面的空穴。在 NBTI 应力期间，氢离子从硅氢键 Si—H 中释放出来。一些氢离子从界面扩散到体二氧化硅中，其中一些被俘获，引起阈值电压漂移。在早期的应力阶段，反应式（2.80）在界面处产生了界面态 N_{it} 和 H^+，这过程被硅氢键的分解速率限制。经过一段应力时间后，H^+ 从界面到氧化层的传输限制了这个过程；反应速率被逐渐减小的 Si—SiO_2 界面处电场限制．这是由氧化层中的正电荷陷阱 Q_f 和不断增加的界面态 N_{it} 造成的。因此，H+ 的进一步扩散被减少，阈值电压漂移减小并且逐步达到饱和。

5. NBT1 效应的抑制方法

为了减少 NBTI 效应，必须降低 Si—SO_2 界面处的初始缺陷密度并防止水出现在氧化层中。在多晶硅淀积过程中，芯片表面的水被赶走，可减少水对氧化层的影响。

有源 CMOS 器件中使用氮化硅覆盖层可将水隔离，明显改善 NBTI 效应。但是，氮化薄膜的光刻和几何尺寸优化非常重要，这是为了保证氢钝化悬挂键的同时，可使有源区的距离足够大，使水不能扩散到栅区域。另外研究表明，在这些氮化薄膜覆盖的有源 PMOS 器件中，减小应力和 H 浓度非常重要。同时在工艺中将 $Si\text{-}SiO_2$ 界面处的损伤降低到最小也是非常必要的。初始的界面态密度越高，后面的 NBTI 效应越严重。

引入氘可以有效改善 HC 和 NBT1 效应。将氘注入 $Si—SiO_2$ 界面来形成 Si—D 键是很重要的。如果 MOS 器件侧墙包括了氮化硅，淀积过程中便有氢的存在，因此大多数悬挂键会被氢钝化接近饱和，氘难以取代它们。因此需要改变丁艺来保证氘可以到达 $Si—SiO_2$ 界面以中和悬挂键，或取代已经存在的 Si—H 键中的氢。

掺氮和氮化引发了一些矛盾的观察结果。有人认为改善了 NBTI 退化，也有人认为导致了其他更严重的退化。实际上，优化栅氧中氮的掺杂浓度可以明显改善 NBTI 的灵敏度。因为氮与 $Si—SiO_2$ 界面处的距离越近，NBTI 退化越严重。因此可以通过使用 RPNO（远程离子氮化的二氧化硅）和 DPNO（耦合的等离子体氮化二氧化珪）氧化层，优化氮在氧化层中的位置，可改进 NBTI 效应的退化。

氧化层生长的化学方法对 NBTI 性能有着明显的影响。湿氧氧化比干氧氧化有着更差的 NBT1 性能，但是氟可以改善这种效应。F 在栅氧中的掺杂明显改善了 NBTI 性能和 $1/f$ 噪声。但是，应用 F 注入时应格外注意，因为 F 注入也可能引起硼穿通等效应的增强，从而引发器件性能的退化。

另外，根据前面的分析可知，氧化层介质电场对 NBTI 敏感度有着明显的影响。埋沟器件可减小 NBTI 效应，但不适用于现在先进的 CMOS 工艺。因此，人们希望通过采用中间的功函数栅材料来减小 NBTI 敏感度，因为由于功函数和平带电压的差别，氧化层电场将减小。基于这些观点，采用全耗尽 SOI 可以改善 NBTI 性能，因为它采用了低掺杂沟道使栅氧化层电场变小，能改善器件 NBTI 性能。

四、机械产品的失效分析技术

（一）失效分析的作用与意义

电子元器件的失效是指电子元器件出现不能正常工作、不能自愈等故障。元器件从设计到生产、应用各个环节都有可能失效，因而需要进行失效分析来确定元器件的失效模式，对失效机理及造成失效的原因进行诊断，并提出相应的纠正措施，提高电子元器件的可靠性。

失效分析对于提高电子元器件的固有可靠性，降低失效率提供了强有力的科学依据，对于进行可靠性工作具有重要意义。概括起来，失效分析的作用主要体现在以下几个方面：

（1）通过失效分析提出改进设计、工艺、应用的理论思想和措施。（2）纠正设计和研制过程中的错误，缩短研制周期。（3）为可靠性试验条件提供理论依据和实际分析手段。（4）在生产阶段和使用阶段查找失效原因，判定的失效的责任方。（5）

通过失效分析的结果，生产厂可以改进元器件的设计和工艺，客户可以改变电路板的结构与设计、改变环境使用参数，并在反复的失效分析中，不断提高产品的可靠性。

（二）失效模式与失效机理

电子元器件的失效模式是指观察到的失效现象和失效形式，并且不涉及器件为什么失效，常见的失效模式有开路、短路、参数漂移、功能失效等。

失效机理指的是器件失效的物理、化学根源，是器件失效的实质原因，用来说明器件是如何失效的。

由于电子元器件的种类很多，相应的失效模式与失效机理也很多。一般来说，器件的失效模式与失效机理有一定的相关性，一种失效模式可能对应不同的失效机理，这是因为器件的失效与原材料、设计、制造等密切相关，不同的工艺与结构可能带来不同的失效模式与失效机理。表 2-8 给出了不同的失效模式对应的主要失效机理。

表 2-8　典型的失效模式与失效机理

失效模式	主要失效机理
开路	过电烧毁、静电损伤、金属电迁移、金属电化学腐蚀、压焊点脱落。
短路（漏电）	过电应力、水汽、金属电迁移、PN 结击穿。
参数漂移	封装内水汽凝结、介质的离子沾污、欧姆接触退化、辐射损伤。
功能失效	过电应力、静电放电、闩锁效应。

（三）失效分析的一般程序

失效分析作为一种检验器件失效模式与失效机理的手段，需要有计划有步骤地进行，既要防止丢失或掩盖出现失效的原因，又防止引入新的不相关的失效因素。一般来说，失效分析程序的基本原则是：先调查了解失效情况，之后分析失效器件；先做外部分析，后做内部分析；先做非破坏性分析，后做破坏性分析。

失效分析一般程序如下所示：

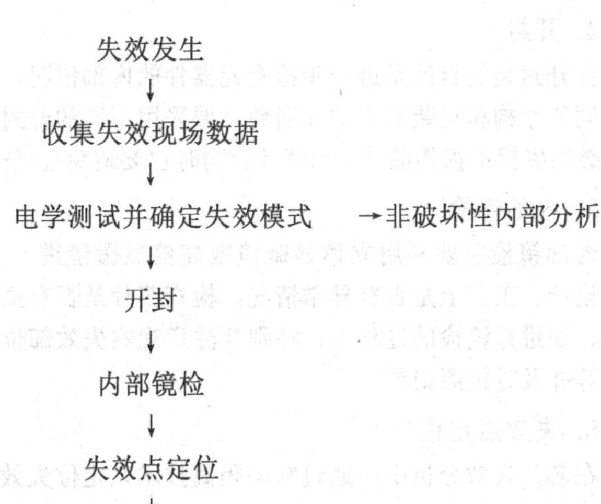

失效部位的物理、化学分析

↓

综合分析得出结论

1. 失效现场数据的收集

收集失效现场数据的主要内容体现在，对失效环境及失效应力的数据收集，对失效发生期以及失效样品在失效前后电测试结果的观察及记录。

失效环境一般包括温度、湿度、电源环境、元器件在电路图上的位置图和所受电偏置的情况等。失效应力包括电应力、温度应力、机械应力、气候应力和辐射应力等。失效发生期是指失效样品的经历，失效时间处于早期失效、随机失效或者磨损失效。失效详情是指失效程度、失效比例和批次情况以及失效现象（无功能、参数变坏、开路、短路等）。

2. 电学测试并确定失效模式

电学测试分为功能测试和非功能测试，前者对全部电参数进行测试，后者为脚与脚之间的测试。用功能参数分析失效电路，只能够得出失效模式，但用于确定失效部位和失效原因是困难的，须将非功能测试与功能测试结合起来、相互合作，才能够既得到失效模式，又确定失效原因。

3. 非破坏性内部分析

非破坏性内部分析是指在不破坏元器件的情况下就可检查其内部状态。一般非破坏性分析要采用无损检测技术，包括 X 射线透射技术、反射式扫描声学显微技术、密封性检查技术等。

在进行非破坏性内部分析的时候，应当着重检查和分析与失效模式相关的部位。如果通过外部检查已经发现密封性存在问题，那么就不用再进行密封检查，以防对内部造成进一步的破坏。

4. 开封

打开封装的目的是进一步检查元器件的内部情况，需要将内部结构暴露出来。对于不同的结构和封装形式的元器件，要采用不同的开封方式，在这个过程中必须很小心，必须确保不损伤晶片、引线等，同时也要避免任何金属碎片、薄片等掉入封装内。

5. 内部镜检

内部镜检主要利用立体显微镜或高倍显微镜进一步检查内部结构，确认内部材料、设计、工艺上是否有异常情况，检查芯片是否有损伤或外来异物，检查颜色是否正常、在进行镜检的过程中，特别要注意观察失效部位的形状、尺寸、大小、颜色、结构等并及时拍照记录。

6. 失效点定位

在芯片失效分析中，通过缺陷隔离技术来定位失效点，然后通过结构分析和成分分析确定失效的起因。缺陷点隔离可采用电子束测试、光发射分析、热分析和光束感生电流技术，在这个过程中必须把芯片暴露出来。

7. 失效部位的物理、化学分析

观察和分析元器件的失效部位，需要进行一系列的物理、化学处理，目的是使失效原因变得明朗化，提供最终的失效信息，然后再反馈到设计和生产中。

一般需要先去除芯片的钝化层，暴露出下层金属。由于芯片的失效部位常常存在于表面与次表面中，因而需要去除电介质和金属连线，这一过程必须在光学显微镜或扫描电子显微镜下进行，若发现失效区域有任何污点或颗粒，则要进一步进行成分分析。

8. 综合分析

根据失效分析的结果，确定失效原因，并根据失效原因提出改进的措施和建议，包括设计、结构、工艺、材料、试验条件等各方面。

（四）电子元器件失效分析技术

随着集成电路技术的发展，失效分析技术必须保持与其同样的发展才能够满足各方面所要求的相关支持。在进行电子元器件的失效分析时，要根据失效分析的需求，选用适当的分析设备，充分利用其功能与特点，这具有很强的技术性和经验性，有时采用多种技术对分析结果进行修正和补充也是十分必要的。下面主要介绍电子元器件失效分析中常用的设备及其有关的失效分析技术。

1. 光学显微镜分析技术

光学显微镜是进行电子元器件失效分析的主要工具之一，在失效分析过程中所使用的光学显微镜主要有立体显微镜和金相显微镜两种立体显微镜的放大倍数较低，但是景深较大；金相显微镜的放大倍数较高，但是景深较小。立体显微镜的放大倍数是可以自行调节的；金相显微镜的放大倍数不能够直接调节，它可以通过变换不同的物镜来进行调节。调节放大倍数是为了适应不同的观察对象的要求。通常把立体显微镜和金相显微镜结合使用，可观测到器件的外观，以及失效部位的表现形状、分布、尺寸、组织、结构、缺陷、应力等，如观察分析芯片在过电应力下的各种烧毁与击穿现象、引线内外键合情况、芯片裂缝、沾污、划伤、氧化层缺陷及金属层腐蚀等。

立体显微镜和金相显微镜都是用目镜和物镜组合来成像的，立体显微镜一般成正像，金相显微镜成的像是倒像。立体显微镜和金相显微镜均有入射和透射两种照明方式，并且配有一些辅助装置可提供明场、暗场、及偏振等观察手段。

光学显微镜作为电子元器件失效分析的主要工具之一，其特点是操作简单，图像彩色透明，能观察多层金属化的芯片。缺点是景深小，空间分辨率低，放大倍数小，因而观察芯片细微结构有一定困难。

光学显微镜常用的观察方法有明暗场观察、微分干涉相衬观察、偏振光干涉法观察，下面分别对三种观察方法进行简单的介绍：

（1）明场观察的照明光线包括正入射光线以及较大角度的斜入射光线

由于其对所有光洁表面可以获得明亮清晰的表面，因而明场观察是最常用的观察方式；暗场观察是将照明光线中的近正入射光线滤去，只让较大入射角度的入射光线进入，常用于观察有凹凸不平的不光滑表面。

（2）微分干涉相衬观察的工作原理是将光源发出的光线

经聚光镜汇聚并通过起偏器产生一束线偏振光，该线偏振光经过45°半透反射镜后射向Wollaston棱镜，分裂成两束振动方向垂直的线偏振光，这两束线偏振光通过物镜后变成两束相距极小的平行光束。该平行光经反射又回到棱镜上方，由于两束光线振动方向是相互垂直的，因此不会发生干涉，于是引入了一个检偏器，使其获得干涉图样。通过改变棱镜的位置可以改变光程差，因此当样品表面不平滑时便引起局部干涉色的改变，产生清晰的对比度。

（3）偏振光干涉法观察的工作原理是在屈微镜的照明光路中放入一只起偏器

在观察光路中放入一只检偏器，这样可以观察到样品表面的双折射现象，如果样品的双折射是由其内部的应力引起的话，则可通过偏振光干涉法观察到应力在样品表面的分布。利用偏振光干涉法观察，还可以通过在集成电路芯片上涂覆一层向列相液晶，利用液晶的相变点来检测集成电路上的热点。

2. 扫描电子显微镜分析技术

扫描电子显微镜又称扫描电镜，是最有用和最有效的半导体检查和分析工具之一。扫描电镜的制造依据是利用电子和物质的相互作用，当高能电子撞击物质时，被撞击的区域将产生二次电子、特征X射线、透射电子以及电磁辐射，因而利用电子和物质的相互作用，可以获取被测样品的各种物理性质及化学性质，如外观、结构、内部磁场等。通过对这些信息的收集，并且将其放大，便可以观察到想要的各种信息。

扫描电镜常用二次电子和背散射电子来成像以作形貌观察。二次电子像具有分辨率高、放大倍数大、景深大、立体感强等一系列优点，可用来观察在光学显微镜下看不到的结构，如芯片表面金属引线的短路、开路、电迁移，氧化层的针孔和受腐蚀的情况，还可用来观察硅片的层错、位错和抛光情况以及作为图形线条的尺寸测量仪等。

背散式电子是指被散射到样品外的电子，它的能量比二次电子高，反映信息的深度较深，在一定程度可反映样品表面的形貌。由于背散射电子的发射率与样品表面层的“平均”原子序数有关，故也可反映样品的化学成分分布的差异。为提高检测灵敏度和处理所得的图像，常在物镜底部对称位置上装两组背散式电子探测器．把两组所探测的信号相加．可以消除入射角和表面形貌的影响，得到纯的化学成分分布图像，把两组信号相减得到纯形貌像。利用背散式电子探测器得到的成分图像及形貌图像，可以分析样品表面的腐蚀坑、金硅的合金点等，其优点是可以减少由于绝缘层带来的干扰。表2-9给出了显微镜和扫描电镜的形貌像比较。

表2-9 光学显微镜和扫描电镜的形貌像比较

仪器名称	真空条件	样品要求	空间分辨率	最大放大倍数	景深
光学显微镜	无	开封	3600 Å	1200	小
扫描电镜	高真空	开封、去钝化层	50 Å	50万	大

3. 电子探针X射线显微分析技术

电子探针X射线显微分析技术又称电子探针，即利用电子所形成的探针作为X射线的激发源，进行显微X射线光谱分析。它的基本原理是将聚焦良好，具有一定能量的电子束照射到样品上，样品经电子束的轰击，发射特征X射线，通过X射线谱仪测定这些X射线的强度或频率，就可对样品进行定性或定量分析，电子探针最大优点是探测的灵敏度高，分析区域小，适用于做微区分析。

电子束打在样品表面，被打击的区域内所含元素的原子被激发而产生特征X射线谱。因元素不同，原子结构也不同，激发产生的X射线的能量和波长也不同．因此电子探针常常有能谱仪和波谱仪两种探测系统。

一般常用波长色散法来测量X射线的波长。波长色散法的原理是利用了分光晶体对不同波长的X射线发生的衍射效应。这种方法的波长分辨率高，但要求入射束流大，X射线利用率低。

4. 以测量电压效应为基础的失效定位技术

失效定位技术作为研究电子元器件产品失效机理可靠性的重要手段，在失效分析中具有关键性的作用。快速准确地进行失效定位是揭示失效机理的重要基础。一般在打开封装后，用显微镜看不到失效部位时，就需要对芯片进行电激励，根据芯片表面节点的电压、波形或发光异常点进行失效定位。

常用扫描电子显微镜的电压衬度像来进行失效定位。电子束在处于工作状态的被测芯片表面扫描，仪器的二次电子探头接收到二次电子的数量与芯片表面的电位分布有关。芯片的负电位发出大量二次电子，该区的二次电子像显示为亮区，芯片的正电位区发出的二次电子受阻，该区的二次电子像显示为暗区。这类受到芯片表面电位调制的二次电子像叫作电压衬度像，电压衬度像可用来确定芯片金属化层的开路或短路失效。

5. 红外显微镜分析技术

红外分析技术是指利用红外显微镜对微电子器件的微小区域进行高精度的非接触测温。红外显微镜的结构与金相显微镜相类似，但其采用近红外光源，并用红外变像管成像，可在不剖切器件芯片的情况下观察芯片内部的缺陷以及各种情况。由于一般的半导体材料以及薄金属对近红外光是透明的，因而红外显微镜相对于金相显微镜具有很多优势，常利用红外显微镜分析塑料封装的半导体器件。

红外显微镜的使用方法是，利用红外光从塑料封装半导体的背面入射，透过硅衬底，观察芯片表面，同时可以观察到键合点界面的情况。使用该技术可以避免开封带来的化学反应所引起的失效现象，同时要利用红外显微镜不需要接触芯片表面，因而不会引入新的失效模式。

红外显微镜在半导体器件的失效分析中具有以下几种应用：

（1）红外光从芯片背面正入射，透过硅衬底和金属化层

到达芯片表面后反射回来。通过此方式可以检查金属和半导体的接触质量、金属腐蚀、金属化连线地对准情况等。为了提高观察质量，可能需要将芯片直接暴露出来，

并将其抛光以减少芯片背面由于凹凸不平带来的漫反射。

（2）红外光从芯片的表面正入射，透过硅衬底和焊接层

到达芯片的表面后反射回来，利用此方式可以在不剖切的情况下，检查芯片与底座的焊接情况。

（3）红外光从芯片背面正入射，直接透射硅衬底与金属化层

采用此观察方式，同样需要将芯片直接暴露出来并抛光。由于金属化层和硅化物对红外光的透射能力较差，因而红外光透射的过程中，在金属化层和硅化物有针孔的地方会出现亮点，利用亮点的位置来判断金属化层和珪化物中出现针孔的位置、密度及大小等。

（4）PN 结加正偏压时

从硅表面自发辐射红外光，该红外光波长约为 1.1 μm，虽然利用红外显微镜观察该波段的红外光并不是很灵敏，但由于正向偏置较大，因而该波长的红外光是能够被红外显微镜检测到的。此观察方式常用于对 CMOS 器件闩锁区进行定位。

（5）利用红外光的偏振干涉图像来进行观察

当半导体的材料内部存在缺陷和应力时，局部区域的光学性质产生变异，采用一般的观察方式很难进行检测，可通过红外光的偏振干涉图像进行观察和检测。

6. 红外热像仪分析技术

一般来说，器件的工作情况及失效会通过热效应反映出来。当器件的结构设计不当、器件材料有缺陷的时候，会导致局部温度升高，利用红外热像仪分析技术可观测到器件的内部情况。在这个过程中，为了不影响器件的正常工作，测温必须是非接触的，通过找出热点并利用高精度的方式测出温度，这对电子元器件的失效分析具有重要意义。

红外热像仪是非接触测温仪器，它能测出表面各点的温度，给出试样表面的温度分析，被测物体发射辐射能的强度峰值所对应的波长与温度有关，用红外探头逐点测量物体表面各单元发射的辐射能峰值波长，通过计算可换算成表面各点的温度值。其工作原理是利用振动（或旋动）反射镜等光学系统对试样进行高速扫描，并将发自试样表面各点的热辐射汇聚至检测器，变换成电信号，再由显示器形成黑白或彩色的图像，分析观察试样表面各点的温度。因此，在半导体器件的失效分析中，红外热像仪提供了一种对半导体器件微小区域进行非接触测温的方法。

红外热像仪可分为便携式红外热像仪和显微红外热像仪，前者用于野外或大视野的温度探测，后者用于微小物体的显微温度探测。在半导体器件的失效分析当中，主要是采用显微红外热像仪，这是因为需要探测的是半导体芯片表面微小区域的温度及分布情况。

显微红外热像仪主要用于功率器件、混合集成电路和微组装组件产品的热分析。它可检测分析这些产品在静态和动态工作条件下的热状态和异常温区，暴露出不合理的设计及结构。通常可以做到以下几个方面的检测分析：①产品热设计验证与优化；②静态、动态热性能分析；③峰值热阻测量；④芯片、基板黏结性能分析；⑤内引线

键合性能分析；⑥多层布线互连异常分析；⑦CMOS 电路的闩锁通道；⑧芯片表面划伤或氧化层台阶缺陷等引起的局部发热。由于采用同步测量，每幅图像的成像时间缩短，可进行动态热像测试。

7. 液晶热点检测技术

热点检测技术是一种有效的半导体器件失效分析手段，之前介绍过的红外热像仪检测技术就是一种热点检测技术，然而红外热像仪空间的分辨率不高、不能满足单片集成电路失效定位需要等问题，在这些场合常采用液晶热点检测技术来进行失效分析。

液晶是一种液体，它具有很强的特性，当温度低于相变温度时，液晶变为晶体；而当它受热温度高于相变温度时，就会变成各向同性的液体。液晶的这一特性，决定了可以在正交偏振光下观察液晶的相变点，检测热点。

液晶热点检测设备一般包括偏振光显微镜、样品台和电偏置控制电路，其中样品台是温度可调的。液晶热点检测技术可以用来检查针孔和热点等缺陷。若氧化层存在针孔，它上面的金属层和下面的半导体就可能短路而造成电学特性退化而失效。把液晶涂抹在被测管芯表面，再进行加热，若管芯氧化层有针孔，则会出现漏电流而发热，使得该点温度升高，利用正交偏振光在光学显微镜下观察热点与周围颜色的不同，便可确定热点的位置。液晶热点检测需要偏振显微镜在正交偏振光下观察，这是为了提高观察图像对液晶相变的反应灵敏度；当电压较高的时候，会使得图像变得模糊，为了获得较为清晰的图像，可使用加脉冲偏置电压代替普通电压；为得到一个合适的工作温度，应控制样品的温度在临界温度范围内起伏，这样能保证热点的显示足够灵敏。

利用液晶热点检测技术可以确定管芯上的耗能区域，用于研究缺陷、杂质和静电放电引起的漏电通道、在晶体管结内的不规则电流分布以及 CMOS 电路的闩锁区域等。一般每次液晶热点检测需要 10 分钟左右，这种高效快速的分析方法使得其具有很强的优越性，与红外热像仪相比，液晶热点分析技术具有较高空间分辨率和热分辨率，目前空间分辨率可达到 1 pm，而能量分辨率可以达到 3 μ W。

液晶不光可以用于热点检测，还可以检测氧化层的针孔位置和密度。向氧化层中注入液晶并通直流电，若氧化层中有针孔，则在针孔上方出现动态散射的湍流现象. 在显微镜中可以看到漩涡图形，从而检测针孔的位置、密度及大小等。

8. 声学显微镜分析技术

声学显微镜又叫扫描电声显微镜，它不仅具有电子显微术高分辨率的特点，并且拥有声学显微术非破坏性内部成像的特点。利用声学显微镜可以检测材料内部的晶格结构、杂质颗粒、分层陷阱、空隙以及气泡等，这是因为超声波可在金属、陶瓷、塑料等均质材料中传播，且在不同介质中的传播速率不同、在两种介质的交界处会发生反射现象，所以声学显微镜分析技术是一种无损检测技术。

利用声学显微镜分析技术，能够观察到光学显微镜无法看到的样品内部情况 . 能够提供 X 光透射无法得到的高衬度图像，可以用来进行非破坏性分析。近年来，该技术发展很快，主要用于检查材料内的裂痕、不同材料间界面的完好性，尤其对塑封器件内部的空洞、分层的检查特别有效，具有其他技术所无法比拟的优点。

声学显微镜分为三种：扫描激光声学显微镜（SLAM），扫描声学显微镜（SAM），以及C型扫描声学显微镜（C-SAM）。每种声学显微镜都有自己的特点，SAM只能观察到样品表面几微米的区域，而SLAM和C-SAM能够观察到的范围较大，其中SLAM能够观察到样品内部的所有区域，C-SAM能够观察到样品表面下几毫米的区域，下面分别介绍SLAM和C-SAM的工作原理及应用范围。

SLAM即扫描激光声学显微镜，是一种透射式的声学显微镜，其工作原理是：样品下面的压电超声振子发送一束连续平面超声波到样品的底面，该束超声波能够透过样品到达样品的表面，引起样品表面的微振动。与此同时，由样品表面上方发射一激光束，激光束到达样品表面后，通过光栅式扫描探测表面各点的振动强度。若样品中存在缺陷，超声波在透过样品的过程中遇到材料缺陷则受到衰减，到达样品表面后强度较弱，通过这种方式检测出样品中缺陷的位置、大小及密度。需要注意的是，空气对超声波具有较强的衰减作用，因此需要在超声振子与底面之间充满液体，以减小超声波的衰减作用。

SLAM的工作速度较快，能以每秒30幅的速度在高分辨率的荧光屏上显示样品的实时图像，在半导体的失效分析中，常用管芯黏结、引线键合及材料多层互联结构的检测。

C-SAM即C型扫描声学显微镜，是一种反射式扫描声学显微镜，也是一种无损检测技术，主要利用超声脉冲检测样品内部的失效情况。C-SAM的工作原理是，利用超声换能器对样品进行机械扫描，同时发出一定频率的超声波，经过声学透镜聚焦并由耦合介质传到样品上。换能器由电子开关控制，使其在发射方式和接收方式之间交替变换。超声脉冲透射进样品的内部并被样品内的某个界面反射形成回波，其往返的时间由界面到换能器的距离决定，回波由示波器显示，其显示的波形是样品在不同界面的反射时间与距离的关系。通过控制换能器的范围在样品上进行扫描可以得到超声图像。在该图像中，与背景相比的衬度变化构成了重要的信息，若遇到空洞、裂缝等材料问题，则会产生高衬度，使图片便于区分，可以分析界面状态缺陷。

C-SAM作为一种无损检测样品内部缺陷的失效分析技术，是对透视式声学显微镜的重要补充。其在X、Y方向的分辨率能够达到23 μm，最大扫描面积可以达76 mm×76 mm，具有很强的功能。

9. 光辐射显微分析技术

电子元器件在电压应力的作用下，内部载流子会有能级跃迁，这势必会辐射出光子，产生光辐射现象。光辐射显微分析技术就是利用载流子能级跃迁辐射光子的这一特性，对光辐射现象进行探测，分析半导体内部的缺陷与损伤。

半导体器件的光辐射现象一般包括以下三种情况：少子注入PN结的复合辐射；局部强场载流子加速后与晶格原子碰撞产生的光辐射以及高场作用下介质自身发光，即隧道电流流过硅化物等介质薄膜时发射光子。

光辐射显微分析技术需要用到光辐射显微镜。光辐射显微镜采用先进的微光探测技术，将探测光子的灵敏度提高6个数量级，并且与数字图像分析技术相结合以提高信噪比。其工作原理是：首先在外部光源下对样品的局部进行实时图像探测，进而对该局部施加偏置并置于密闭空间中，此时唯一的光源来自样品本身，再进行探测。样品产生的光辐射由显微镜头进行聚焦，并通过微通道级倍增器进行放大，再由固态摄像头进行探测。这样就能捕捉到样品产生的微弱光辐射并确定其在样品中的位置。先进的光辐射显微镜系统都具有光谱分析功能，基本方法是在相同的电应力条件下，在探测光路中依次放入不同波长的滤波片，对样品的同一发光点进行探测，运用系统的光子计数功能，对一划定的区域进行光子计数，从而得到波长和光子数的对应关系。利用这种对应关系可进一步作出光子波长与归一化光子数的曲线关系，将这一曲线关系与文献中给出的典型分类曲线进行分析对比，以确定发光机制。

利用光辐射显微分析技术可以通过对发光部位的定位来确定失效部位的位置，可以探测到的损伤及缺陷类型包括：漏电结、接触尖峰、氧化缺陷、栅针孔、静电放电损伤、闩锁效应、热载流子、饱和态晶体管以及开关态晶体管等。光辐射的强度与电压和电流的强度密切相关，所以需要选择合适的偏置条件来准确地探测缺陷位置。为了提高探测的准确性，可以对相应的良品器件单元进行单体探测并进行对比，从而排除由于设计缺陷等导致的辐射。光辐射显微分析技术作为一种高效快速的失效分析技术，能够检测到电子元器件中多种缺陷引起的失效，在失效定位方面就具有无可比拟优点。

随着现代分析检测技术以及仪器设备的发展，除了上述介绍的各种失效分析技术外，还有很多先进的技术与仪器，如离子束分析技术、核反应和离子感生 X 射线分析技术、X 电子能谱分析技术、俄歇电子能谱分析技术、紫外光电子能谱分析技术等，这些失效分析技术都有各自的特点与适用范围。可以说为了满足半导体器件及大规模集成电路的需要，失效分析技术也在以旺盛的生命力迅速发展。

第三章 机械制造技术

第一节 机械制造技术概述

一、机械制造技术的现状与发展

机械制造业是一个历史悠久的产业，经历了一个漫长的发展过程。

随着现代科学技术的进步，特别是微电子技术和计算机技术的发展，使得机械制造这个传统工业焕发了新的活力，增加了新的内涵，使机械制造业无论在加工自动化方面，还是在生产组织、制造精度、制造工艺方法方面都发生了令人瞩目的变化，这就是现代制造技术。现代制造技术更加重视技术与管理的结合，重视制造过程的组织和管理体制的精简及合理化，从而产生了一系列技术与管理相结合的新的生产方式。

近几年来，数控机床和自动换刀各种加工中心已成为当今机床的发展趋势。

在机床数控化过程中，机械部件的成本在机床系统中所占的比重不断下降，模块化、通用化和标准化的数控软件，使用户能很方便地达到加工目的。同时，机床结构也发生了根本变化。

随着加工设备的不断完善，机械加工工艺也在不断地变革，从而导致机械制造精度不断提高。

近年来新材料不断出现，材料的品种猛增，其强度、硬度、耐热性等不断提高。新材料的迅猛发展对机械加工提出新的挑战。一方面迫使普通机械加工方法要改变刀具材料、改进所用设备；另一方面对于高强度材料、特硬、特脆及其他特殊性能材料的加工，要求应用更多的物理、化学、材料科学的现代知识来开发新的制造技术。

由此出现了很多特种加工方法，例如电火花加工、电解加工、超声波加工、电子束加工、离子束加工以及激光加工等。这些加工方法，突破了传统的金属切削方法，使机械制造工业出现了新的面貌。

近年来，在我国大力推进先进制造技术的发展与应用，已经得到社会的共识，先进制造技术已被列为国家重点科技发展领域，并将企业实施技术改造列为重点，寻求新的制造策略，建立新的包括市场需求、设计、车间制造和分销集成在一起的先进制造系统。

该系统集成了计算机辅助设计（CAD）、计算机辅助制造（CAM）、计算机辅助工艺设计（CAPP）、计算机辅助工程（CAE）、计算机辅助质量管理（CAQ）、企业资源计划（ERP）、物料搬运等单元技术。这些单元技术集成为计算机集成制造系统CIMS。

二、机械制造的一般过程

（一）机械制造系统理论

从宏观上讲，机械制造就是一个输入／输出系统。系统理论认为：系统是由多个相互关联和影响的环节组成的一个有机整体，在一定的输入条件之下，各个环节之间位置相对稳定、协调的工作状态。

具体介绍如下：（1）机械加工的主要任务是将选定的材料变为合格产品，其中材料是整个系统的核心；（2）能源用于为系统提供动力，在制造过程中不可或缺；（3）信息用于协调系统各个部分之间的正常工作。随着生产自动化技术的发展，系统的结构日益复杂，信息的控制作用越来越重要；（4）外界干扰是指来自系统外部的力、热、噪声及电磁等影响，这些因素会对系统的工作产生严重的干扰，必须加以控制；（5）合格产品必须达到其使用时必需的质量要求，具体包括一定的尺寸精度、结构精度及表面质量。另外，还应尽量降低产品的成本；（6）机械制造系统必须与场地、熟练的操作人员以及成熟的加工技术等支撑因素配合起作用，才能生产出合格的产品。

采用系统的观点来分析机械制造过程有助于更好地理解现代生产的特点。一条生产线就构成一个相对独立的制造系统。这类系统结构清晰，但是不够紧凑。

当功能强大的数控机床出现以后，一台数控加工中心可以取代一条生产线的工作，并且生产效率更高、质量更优，这样的制造系统更加优越。

（二）自动化制造系统

自动化制造系统是指在较少的人工直接或间接干预下，将原材料加工成为零件或将零件组装成产品。

自动化制造系统包括刚性制造和柔性制造。“刚性”的含义是指该生产线只能生产某种产品或生产工艺相近的某类产品，表现为生产产品的单一性。刚性制造包括组合机床、专用机床、刚性自动化生产线等。“柔性”是指生产组织形式和产品及工艺的多样性和可变性，具体表现为机床的柔性、产品的柔性、加工的柔性以及批量的柔性等。柔性制造包括柔性制造单元（FMC）、柔性制造系统（FMS）、柔性制造线（FML）、柔性装配线（FAL）、计算机集成制造系统（CIMS）等，下面依据自动化制造系统的生产能力和智能程度进行分类介绍。

1. 刚性自动化生产

（1）刚性半自动化单机

除上、下料外，机床可以自动地完成单个工艺过程的加工循环，这样的机床称为刚性半自动化机床。这种机床一般是机械或电液复合控制式组合机床和专用机床，可以进行多面、多轴、多刀同时加工，加工设备按工件的加工工艺顺序依次排列。切削刀具由人工安装和调整，实行定时强制换刀，如果出现刀具破损、折断，可进行应急换刀，如单台组合机床、通用多刀半自动车床、转塔车床等。从复杂程度讲，刚性半自动化单机实现的是加工自动化的最低层次，但是投资少、见效快，适用于产品品种变化范围和生产批量都较大的制造系统。其缺点是调整工作量大，加工质量较差，工人的劳动强度也大。

（2）刚性自动化单机

这是在刚性半自动化单机的基础上增加自动上、下料等辅助装置而形成的一种自动化机床。辅助装置包括自动工件输送、上料、下料、自动夹具、升降装置和转位装置等；切屑处理一般由刮板器和螺旋传送装置完成。这种机床实现的也是单个工艺过程的全部加工循环。这种机床往往需要定做或改装，常用于品种变化很小，但生产批量特别大的场合。其主要特点是投资少且见效快，但通用性差，是大量生产最常见的加工装备。

（3）刚性自动化生产线

刚性自动化生产线是在多工位生产过程中，用工件输送系统将各种自动化加工设备和辅助设备按一定的顺序连接起来，在控制系统的作用下完成单个零件加工的复杂大系统。在刚性自动化生产线上，被加工零件以一定的生产节拍，顺序通过各个工作位置，自动完成零件预定的全部加工过程和部分检测过程。因此，与刚性自动化单机相比，其结构复杂，任务完成的工序多，所以生产效率也很高，是少品种、大量生产必不可少的加工装备。除此之外，刚性自动化生产线还具有可以有效缩短生产周期、取消半成品的中间库存、缩短物料流程、减少生产面积、改善劳动条件以及便于管理等优点。其主要缺点是投资大，系统调整周期长，更换产品不方便。为了消除这些缺点，人们发展了组合机床自动化生产线，可以大幅度缩短建线周期，更换产品后只需更换机床的某些部件即可（如更换主轴箱），大大缩短了系统的调整时间，降低了生产成本，并能收到较好的使用效果和经济效果。组合机床自动化生产线主要用于箱体类零件和其他类型非回转体的钻、扩、铰、镗、攻螺纹及铣削等工序的加工。

2. 柔性制造单元

柔性制造单元（FMC）由单台数控机床、加工中心、工件自动输送及更换系统等组成，它是实现单工序加工的可变加工单元，单元内的机床在工艺能力上通常是相互补充的，可混流加工不同的零件。系统对外设有接口，可与其他单元组成柔性制造系统。

3. 柔性制造系统

柔性制造系统（FMS）由两台或两台以上加工中心或数控机床组成，并且在加工自动化的基础上实现物料流和信息流的自动化，其基本组成部分包括自动化加工设备、工件储运系统、刀具储运系统及多层计算机控制系统等。

柔性制造系统的主要特点如下：（1）柔性高，适应多品种、中小批量生产；（2）系统内的机床工艺能力是相互补充和相互替代的；（3）可混流加工不同的零件；（4）系统局部调整或维修不中断整个系统的运作；（5）多层计算机控制，可以和上层计算机联网；（6）可进行三班无人干预生产。

4. 柔性制造线

柔性制造线（FML）由自动化加工设备、工件输送系统和控制系统等组成。柔性制造线与柔性制造系统之间的界限很模糊，两者的重要区别是前者像刚性自动化生产线一样，具有一定的生产节拍，工作沿一定的方向顺序传送，后者则没有一定的生产节拍，工件的传送方向也是随机的。柔性制造线主要适用于品种变化不大的中批和大批量生产，线上的机床主要是多轴主轴箱的换箱式和转塔式加工中心。在工件变换以后，各个机床的主轴箱可自动进行更换，同时调入相应的数控程序，生产节拍也会进行相应的调整。

柔性制造线的主要优点是：具有刚性自动化生产线的绝大部分优点，当批量不是很大时，生产成本比刚性自动化生产线低得多，当品种改变之时，系统所需的调整时间又比刚性自动化生产线少得多，但建立系统的总费用却比刚性自动化生产线高得多。有时为了节省投资，提高系统的运行效率，柔性制造线常采用刚柔结合的形式，即生产线的一部分设备采用刚性专用设备（主要是组合机床），另一部分采用换箱或换刀式柔性加工机床。

5. 柔性装配线

柔性装配线（FAL）通常由装配站、物料输送装置和控制系统等组成。

（1）装配站

FAL 中的装配站可以是可编程的装配机器人、不可编程的自动装配装置和人工装配工位。

（2）物料输送装置

在 FAL 中，物料输送装置根据装配工艺流程为装配线提供各种装配零件，使不同的零件和已装配成的半成品合理地在各装配点间流动，同时还要将成品部件（或产品）运离现场。输送装置由传送带和换向机构等组成。

（3）控制系统

FAL 的控制系统对全线进行调度和监控，主要是控制了物料的流向、自动装配站和装配机器人。

6. 计算机集成制造系统

计算机集成制造系统（CIMS）是一种集市场分析、产品设计、加工制造、经营管理、售后服务于一体，借助于计算机的控制与信息处理功能，使企业运作的信息流、物质流、价值流和人力资源有机融合，实现产品快速更新、生产率大幅提高、质量稳定、资金有效利用、损耗降低、人员合理配置、市场快速反馈和良好服务的全新的企业生产模式。

CIMS是目前最高级别的自动化制造系统，但这并不意味着CIMS是完全自动化的制造系统。事实上，目前意义上CIMS的自动化程度甚至比柔性制造系统还要低。CIMS强调的主要是信息集成，而不是制造过程物流的自动化。CIMS的主要特点是系统十分庞大，包括的内容很多，要在一个企业完全实现难度很大，但可以采取部分集成的方式，逐步实现整个企业的信息及功能集成。

三、机械制造的基本环节

（一）毛坯的制造

1. 毛坯的基本概念

毛坯制造是机械制造中的重要环节。毛坯的形状和尺寸主要是由零件组成表面的形状、结构、尺寸及加工余量等因素确定的，并尽量与零件相接近，以减少机械加工的劳动量，力求达到少或无切削加工。但是，由于现有毛坯制造技术及成本的限制，以及产品零件的加工精度和表面质量要求愈来愈高，毛坯的某些表面仍需留有一定的加工余量，以便通过机械加工达到零件的技术要求。

毛坯种类的选择不仅影响毛坯的制造工艺及费用，并且也与零件的机械加工工艺和加工质量密切相关。为此需要毛坯制造和机械加工两方面的工艺人员密切配合，合理地确定毛坯的种类和结构形状，并且绘出毛坯图。

2. 常见的毛坯种类

常见的毛坯有以下几种。

（1）铸件

对形状较复杂的毛坯，一般可用铸造方法制造。目前大多数铸件采用砂型铸造；对尺寸精度要求较高的小型铸件，可采用特种铸造，如永久型铸造、精密铸造、压力铸造、熔模铸造和离心铸造等。

（2）锻件

锻件毛坯由于经锻造后可得到连续和均匀的金属纤维组织，因此其力学性能较好，常用于受力复杂的重要钢质零件。其中，自由锻件的精度和生产率较低，主要用于小批生产和大型锻件的制造：模型锻件的尺寸精度和生产率较高，主要用于产量较大的中小型锻件。

（3）型材

型材主要有板材、棒材、线材等，常用截面形状有圆形、方形、六角形及特殊截面形状。就其制造方法，又可分为热轧和冷拉两大类。热轧型材尺寸较大，精度较低，用于一般的机械零件；冷拉型材尺寸较小，精度较高，主要用于毛坯精度要求较高的中小型零件。

（4）焊接件

焊接件主要用于单件小批生产和大型零件及样机试制。其优点是制造简单、生产周期短、节省材料、减轻重量。但其抗振性较差、变形大，需经时效处理后才能进行机械加工。

（5）其他毛坯

其他毛坯包括冲压件、粉末冶金件、冷挤件和塑料压制件等。

3. 影响毛坯选择的因素

选择毛坯时应该考虑以下几个方面的因素。

（1）零件的生产纲领

大量生产的零件应选择精度和生产率高的毛坯制造方法，用于毛坯制造的昂贵费用可由材料消耗的减少和机械加工费用的降低来补偿。例如，铸件采用金属模机器造型或精密铸造；锻件采用模锻、精锻；选用冷拉和冷乳型材，单件小批生产时，则应选择精度和生产率较低的毛坯制造方法。

（2）零件材料的工艺性

例如，材料为铸铁或青铜等的零件应该选择铸造毛坯；钢质零件当形状不复杂、力学性能要求又不太高时，可选用型材；重要的钢质零件，为保证其力学性能，则应选择锻件毛坯。

（3）零件的结构形状和尺寸

形状复杂的毛坯，一般采用铸造方法制造，薄壁零件不宜用砂型铸造。一般用途的阶梯轴，如各段直径相差不大，可选用圆棒料；若各段直径相差较大，为减少材料消耗和机械加工的劳动量，则宜采用锻造毛坯。尺寸大的零件一般选择自由锻件，中小型零件可考虑选择熔模锻件。

（4）现有的生产条件

选择毛坯时，还要考虑本厂的毛坯制造水平、设备条件以及外协的可能性和经济性等。

（二）机械加工方法

1. 传统机械加工的特征

毛坯成形后还特别粗糙，接下来的加工环节将对其进行精雕细琢，去除多余材料，最后获得理想的产品。近年来，随着材料能源和检测技术的发展，机械加工技术也有了飞速的发展，其生产质量和效率明显提高。传统加工的特征如下：（1）刀具材料比被加工材料硬；（2）靠机械能（力的作用）去除多余的材料；（3）加工过程主要靠操作者的经验来控制；（4）自动化程度相对较低，生产效率不高，且精度较低。

2. 传统机械加工分类及用途

传统的机械加工分为车削、铣削、刨削、磨削、钻削、镗削、拉削和绞孔等，下面进行详细介绍。

（1）车削加工

车削常用来加工单一轴线的零件，如直轴和一般盘、套类零件等。若改变工件的安装位置或将车床适当改装，还可以加工多轴线的零件（如曲轴、偏心轮等）或盘形凸轮。使用不同的车刀或其他刀具，能加工各种回转表面，如内外圆柱面、内外圆锥面、螺纹、沟槽、端面和成形面等。

车削加工的特点如下：1）易于保证工件各加工面的位置精度；2）切削过程较平稳，避免了惯性力与冲击力，允许采用较大的切削用量，高速切削，利于生产率提高；3）适于有色金属零件的精加工。有色金属零件表面粗糙度要求较小时，不宜采用磨削加工，需要用车削或铣削等。用金刚石车刀进行精细车时，可达较高质量；4）刀具简单。车刀制造、刃磨和安装均较方便。

（2）铣削加工

铣削是指使用旋转的多刃刀具切削工件，是一种高效率的加工方法。工作时刀具旋转（作主运动），工件移动（作进给运动），工件也可以固定，但此时旋转的刀具还必须移动（同时完成主运动和进给运动）。铣削用的机床有卧式铣床或立式铣床，也有大型的龙门铣床。这些机床可以是普通机床，也可以是数控机床。

铣削加工的特点如下：1）铣刀各刀齿周期性地参与间断切削；2）每个刀齿在切削过程中的切削厚度是变化的；3）刨削加工。

刨削加工是用刨刀对工件的平面、沟槽或成形表面进行直线切削加工。加工过程中，刀具或工件作往复直线的运动，由工件和刀具作垂直于主运动的间歇进给运动。刨削加工主要用于单件、小批量生产及机修车间，在大批量生产中往往被铣床所代替。

铣削加工的特点如下：1）主要用于单件、小批量生产及机修车间；2）刀具较简单，但生产率较低（加工长而窄的平面除外）。

（4）磨削加工

磨削是一种用磨料、磨具切除工件上多余材料的加工方法。根据工艺目的和要求不同，磨削加工工艺方法有多种形式，为适应发展需要，磨削技术正朝着精密、低粗糙度、高效、高速和自动磨削方向发展。

磨削加工的特点如下：1）可以获得很高的加工精度和表面质量；2）在磨削力的作用下，磨钝的磨粒出现自身脆裂或脱落的现象，称之为磨具的自砺性。

（5）钻削加工

钻削加工指的是用钻头、铰刀、锪刀在工件上加工孔的方法。通常，钻头旋转为主运动，钻头轴向移动为进给运动，可以加工通孔、盲孔；若将刀具更换为特殊刀具，则可以进行扩孔、锪孔、铰孔或进行攻丝等加工。

钻削加工的特点如下：1）容易产生“引偏”；2）切削热不易传散；3）排屑困难。

（6）镗削加工

镗刀旋转作主运动，工件或镗刀作进给运动的切削加工方法称为镗削加工。镗削加工主要在铣镗床、镗床上进行。

镗削加工的特点如下：1）适应性广；2）可以校正圆孔的轴线位置误差；3）生

产效率低；4）适合加工箱体以及支架上的孔系，可保证其位置精度。

（7）拉削加工

拉削加工是使用拉床（拉刀）加工各种内外成形表面的切削工艺。当拉刀相对工件作直线移动之时，工件的加工余量由拉刀上逐齿递增尺寸的刀齿依次切除。

拉削加工的特点如下：1）是一种高效率的精加工方法；2）制造成本高，且有一定的专用性；3）主要用于成批大量生产。

（8）绞孔加工

绞孔加工是用定尺寸铰刀或可调尺寸的铰刀在已加工的孔的基础上再进行微量切削，目的是提高孔的精度。

四、机械制造企业工艺过程及其组成

（一）机械加工工艺系统

机械加工工艺系统是制造企业中处于最底层的一个个加工单元，往往由机床、刀具、夹具和工件四要素组成。

机械加工工艺系统是各个生产车间生产过程中的一个主要组成部分，其整体目标是要求在不同的生产条件下，通过自身的定位装夹机构、运动机构、控制装置以及能量供给等机构，按不同的工艺要求直接将毛坯或原材料加工成形，并保证质量、满足产量和低成本地完成机械加工任务。

现代加工工艺系统一般是由计算机控制的先进自动化加工系统，计算机已经成为现代加工工艺系统中不可缺少的组成部分。

（二）机械制造系统

机械制造系统是将毛坯、刀具、夹具、量具及其他辅助物料作为原材料输入，经过存储、运输、加工、检验等环节，最后输出机械加工的成品或半成品的系统。

机械制造系统既可以是一台单独的加工设备，如各种机床、焊接机、数控线切割机，也可以是包括多台加工设备、工具和辅助系统（如搬运设备、工业机器人、自动检测机等）组成的工段或制造单元。一个传统的制造系统通常可以概括地分成三个组成部分：①机床；②工具；③制造过程。

机械加工工艺系统是机械制造系统的一部分。

（三）生产系统

如果以整个机械制造企业为分析研究对象，要实现企业最有效地生产和经营，不仅要考虑原材料、毛坯制造、机械加工、试车、油漆、装配、包装、运输和保管等各种要素，而且还必须考虑技术情报、经营管理、劳动力调配、资源和能源的利用、环境保护、市场动态、经济政策、社会问题等要素，这就构成了一个企业的生产系统。生产系统是物质流、能量流和信息流的集合，可以分为三个阶段，即决策控制阶段、研究开发阶段和产品制造阶段。

第二节 切削加工设备

一、切削运动与切削要素

（一）切削的基本运动

切削运动分为主运动和进给运动。

1. 主运动

在切削运动中，速度最高、消耗功率最大的运动，由车床主轴带动零件做回转运动。该主运动的大小由工件外圆上的线速度即切削速度 v_c 表示：

$$v_c = \frac{n\pi d}{1000} \quad \text{m/s}$$

式中：n —— 主轴转速（r/s）

d —— 工件最大外径（mm）。

主运动的方向即切削速度 v_c 的方向。主运动是切下切屑最基本的运动，无论何种切削过程，其中主运动只有一个。

2. 进给运动

进给运动是使金属层不断投入切削，从而加工出完整表面所需的运动。刀具相对于工件回转轴线的平行直线运动。进给运动的大小用进给速度 v_f 表示。

不同的切削加工方法，有不同的切削运动。切削的主运动有旋转的，如车床、磨床；也有直行的，如刨床；有连续的，例如车床；还有间歇的，如拉床。

（二）切削要素

在一般的切削加工中，切削要素（即切削用量）包括切削速度、进给量及背吃刀量三要素。

1. 切削速度 v_c

在单位时间内，工件和刀具沿主运动方向的相对位移。单位为 m/s 或 m/min。

若主运动为旋转运动，切削速度为其最大的线速度。若主运动为往复直线运动（如刨削、插削等），那么常以其平均速度为切削速度。

2. 进给量 f

工件或刀具运动在一个工作循环（或单位时间）内，刀具与工件之间沿进给运动方向的相对位移。例如车削时，工件每转一转，刀具所移动的距离，即为（每转）进给量，单位是mm/r。又如在牛头刨床上刨平面时，刀具往复一次，工件移动的距离，即为进给量，单位是mm/str（即毫米/双行程）。铣削时，由于铣刀是多齿刀具，还常用每齿进给量表示，单位是mm/z（即毫米/齿）。

单位时间的进给量，称为进结速度，单位是mm/s（或mm/min）。

3. 背吃刀量 a_p

待加工表面与已加工表面间的垂直距离，单位为mm。对车外圆来说，背吃刀量可表达为

$$a_p = \frac{d_w - d_m}{2} \quad \text{mm}$$

式中：d_w —— 待加工圆柱面直径；

d_m —— 已加工圆柱面直径。

（三）切削层几何参数

切削层是指工件上正被切削刃切削的一层材料，即两个相邻加工表面之间的那层材料。切削层就是工件每转一转，所切下的一层材料。切削层参数对切削过程中切削力的大小，刀具的载荷和磨损，工件加工的表面质量和生产效率都有决定性的影响。为简化计算工作，切削层的几何参数一般在垂直于切削速度的平面内观察和度量，它们包含切削层公称厚度、切削层公称宽度及切削层公称横截面积。

1. 切削层公称厚度 h_D

两相邻加工表面间的垂直距离。公称厚度的单位为mm。车外圆时：

$$h_D = f\sin\varphi \quad \text{mm}$$

从上式可见，切削层厚度和进刀量与刀具和工件间的相对角度有关。

2. 切削层工程宽度 b_D

沿主切削刃度量的切削层尺寸，单位为mm。车外圆时：

$$b_D = \frac{a_p}{\sin\varphi} \quad \text{mm}$$

式中：a_p —— 背吃刀量，即待加工表面与已经加工表面间的垂直距离。

3. 切削层公称横截面积

切削层在垂直于切削速度截面内的面积，单位为mm²。车外圆时：

$$A_D = h_D b_D = f a_p \quad \text{mm}$$

二、刀具的几何参数

（一）刀具切削部分的组成

1. 刀具的刀面

刀具切削部分的组成由前刀面、主后刀面及副后刀面组成。

前刀面：切屑被切下后，从刀具切削部分流出所经过的表面。

主后刀面：在切削过程中，刀具上与工件的加工表面相对的表面。

副后刀面：在切削过程中，刀具上与工件的已加工表面相对的表面。

2. 刀具的刃

主切削刃：前刀面与主后刀面的交线，切削时主要的切削工作由主切削刃承担。

副切削刃：前刀面与副后刀面的交线，也起一定的切削作用，但不明显。刀尖：主切削刃与副切削刃相交之处，刀尖并非绝对尖锐，而是一段过渡圆弧或直线。

（二）刀具的主要角度

1. 参考系坐标辅助平面

辅助平面包括基面、切削平面和主剖面。

基面：通过主切削刃上的某一点，且与该点的切削速度方向相垂直的平面。

切削平面：通过主切削刃上的某一点，和该点加工表面相切的平面，过该点切削速度矢量在该平面内。

主剖面：通过主切削刃上的某一点，且与主切削刃在基面上的投影相垂直的平面。

2. 刀具的标注角度

刀具的标注角度是刀具制造和刃磨的依据。

前角：在主剖面中，前刀面与基面间夹角，根据前刀面与基面的位置不同，又分为正前角、零前角及负前角。

后角：在主剖面中，主后刀面与切削平面间的夹角。

主偏角：在基面上，主切削刃的投影与进结方向间的夹角。

副偏角：在基面上，副切削刃的投影与进给反方向间的夹角。

刃倾角：在切削平面中，主切削刃与基面之间的夹角，刃倾角也有正负和零值

3. 工作角度

在实际切削过程中，由于刀尖与工件的相互位置以及刀具与工件间的相对运动的影响，刀具的实际角度与标注角度是不同的，刀具在切削过程中的实际切削角度，称为工作角度。

以车床为例，在切削过程中，有如下诸多因素影响实际的工作角度。

刀尖不在工件的中心线上时，使基面和切削平面发生变化，因而导致前角和后角的改变，如刀尖低于工件中心线，前角变小，而后角变大，反之亦然；刀具轴线不垂直于工件轴线，这种情况会导致主偏角和副偏角的变化。其他因素如非圆柱表面的加

工，以及如果将进给运动的影响考虑进去等，这些因素都将影响刀具的工作角度。

三、刀具材料

（一）刀具材料的基本要求

（1）有较高的硬度，只有刀具的硬度大大高于工件材料的硬度，才可进行切削。金属切削刀具材料的常温硬度，一般要求在60HRC以上；（2）有足够的强度和韧性，以承受切削力、冲击和振动，防止切削过程中刀具的脆性断裂或刃部的崩刀；（3）有较好的耐磨性，以抵抗切削过程中的磨损，维持一定的切削时间；（4）有较高的耐热性，即在高温下仍能保持较高硬度的性能，又称为红硬性或热硬性；（5）有较好的工艺性，以便于刀具的制造。工艺性包括锻、$L、焊、切削加工、磨削加工和热处理性能等。

目前已开发使用的刀具材料，各有其特性，但都不能完全满足上述要求。我们只能根据被加工对象的材料性能及加工的要求，选用相应的刀具材料。

（二）常用刀具材料

1. 高速钢

它是含W、Cr、V等合金元素较多的合金工具钢。它的耐热性、硬度和耐磨性虽低于硬质合金，但强度和初性高于硬质合金，工艺性较硬质合金好，而且价格也比硬质合金低。高速钢有较高的热稳定性，在500℃～650℃时仍能进行切削。由于高速钢工艺性较好，所以高速钢除以条状刀坯供直接刃磨切削刀具外，还广泛地用于制造各种形状较为复杂的刀具，如麻花钻、铣刀、拉刀、齿轮刀具及其他成形刀具等。

2. 硬质合金

它是以高硬度、高熔点的金属碳化物（WC、TiC等）作基体，以金属钴等作黏结剂，用粉末冶金的方法制成的一种合金材料。因为含有大量高硬度、高熔点、高稳定性的碳化物，因而它的硬度高、耐磨性好、耐热性高。所以用硬质合金允许的切削速度比高速钢高得多。但硬质合金的强度和初性均较高速钢低，工艺性也远不如高速钢，难以制作形状较为复杂的刀具。因此，硬质合金常制成各种形式的刀片，采用了焊接或机械夹固的方式固定在刀体上使用。

3. 陶瓷材料

有Al_2O_3和Al_2O_3-TiC两种。具有很高的硬度，良好的耐磨性和热稳定性。1200℃下仍能进行切削，因而可有更高的切削速度。陶瓷材料价格低廉，原料丰富很有发展前途。

陶瓷材料脆性大，抗弯强度低，冲击韧性差且易崩刀，因而其使用范围受到一定限制。目前研制的“金属陶瓷”刀片，除Al_2O_3外，还含有一些金属元素，与普通陶瓷刀片相比，其抗弯强度有明显的提高，应有较大的发展前途。

3. 其他新型刀具材料简介

（1）人造金刚石

人造金刚石硬度极高，耐热性为700℃～800℃。金刚石除可以加工高硬度而耐磨的硬质合金、陶瓷、玻璃等外，还可以加工有色金属及其合金，但不宜于加工铁族金属。这是由于铁和碳原子的亲和力较强，容易产生黏结作用而加快刀具磨损。

（2）立方碳化硼（CBN）

立方碳化硼是人工合成的高硬度材料，硬度仅次于金刚石。但耐热性和化学稳定性都大大高于金刚石，能耐1300℃～1500℃的高温，并且与铁族金属的亲和力小。因此它的切削性能好，不但适用于非铁族难加工材料的加工，也适用于铁族材料的加工。

（3）涂层刀片

涂层刀片就是在初性较好的硬质合金（YG类）基体表面，涂敷4 μm～5 μm厚的一层TiC或TiN，以提高其表层的耐磨性，使切削刀具的使用寿命大大地提高。在大批量生产的生产线上，涂层刀片能大大地延长两次更换刀具之间的有效工作时间，从而使生产效率得到很大的提高。

四、金属切削机床的基本知识

（一）机床的分类

机床的分类通常是按机床的用途和加工方式的特点来进行的。目前我国的机床分11大类，即车床、钻床、镗床、磨床、齿轮加工机床、螺纹加工机床、铣床、刨插床、拉床、锯床以及其他机床。

其他分类法：根据被加工工件和机床的大小，可将机床分为仪表机床、中小型机床、大型机床、重型机床和超重型机床；根据机床的加工精度，可分为P级（普通精度，“P”可省略）、M级（精密级）和G级（高精度级）；按自动化程度，可分为手动操作机床、半自动机床和自动机床三种；按机床的自动控制方式，可分为仿形机床、数控机床和加工中心等；按机床适用范围，可分为通用机床、专门化机床和专用机床三种；按机床的结构布局形式，可分为立式、卧式、龙门式等。

（二）机床的基本结构

主轴箱：固定于床身左端，装有主轴部件和主运动变速机构。可通过调整主轴箱上的手柄，获得合适的切削速度；主轴的前端安装夹持工件的装置，如三爪卡盘等。

进给箱：将旋转运动传给丝杠或光杠，通过丝杠或光杠将运动传给溜板箱，以控制刀架的运动。通过进给箱上的手柄，可控制丝杠或光杠的转动速度。

溜板箱：将进给箱传来的运动传给刀架，使刀架横向或纵向进给，溜板箱上装有控制柄和按钮，方便操作。

刀架：刀架部分由几层滑板组成。刀架安装在床身的导轨上，可沿导轨纵向运动。车刀安装在刀架上，可使车刀相对于车床主轴轴线做纵向、横向或斜向运动。

尾座：尾座安装在床身尾部的导轨上，尾座可用于安置顶尖以支撑工件，或安装钻头等刀具进行加工。

床身和左右床腿：是车床的基本支撑部分，它们的作用是保证安装在上面的各部分部件的稳固和车床工作时保持各部分精确的相对位置。

三、机床的传动系统

机床的传动系统包括主传动链（主运动传动链）和进给传动链（进给运动传动链）组成。下面以CA6140型卧式车床的传动系统为例，来简单地说明机床的传动系统。

由电动机—皮带轮—主轴—卡盘—工件构成主传动链，构成了切削运动中的主运动。而由电动机—皮带轮—挂轮—进给箱—溜板箱—滑板—刀架传动链，构成了进给运动的传动链。

除了少数几种机床（如拉床）外，绝大多数机床都有主运动和进给运动传动链。

第三节　切削加工技术

一、金属切削过程

（一）切削过程

切削的过程，是由于刀具与工件间的相对运动产生的前刀面与工件的挤压，导致接触处工件产生弹性变形；被切削层的滑移塑性变形；被切削层的底部与前刀面发生强烈的摩擦后被剥离基体。

在切削过程中，被切削部分的金属层与前刀面发生挤压的过程中，在该层金属内部剪应力的作用下，发生层间的滑移或剪断，从而出现了切屑的卷曲或碎裂。

（二）切屑类型

由于不同的材料，不同的切削速度和不同的刀具角度，产生的切削形态也是多样的。一般来说，可以分为以下四种类型：

带状切屑：高速切削塑性材料，用前角较大的刀具时，会出现带状切屑，切屑过程比较平稳，工件的已加工表面质量较好。

节状切屑：低速大进给量切削塑性材料，切削层内剪应力较大，产生挤裂现象，故又叫挤裂切屑。

粒状切屑（单元切屑）：切削塑性材料时，如果被剪切面上的应力超过工件材料的强度极限时，出现粒状切屑。当刀具的前角较小、切削速度低、进结量大时会出现粒状切屑。

崩碎切屑：当切削脆性材料（如铸铁）时产生碎粒或者粉末状切屑。

前三种切屑都是切削塑性材料时产生的。改变切削条件，可以改变切屑的形态。

二、金属切削过程的主要物理现象及规律

（一）切削过程中切屑及工件的变形

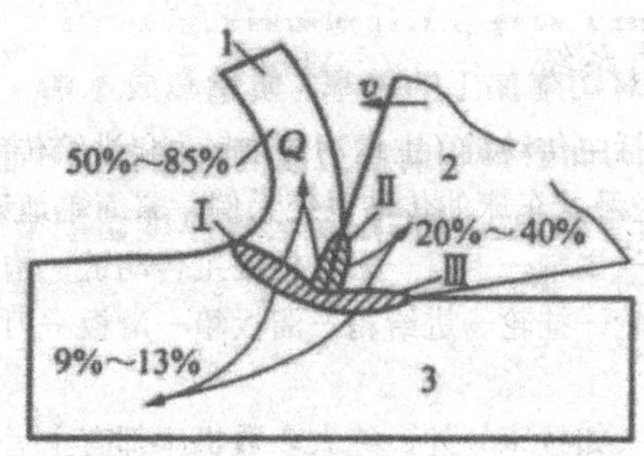

图 3-1 切削热的产生区域和传播途径

1. 切屑 2. 刀具 3. 工件

图 3-1 表示在切削过程中的三个变形区及切削热的传递途径。

第一变形区即图中的Ⅰ区，在该区域的被切削层沿 45° 方向发生滑移变形。

第二变形区即图中的Ⅱ区，该部分切屑在沿刀具前面排除时，和前刀面发生挤压和摩擦，使切屑变形。

第三变形区即图中的Ⅲ区，由于切削刃和后刀面与已加工的表面发生挤压、摩擦和弹性变形的回弹作用，使已经加工表面的表层组织发生加工硬化。

（二）积屑瘤

第二变形区内，在一定的切削温度下切削塑性材料时，切屑与前刀面接触的表层产生摩擦甚至黏接，使该表层变形层流速减慢，使切屑内部靠近表层的各层间流速不同，导致切屑内表层初产生平行于黏接表面的切应力。而当该切应力超过材料的强度极限时，底层金属被剪断而黏接在刀具的前刀面上，形成积屑瘤。由于金属强烈的塑性变形，积屑瘤的硬度很高，可以代替刀刃进行切削，保护了刀刃。但积屑瘤的顶端伸出切削刃之外，而且不断地产生和脱落，导致切削力的变化，引起振动，碎片还可能嵌入工件，造成加工不稳定，影响加工精度。所以在精加工时应避免积屑瘤的产生。积屑瘤的形成主要取决于切削温度，影响切削温度的最重要的因素是切削速度，所以控制积屑瘤的主要方法是控制切削速度。切削速度很低时，切削流动慢，切削温度低，切屑与前刀面的摩擦系数小，不会产生积屑瘤。切削速度很高时，由于切削温度很高，接触层金属呈微熔状态，摩擦系数很小，也不易产生积屑瘤。所以一般精车采用较高的速度切削，而拉削、铰孔采用较低的速度。

（三）刀具的磨损

在切削过程中，由于刀具与工件和切屑间的强烈挤压和摩擦，会造成刀具的磨损。刀具的磨损对切削加工的效率、质量和成本都有直接的影响。刀具磨损有前刀面磨损、

后刀面磨损和前后刀面同时磨损三种形式。

用较高的切削速度和较大的切削层公称厚度切削塑性材料时，第二变形区挤压力和摩擦力较大，此时以前刀面磨损为主；以较低的切削速度和较小的切削层公称厚度切削塑性材料或切削脆性材料时，以后刀面磨损为主；用中等速度、中等厚度切削塑性材料时，发生前后刀面同时磨损。

刀具的磨损可以分为三个阶段：

第一阶段，由于刀具刃磨后刀面有许多微观凹凸，因而接触面积小压强大，而磨损较快。这一阶段称为初期磨损阶段。

第二阶段，由于刀面的微观凹凸已磨平，表面光滑，接触面积大而压强小，所以磨损很慢。这一阶段为正常磨损阶段。

第三阶段，正常磨损后期，刀具磨损钝化，切削状况逐渐恶化，磨损量急剧加大，切削刃很快变钝，以致丧失切削能力。这个阶段称为急剧磨损阶段。

为了保证切削正常进行，并保证刀具有足够的寿命，必须在刀具的实际磨损量达到急剧磨损阶段之前停止切削，进行刃磨或更换刀具。刀具刃磨后进行切削，直到急剧磨损前的实际工作时间称为刀具的耐用度。刀具的耐用度越长，两次刃磨或更换刀具之间的实际工作时间越长，工作的效率越高。刀具的寿命指把一把新刀具使用到报废前的总的切削时间。刀具的寿命与刀具的耐用度含义显然不同。在刀具寿命期内，刀具可多次刃磨，所以刀具的寿命等于刀具的耐用度和刃磨次数的乘积。

三、影响金属切削加工的主要因素

（一）切削用量的合理选择

1. 切削用量对切削加工的影响

（1）对加工质量的影响

切削用量三要素中，背吃刀量和进给量增大，都会使切削力增大，导致工件变形增大，并可能引起振动，从而降低加工精度和增大表面粗糙度值。而且进给量增大还会使残留面积的高度显著增大，表面更加粗糙。而切削速度增大时，切削力减小，并可减小或避免积屑瘤，有利于加工质量和表面质量的提高。

（2）对刀具耐用度和辅助时间的影响

切削用量中，切削速度对刀具耐用度的影响最大，进给量的影响次之，背吃刀量的影响最小。提高切削速度比增大进给量或背吃刀量，对刀具耐用度的影响大得多。过分提高切削速度，反而会由于刀具耐用度迅速下降，从而影响生产率的提高。

综合切削用量三要素对刀具耐用度、生产率和加工质量的影响，选择切削用量的顺序应为：首先选尽可能大的背吃刀量，其次选尽可能大的进给量，最终选尽可能大的切削速度。

2. 背吃刀量的选择

背吃刀量要尽可能取得大些，不论粗加工还是精加工，最好一次走刀能把该工序的加工余量切完，如一次走刀切除会使切削力太大，机床功率不足、刀具强度不够或产生振动时，可将加工余量分为两次或多次完成。这时也应将第一次走刀的背吃刀量取得尽量大些，其后的背吃刀量取得相对的小一些。

3. 进给量的选择

粗加工时，一般对工件的表面质量要求不太高，进给量主要受机床刀具和工件所能承受切削力的限制，这是因为当选定背吃刀量后，进给量的数值就直接影响切削力的大小。但精加工时，一般背吃刀量较小，切削力不大，限制进给量的因素主要是要求的工件表面粗糙度。

4. 切削速度的选择

在背吃刀量和进给量选定后，能根据合理的刀具耐用度，精加工时，切削力较小，切削速度主要受刀具耐用度的限制。而粗加工时，由于切削力一般较大，切削速度主要受机床功率的限制。

（二）切削液的选用

用改变外界条件来影响和改善切削过程，是提高产品质量和生产率的有效措施之一，其中应用最广泛的是合理选择和使用切削液。

1. 切削液的作用

切削液主要通过冷却和润滑作用来改善切削过程，它一方面吸收并带走大量切削热，起到冷却作用，另一方面它能渗入到刀具与工件和切屑的接触表面，形成润滑膜，有效地减小摩擦。合理地选用切削液，可以降低切削力和切削温度，提高刀具耐用度和加工质量。

2. 切削液的种类

（1）水类

如水溶液（肥皂水、苏打水等）、乳化液等。这种切削液比热容大、流动性好，主要起冷却作用，也有一定的润滑作用。在水类切削液中常加入一定量的防锈剂或其他添加剂改善其性能。

（2）油类

又称切削油，主要成分是矿物油，少数采用动植物油或复合油。这类切削液比热容小、流动性差，主要起润滑作用，也有一定冷却作用。

3. 切削液的选用

切削液的品种很多，性能各异。通常应根据加工性质、工件材料和刀具材料等来选择合适的切削液，才能收到良好的效果。

粗加工时，主要要求冷却，降低一些切削力及切削功率。提高表面质量和减少刀具磨损，应选用润滑作用较好的切削液，如高浓度的乳化液或切削油等。

加工一般钢材时，通常选用乳化液或硫化切削油。加工铜合金和有色金属时，一般不宜采用含硫化油的切削液，以免腐蚀工件。加工铸铁、青铜、黄铜等脆性材料时，为了避免崩碎切屑进入机床运动部件，一般不用切削液。

高速钢刀具的耐热性较低，为了提高刀具耐用度，一般要根据加工的性质和工件材料选用合适的切削液。硬质合金刀具由于耐热性和耐磨性较好，一般不用切削液。如果要用，必须连续地、充分地供给，切不能断断续续，以免硬质合金刀片因骤冷骤热而开裂。

切削液的使用，目前以浇注法最为普遍。在使用中应注意把切削液尽量注射到切削区，以达到最佳的润滑和降温效果。

（三）材料的切削加工性

1. 材料切削加工性的概念

材料切削加工性是指材料被切削加工的难易程度。材料切削加工性的好坏往往是相对于另一种材料来说的。具体的加工条件和要求不同，加工的难易程度也有很大的差异。常用的表达材料切削加工性的指标主要有下面几种：

（1）一定刀具耐用度下的切削速度

在刀具耐用度时间确定的前提下，切削某种材料所允许的切削速度。允许的切削速度越高，材料的切削加工性越好。一般常用该材料允许的切削速度与正火态 45 钢允许的切削速度的比值 K_v 来表示。$K_v > 0$ 表示该材料的允许的切削速度较高，切削性能比 45 钢好；反之亦然。

（2）已加工表面质量

凡较容易获得好的表面质量的材料，其切削加工性较好。精加工时，常以此为衡量指标。

（3）切屑控制或断屑的难易

凡切屑较容易控制或易于断屑的材料，其切削加工性较好。在自动机床或自动线上加工时，常以此为衡量指标。

（4）切削力

在相同的切削条件下，凡切削力较小的材料，其切削加工性较好。在粗加工当中，或当机床刚性或动力不足时，常以此为衡量指标。

2. 改善材料切削加工性的主要途径

材料的使用性能要求经常与其切削加工性发生矛盾。我们应在保证零件使用性能的前提下，通过各种途径来改善材料的切削加工性。

直接影响材料切削加工性的主要因素是材料的物理、力学性能。材料的强度和硬度越高，则切削力大，切削温度高，刀具磨损快，故切削加工性较差。而材料的塑性过高，则不易获得好的表面质量，断屑困难，故切削加工性较差。若材料的导热性差，切削热不易传散，切削温度高，他的切削加工性也不好。

通过适当的热处理，可以改变材料的力学性能，从而改善其切削加工性。如高碳钢硬度过高不易加工，对其进行球化退火，可获粒状珠光体组织，降低了硬度，切削加工性变好。而低碳钢塑性较高，加工性也不好，对其进行正火，可以降低塑性，改善了切削加工性。又如铸铁件，在切削加工前进行退火，可降低表层硬度，切削加工性得到提高。

四、磨削过程及磨削机理

（一）砂轮的特性要素

1. 磨料

砂轮的磨料应具有很高的硬度、耐热性，适当韧性和强度及锋利的边刃。下面是几种常用磨料。

刚玉类（氧化铝 Al_2O_3）：棕刚玉（GZ）、白刚玉（GB），宜用于磨削各种钢料，如不锈钢、高强度合金钢，退了火的可锻铸铁和青铜。高强度合金钢。

碳化硅类(SiC)：黑碳化硅（TH）、绿碳化硅（TL），适用于磨削铸铁、激冷铸铁、黄铜、软青铜、铝、硬表层合金和硬质合金。

高硬磨料类：人造金刚石（yR）、碳化硼（1LD），高硬磨料类具有高强度、高硬度，适用于磨削高速钢、硬质合金、宝石等。

2. 粒度

粒度表示磨粒的大小程度，其表示方法有以下两种。

第一，以磨粒所能通过的筛网上每英寸长度上的孔数作为粒度。粒度号为4-240#，粒度号越大，则磨料的颗粒越细。

第二，粒度比 240# 还要细的磨料称为微粉。微粉的粒度用实测的实际最大尺寸，并在前冠以字母“W”来表示。粒度号为 W63-W0.5，例如 W7，就表示此种微粉的最大尺寸为 7 ～ 5 μm，粒度号越小，微粉颗粒越细。

粒度的大小主要影响加工表面的粗糙度和生产率。一般来说，粒度号越大，则加工表面的粗糙度越小，生产率越低。所以粗加工宜选粒度号小（颗粒较细）的砂轮，精加工则选用粒度号大（颗粒较粗）的砂轮，而微粉则用于精磨、超精磨等加工。

此外，粒度的选择还与工件材料、磨削接触面积的大小等因素有关。通常情况下，磨软的材料应选颗粒较粗的砂轮。

3. 结合剂

结合剂的作用是将磨料黏合成具有各种形状及尺寸的砂轮，并使砂轮具有一定的强度、硬度、气孔和抗腐蚀、抗潮湿等性能。砂轮的强度、耐热性及耐磨性等重要指标，在很大程度上取决于结合剂的特性。

作为砂轮结合剂应具有的基本要求是：与磨粒不发生化学作用，能持久地保持其对磨粒的黏结强度，并保证所制砂轮在磨削时安全可靠。

目前砂轮常用的结合剂有陶瓷、树脂及橡胶。陶瓷应用最广泛，它能耐热、耐水、耐酸，价廉，但脆性高，不能承受较大冲击和振动。树脂和橡胶弹性好，能制成很薄的砂轮，但耐热性差，易受含酸、碱切削液的侵蚀。

（二）磨削加工

1. 磨削加工中的切削运动

外圆磨床的种类很多，但大多数外圆磨削是在普通外圆磨床或万能磨床上进行的。外圆磨削时一般要具有以下四个运动：

（1）砂轮的主运动 n_c

n_c 是砂轮的转速，各种磨削加工的主运动都是指砂轮的运动，主运动是由砂轮架上专门的电机驱动砂轮进行。砂轮圆周上的线速度 $v_c = n_c \times \pi D_c$，式中 D_c 是砂轮直径，一般 v_c 为 35 m/s。

（2）轴向进给运动 f_a

工件每转 1 转，在其轴线方向相对于砂轮移动一定的距离。该运动以轴向进给量 f_a 度量。一般 f_a 为砂轮宽度的尺寸的 0.2 ～ 0.8。

（3）圆周进给运动 n_w

圆周进给运动即工件的回转运动，其线速度 $v_w = n_w \times \pi D_w$，式中 D_w 为工件的直径，v_w 比砂轮速度 v_c 小得多，一般仅为每分钟十多米至数十米。

（4）径向进给运动 f_r

每经过一次直线往复运动，砂轮沿径向移动一定的距离。该运动以径向进给量 f_r 度量，一般 f_r =0.005 mm ～ 0.02 mm。

2. 磨削过程和特点

我们可把砂轮看作一个圆盘形的多刃刀具。但它与一般多刃切刀具（如铣刀）有重要的差别。由于砂轮上的磨粒具有形状各异和分布的随机性，导致了它们在加工过程中均以负前角在切削。而且磨粒的切削刃刃口处均有钝圆半径的特点。在磨削过程中，当磨粒与工件接触和开始切削时，并未切下切屑，而只是产生滑擦（滑动和摩擦）和刻划作用，并使工件材料向磨粒两侧隆起，直至磨粒前方的金属层塑性变形增大到一定数值时，才形成切屑并脱离工件基体。所以磨削过程实质上是由滑擦、刻划和切削三种共同作用的效果。因而，磨削不仅有切削作用，还有一定的抛光作用。

但由于磨削时的切削速度高，以及切削、滑擦和挤压作用，产生了大量的切削热，而且磨削加工产生的热量比用刀具切削时产生的多。该热量的 50% ～ 80% 传入工件，造成磨削时工件表面出现高温，这将会导致加工精度和表面质量的下降（如表面出现磨削裂纹、金相组织发生变化、力学性能降低等）。因此为保证工件的加工质量和零件的实用性能，磨削时要采取有效措施以降低磨削温度。

此外，磨削还可用研磨、超精加工、珩磨等光整加工方法获得很高尺寸精度、很高表面质量及很低表面粗糙度。它们与磨削的类似之处是均采用磨料或磨具（油石），利用众多磨粒所形成的微刃的滑擦、切削、抛光等作用，来进行加工。但是它们所使用的磨料粒度远比磨削要细，加工余量和切削速度远比磨削力小，微刃在工件表面形成的轨迹网络远比磨削复杂。由于加工余量和切削速度小等方面的原因，从而避免了磨削时由于切削热可能产生的某些表面缺陷。

第四节　机械零件加工

一、轴类零件的加工

（一）概述

1. 轴类零件的功能和结构特点

轴类零件是机器中常见的典型零件之一，主要用来传递旋转运动和扭矩，支撑传动零件并承受载荷，而且是保证装在轴上零件回转精度的基础。

轴类零件是回转体零件，一般来说其长度大于直径。轴类零件的主要加工表面是内、外旋转表面，次要加工表面有键槽、花键、螺纹和横向孔等。

轴类零件按结构形状可分光轴、阶梯轴、空心轴和异型轴（如曲轴、凸轮轴、偏心轴等）；按长径比（L/D）又可分为刚性轴（$L/D<12$）和挠性轴（$L/D>12$）。其中，刚性光轴和阶梯轴工艺性好。

2. 轴类零件的技术要求

（1）尺寸精度

尺寸精度包括直径尺寸精度和长度尺寸精度。精密轴颈为IT5级，重要轴颈为IT6～IT8级，一般轴颈为IT9级。轴向尺寸精度一般要求较低

（2）相互位置精度

相互位置精度主要指装配传动件的轴颈相对于支撑轴颈的同轴度及端面对轴心线的垂直度等。通常用径向圆跳动来标注，普通精度轴的径向圆跳动为0.01～0.03 mm，高精度轴的
径向圆跳动通常为0.005～0.01 mm。

（3）几何形状精度

几何形状精度主要指轴颈的圆度、圆柱度，一般应符合包容原则（即形状误差包容在直径公差范围内）。当几何形状精度要求很高时，零件图上应单独注出规定允许的偏差。

（4）表面粗糙度

轴类零件的表面粗糙度和尺寸精度应与表面工作要求相适应。通常支撑轴颈的表面粗糙度亿值为3.2～0.4 μm，配合轴颈的表面粗糙度艮值为0.8～0.1 μm。

3. 轴类零件的材料与热处理

轴类零件应根据不同的工作情况，选择不同的材料和热处理方法。一般轴类零件常用中碳钢，如45号钢，经正火、调质及部分表面淬火等热处理，所得到所要求的强度、

韧性和硬度。对中等精度而转速较高的轴类零件，一般选用合金钢（如40Cr等），经过调质和表面淬火处理，使其具有较高的综合力学性能。对在高转速、重载荷等条件下工作的轴类零件，可选用20CrMnTi、20Mn2B、20Cr等低碳合金钢，经渗碳、淬火处理后，具有很高的表面硬度，心部则获得较高的强度和韧性。对高精度和高转速的轴，可选用38CrMoAl钢，其热处理变形较小，经调质和表面渗氮处理，达到了很高的心部强度和表面硬度，从而获得优良的耐磨性和耐疲劳性。

4. 轴类零件的毛坯

轴类零件的毛坯常采用棒料、锻件和铸件等毛坯形式。一般光轴或外圆直径相差不大的阶梯轴采用棒料；对外圆直径相差较大或较重要的轴常采用锻件；对某些大型的或结构复杂的轴（如曲轴）可采用铸件。

（二）轴类零件的一般加工工艺路线

轴类零件的主要表面是各个轴颈的外圆表面，空心轴的内孔精度一般要求不高，而精密主轴上的螺纹、花键、键槽等次要表面的精度要求也比较高。因此，轴类零件的加工工艺路线主要是考虑外圆的加工顺序，并将次要表面的加工合理地穿插其中。下面是生产中常用的不同精度、不同材料轴类零件的加工工艺路线：

1. 一般渗碳钢的轴类零件加工工艺路线

备料→锻造→正火→钻中心孔→粗车→半精车、精车→渗碳（或碳氮共渗）→淬火、低温回火→粗磨→次要表面加工→精磨。

2. 一般精度调质钢的轴类零件加工工艺路线

备料→锻造→正火（退火）→钻中心孔→粗车→调质→半精车、精车→表面淬火、回火→粗磨→次要表面加工→精磨。

3. 精密氮化钢轴类零件的加工工艺路线

备料→锻造→正火（退火）→钻中心孔→粗车→调质→半精车、精车→低温时效→粗磨→氮化处理→次要表面加工→精磨→光磨。

4. 整体淬火轴类零件的加工工艺路线

备料→锻造→正火（退火）→钻中心孔→粗车→调质→半精车、精车→次要表面加工→整体淬火→粗磨→低温时效处理→精磨。

由此可见一般精度轴类零件，最终工序采用精磨就足以保证加工质量。而对于精密轴类零件，除了精加工外，还应安排光整加工。对除整体淬火之外的轴类零件，其精车工序可根据具体情况不同，安排在淬火热处理之前进行，或安排在淬火热处理之后，次要表面加工之前进行。应该注意的是，经淬火后的部位，不可以用一般刀具切削，所以一些沟、槽、小孔等须在淬火之前加工完。

（三）阶梯轴加工工艺分析

1. 确定主要表面加工方法和加工方案

传动轴大多是回转表面，主要是采用车削和外圆磨削。这阶梯轴加工路线设定为

"粗车→热处理→半精车→铣槽→精磨"的加工方案。

2. 划分加工阶段

该轴加工划分为三个加工阶段，即粗车（粗车外圆、钻中心孔），半精车（半精车各处外圆、台肩和修研中心孔等），粗精磨各处外圆，各加工阶段大致以热处理为界。

3. 选择定位基准

轴类零件的定位基面，最常用的是两中心孔。因为轴类零件各外圆表面、螺纹表面的同轴度及端面对轴线的垂直度是相互位置精度的主要项目，而这些表面的设计基准一般都是轴的中心线，采用两中心孔定位就能符合基准重合原则。而且由于多数工序都采用中心孔作茎定位基面，能最大限度地加工出多个外圆和端面，这也符合基准统一原则。

中心孔在使用中，特别是精密轴类零件加工时，要注意中心孔的研磨。因为两端中心孔（或两端孔口 60° 倒角）的质量好坏，对加工精度影响很大，应尽量做到两端中心孔轴线相互重合，孔的锥角要准确，它与顶尖的接触面积要大，表面粗糙度要小，否则装夹于两顶尖间的轴在加工过程中将因接触刚度的变化而出现圆度误差。因此，保证两端中心孔的质量，是轴加工中的关键之一。

中心孔在使用过程中的磨损及热处理后产生的变形都会影响加工精度。因此，在热处理之后，磨削加工之前，应安排修研中心孔工序，来消除误差。常用的修研方法有：用铸铁顶尖、油石或橡胶顶尖、硬质合金顶尖以及用中心孔磨床修研。前两种的修研精度高，表面粗糙度小。铸铁顶尖修研适于修正尺寸较大或精度要求特别高的中心孔，但效率低，一般不多采用；硬质合金顶尖修研精度较高，表面粗糙度较小，工具寿命较长，修研效率比油石高，一般轴类零件的中心孔可采用此法修研。成批生产中常用中心孔磨床修磨中心孔，精度和效率都较高。

此外，对于精度和粗糙度要求严的中心孔，可选用硬质合金顶尖修研，然后再用油石或橡胶砂轮顶尖研磨。也可选用铸铁顶尖与磨床顶尖在机床一次调整中加工出来，然后，用这个与磨床顶尖尺寸相同的铸铁顶尖在磨床上来修研工件上的中心孔。这样可以保证工件中心孔与磨床顶尖很好配合，以提高定位精度。实践证明，中心孔经这样修磨后，加工出的外圆表面圆度误差、同轴度误差可减小到 0.001 mm ～ 0.002 mm。

4. 热处理工序的安排

该轴需进行调质处理。它应放在粗加工后，半精加工前进行。例如采用锻件毛坯，必须首先安排退火或正火处理。该轴毛坯为热轧钢，可不用进行正火处理。

（四）精密轴类零件加工工艺特点

精密轴件不仅一些主要表面的精度和表面质量要求很高，而且要求其精度比较稳定。这就要求轴类零件在选材、工艺安排、热处理等方面具有很多特点。

1. 选材

应选性能稳定、热处理变形小的优质合金钢，如 38CrMnALA 等。

2. 主要表面加工工序详细划分

如支承轴颈要经过粗车、精车、粗磨、精磨和终磨等多道工序，其中还穿插一些热处理工序，来减少内应力所引起的变形。

3. 要十分重视中心孔（定位内锥面或大倒角等）的修研

精密轴加工往往需要安排数次研磨中心孔的工序，这样有利于提高加工精度。

4. 安排合理、足够的热处理工序

精密主轴的热处理工艺，除必须安排与一般轴类零件相同的热处理工序以外，特别要注意消除内应力的热处理以及保持工件精度稳定的热处理工艺。

5. 精密轴的螺纹往往要求较高

为了避免损伤螺纹，往往需要对其进行淬火处理，但淬火又会使螺纹变形。所以，精密轴上的螺纹是在外圆柱面淬火后直接由螺纹磨床磨出，淬火前并不加工。精密轴的最终工序往往在精磨以后还要安排光整加工。

二、套筒类零件的加工

（一）概述

1. 套筒类零件的功用与结构特点

套筒类零件是机械中常见的一种零件，它的应用范围很广，主要起支承和导向作用。由于功用的不同，套筒类零件的结构和尺寸有着很大的差别，但他的结构上仍有共同点：零件的主要表面为同轴度要求较高的内外圆表面；零件壁的厚度较薄且易变形；零件长度一般大于直径等。

2. 套筒类零件的技术要求

（1）尺寸精度

孔是套筒类零件起支承或导向作用的最主要表面，通常与运动的轴、刀具或活塞相配合。孔的直径尺寸公差等级一般为 IT7 级，要求较高的轴套可取 IT6 级，要求较低的通常取 IT9 级。外圆是套筒类零件的支承面，常常以过盈配合或过渡配合与箱体或机架上的孔相连接。外径尺寸公差等级通常取 IT6 ～ IT7。

（2）形状精度

孔的形状精度应控制在孔径公差以内，一些精密套筒控制在孔径公差的 1/2 ～ 1/3，甚至更严。对于长的套筒，除了圆度要求以外，还应注意孔的圆柱度。为了保证零件的功用和提高其耐磨性，其形状精度控制在外径公差以内。

（3）相互位置精度

当孔的最终加工是将套筒装入箱体或机架后进行时，套筒内外圆间的同轴度要求较低；若最终加工是在装配前完成的，则同轴度要求较高，一般是 φ 0.01 ～ φ 0.05 mm。

套筒的端面（包括凸缘端面）若在工件中承受载荷，或在装配和加工时作为定位基准，则端面与孔轴线垂直度要求较高，一般为 0.01 ～ 0.05 mm。

（4）表面粗糙度

孔的表面粗糙度值为 *Ra* 1.6 ～ 0.16 μm，要求较高的精密套筒孔的表面粗糙度值可达 *Ra* 0.04 μm，外圆表面粗糙度值为 *Ra* 3.2 ～ 0.63 μm。

3. 套筒类零件的材料与毛坯

套筒类零件一般用钢、铸铁、青铜或黄铜制成。有些滑动轴承采用双金属结构，以离心铸造法在钢或铸铁内壁上浇注巴氏合金等轴承合金材料，既可节省贵重的有色金属，又能提高轴承的寿命。

套筒零件毛坯的选择与其材料、结构、尺寸及生产批量有关。孔径小的套筒，一般选择热轧或冷拉棒料，也可采用实心铸件；孔径较大的套筒，常选择无缝钢管或带孔的铸件、锻件；大量生产时，可以采用冷挤压和粉末冶金等先进的毛坯制造工艺，既提高生产率又节省材料。

4. 热处理

套筒类零件热处理工序应放在粗、精加工之间，这样可使热处理变形在精加工得到纠正。套筒类零件一般经热处理后变形较大，因此，精加工的余量应适当加大。

（二）套筒类零件的加工工艺分析

套类零件由于功用、结构形状、材料、热处理及加工质量要求的不同，其工艺上差别很大。

1. 轴套件的结构与技术要求

该轴套在中温（300℃）和高速（约 10000 r/min ～ 15000 r/min）下工作，轴套的内圆柱面 A、B 及端面 D 和轴配合，表面 C 及其端面和轴承配合，轴套内腔及端面 D 上的八个槽是冷却空气的通道，八个 φ 10 的孔用以通过螺钉和轴连接。

轴套从构形来看，各个表面并不复杂，但从零件的整体结构来看，则是一个刚度很低的薄壁件，最小壁厚为 2 mm。

从精度方面来看，主要工作表面的精度为 IT5 ～ IT8，C 的圆柱度为 0.005 mm，工作表面的粗糙度为 *Ra* 0.63 μm，非配合表面的粗糙度为 *Ra* 1.25 μm（在高转速下工作，为提高抗疲劳强度）。位置精度，如平行度、垂直度、圆跳动等，都在 0.01 mm ～ 0.02 mm 范围内。

该轴套的制料为高合金钢 40CrNiMoA，要求淬火后回火，保持硬度为 285HBS ～ 321HBS，最后要进行表面氧化处理。

2. 轴套加工工艺分析

该轴套是一个薄壁件，刚性很差。同时，主要表面的精度高，加工余量较大。因此，轴套在加工时需划分成三个阶段加工，来保证低刚度时的高精度要求。工序 5 ～ 15 是粗加工阶段，工序 30 ～ 55 是半精加工阶段，工序 60 以后是精加工阶段。

毛坯采用模锻件，因内孔直径不大，不能锻出通孔，所以余量较大。

（1）工序 5、10、15

这三个工序组成粗加工阶段。工序 5 采用大外圆及其端面作为粗基准。因为大外圆的外径较大，易于传递较大的扭矩，而且其他外圆的取模斜度较大，不便于夹紧。工序 5 主要是加工外圆，为下一工序准备好定位基准，同时切除内孔的大部分余量。

工序 10 是加工大外圆及其端向，并加工大端内腔，这一工序的目的是切除余量，同时也为下一工序准备定位基准。

工序 15 是加工外圆表面，用工序 10 加工好的大外圆及其端向作定位基准，切除外圆表面的大部分余量。

粗加工采用三个工序，用互为基准的方法，使加工时的余量均匀，并使加工后的表面位置比较准确，从而使以后工序的加工得以顺利进行。

（2）工序 20、25

工序 20 是中间检验。因下一工序为热处理工序，需要转换车间，所以一般应安排一个中间检验工序。工序 25 是热处理。因为零件的硬度要求不高（285HBS ～ 321HBS），所以安排在粗加工阶段之后进行，对半精加工不会带来困难。同时，有利于消除粗加工时产生的内应力。

（3）工序 30、35、40

工序30的主要目的是修复基准。因为热处理后有变形，原来基准的精度遭到破坏。同时半精加工的要求较高，也有必要提高定位基准的精度。所以应把大外圆及其端面加工准确。另外，在工序 30 中，还安排了内腔表面的加工，这是因为工件的刚性较差，粗加工后余量留的较多，所以在这里再加工一次。为后续精加工做好余量方面的准备。

工序 35 是用修复后的基准定位，进行外圆表面的半精加工，并且完成外锥面的最终加工。其他面留有余量，为精加上做准备。

工序 40 是磨削工序，其主要任务是建立辅助基准，提高 φ 112 外圆的精度，为以后工序作定位基准用。

（4）工序 45、50、55

这三个工序是继续进行半精加工，定位基准均采用 φ 112 外圆及其端面。这是用统一基准的方法保让小孔和槽的相互位置精度。为了避免在半精加工时产生过大的夹紧变形，所以这三个工序采用 D 面作轴间压紧。

这三个工序在顺序安排上，钻孔应在铣槽以前进行，由于在保证孔和槽的角向位置时，用孔作角向定位比较合适。半精镗内腔也应在铣槽以前行，其原因是在镗孔口时避免断续切削而改善加工条件，至于钻孔和镗内腔表面这两个工序的顺序，相互间没有多大影响，可任意安排。

在工序 50 和 55 中，由于工序要求的位置精度不高，所以虽然有定位误差存在，但只要在要序 40 中规定一定的加工精度，就能将定位误差控制在一定范围内，这样，位置精度保证就不会产生很大的困难。

（5）工序 60、65

这两个工序是精加工工序。对于外圆和内孔的精加工工序，常采用“先孔后外圆”

的加工顺序，因为孔定位所用的夹具比较简单。

在工序 60 中，用φ 112 外圆及其端面定位，用φ 112 外圆夹紧。为了减小夹紧变形，故采用均匀夹紧的方法，在工序中对 A、B 和 D 面采用一次安装加工，其目的是保证垂直度和同轴度。

在工序 65 中加工外圆表面时，采用 A、B 和 D 面定位，由于 A、B 和 D 面是在工序 60 中一次安装加工的，相互位置比较准确，所以为保证定位的稳定可靠，采用这一组表面作为定位基准。

（6）工序 70、75、80

工序 70 为磁力探伤，主要是检验磨削的表面裂纹，一般安排在机械加工之后进行。工序 75 为终检，检验工件的全部精度和其他有关要求。检验合格后的工件，最后进行表面保护处理（工序 80，氧化）。

由以上分析可知，影响工序内容、数目和顺序的因素很多，而且这些因素之间彼此有联系。在制订零件加工工艺时，要进行综合分析。另外不同零件的加工过程都有其特点，主要的工艺问题也各不相同，因此要特别注意关键工艺问题的分析。如套类零件，主要是薄壁件，精度要求高，所以要特别注意变形对加工精度影响。

三、箱体零件的加工

（一）概述

1. 箱体类零件的功用和结构特点

箱体是机器的基础零件，它将机器和部件中的轴、齿轮等有关零件连接成一个整体，并保持正确的相互位置，以传递转矩或改变转速来完成规定的运动。因此，箱体的加工质量直接影响机器的工作精度、使用性能和寿命。

2. 箱体类零件的材料与毛坯

箱体类零件的常用材料大多为普通灰铸铁，其牌号可根据需要选用 HT150 ～ HT350，用得较多的是 HT200。灰铸铁的铸造性和可加工性好，价格低廉，具有较好的吸振性和耐磨性。在特别需要减轻箱体质量的场合可采用非铁金属合金，如航空发动机箱体常用镁铝合金等非铁轻金属制造。在单件小批生产中，为缩短生产周期，有些箱体也可用钢板焊接而成。

单件小批生产铸铁箱体常用木模手工砂型铸造，毛坯精度低，加工余量大；大批量生产中大多用金属型机器造型铸造，毛坯精度高，加工余量小。铸铁箱体毛坯上直径大于φ 50 mm 的孔大都预先铸出，来减少加工余量。

（二）箱体类零件加工工艺分析

1. 箱体类零件的主要技术要求

箱体铸件对毛坯铸造质量要求较严格，不允许有气孔、砂眼、疏松、裂纹等铸造缺陷。为了便于切削加工，多数铸铁箱体需要经过退火处理以降低表面硬度，为确保使用过程中不变形，重要箱体往往安排较长时间的自然时效以释放内应力。对箱体重要加工面的主要要求为：

（1）主要平面的形状精度和表面粗糙度

箱体的主要平面是装配基准，并且往往是加工时的定位基准，因此应有较高的平面度和较小的表面粗糙度值，否则，将直接影响箱体加工时的定位精度，影响箱体与机座总装时的接触刚度和相互位置精度。

（2）孔的尺寸精度、几何形状精度和表面粗糙度

箱体上轴承孔本身的尺寸精度、形状精度和表面粗糙度都要求较高，否则，将影响轴承与箱孔的配合精度，使轴的回转精度下降，也易使传动件（如齿轮）产生振动和噪声。一般机床主轴箱的主轴支承孔的尺寸公差等级为 IT6，圆度、圆柱度公差不超过孔径公差的一半，表面粗糙度值 Ra 为 0.63 ～ 0.32 μm。其余支承孔尺寸公差等级为 IT6 ～ IT7，表面粗糙度值 Ra 为 2.5 ～ 0.63 μm。

（3）主要孔和平面的相互位置精度

同轴线的孔应有一定的同轴度要求．各支承孔之间也应有一定的孔距尺寸精度及平行度要求，否则，不仅装配有困难，而且使轴的运转情况恶化，温度升高，轴承磨损加剧，齿轮啮合精度下降，易引起振动和噪声，影响齿轮寿命。支承孔之间的孔距公差为 0.05 ～ 0.12 mm，平行度公差应小于孔距公差，通常在全长上取 0.04 ～ 0.1 mm。

2. 箱体的加工工艺分析

（1）基准的选择

包括精基准的选择和粗基准的选择。

1）精基准的选择

箱体的装配基准和测量基准大多数都是平面，所以，箱体加工中一般以平面作为精基准。在不同工序多次安装加工其他各表面，有利于保证各表面的相互位置精度，夹具设计工作量也可减少。此外，平面的面积大，定位稳定可靠且误差较小。在加工孔时，一般箱口朝上，便于更换导向套、安装调整刀具、测量孔径尺寸、观察加工情况等。因此，这种定位方式在成批生产中得到广泛的应用。

但是，当箱体内部隔板上也有精度要求较高的孔需要加工时，为保证孔的加工精度，在箱体内部相应的位置需设置镗杆导向支承。由于箱体底部是封闭的，因此，中间支承只能从箱体顶面的开口处伸入箱体内，每加工一件，吊模就装卸一次。这种悬架式吊模刚度差、安装误差大，影响箱体孔系加工精度；并且装卸吊模的时间长，也影响生产率的提高。

为了提高生产率，在大批、大量生产时，主轴箱以顶面和两定位销孔为精基准，中间导向支架可直接固定在夹具体上，这样可解决加工精度低和辅助时间长的问题。但是这种定位方式产生了基准不重合误差，为了保证加工精度，必须提高作为定位基准的箱体顶面和两定位销孔的加工精度，这样就增加了箱体加工工作量。这种定位方式在加工过程中无法观察加工情况、测量孔径和调整刀具，因而要求采用定值刀具直

接保证孔的尺寸精度。

2）粗基准的选择

选择粗基准时，应该满足：在保证各加工面均有余量的前提下，应使重要孔的加工余量均匀，孔壁的厚薄量均匀，其余部位均有适当的壁厚；保证装入箱体内的旋转零件（如齿轮、轴套等）与箱体内壁间有足够的间隙，以免相互干涉。

在大批量生产时，毛坯精度较高，通常选用箱体重要孔的毛坯孔作粗基准。对于精度较低的毛坯，按上述办法选择粗基准往往会造成箱体外形偏斜，甚至局部加工余量不够，因此，在单件、小批及中批生产时，一般毛坯精度较低，通常采用划线找正的办法进行第一道工序的加工。

（2）工艺路线的拟订

1）主要表面加工方法的选择

箱体的主要加工表面有平面和支承孔。对于中、小件，主要平面的加工一般在牛头刨床或普通铣床上进行；对于大件，主要平面的加工一般在龙门刨床或龙门铣床上进行。刨削的刀具结构简单，机床成本低，调整方便，但生产率低；在大批大量生产时，多采用铣削。精度要求较高的箱体刨或铣后，还需要刮研或以精刨、磨削代替。在大批大量生产时，为了提高生产率和平面间相互位置精度，可采用多轴组合铣削与组合磨削机床。

箱体支承孔的加工时，对于直径小于φ 30 mm的孔一般不铸出，可采用钻一扩（或半精镗）一铰（或精镗）的方案。对于已铸出的孔，可采用粗镗一半精镗（用浮动镗刀片）的方案。由于主轴承孔精度和表面质量要求比其余孔高，所以，在精镗后，还用浮动镗刀进行精细镗。对于箱体上的高精度孔，最终精加工工序也可以采用珩磨、滚压等工艺方法。

2）加工顺序安排的原则

先面后孔的原则：箱体主要是由平面和孔组成，这也是它的主要表面。先加工平面，后加工孔，是箱体加工的一般规律。因为主要平面是箱体在机器上的装配基准，先加工主要平面后加工支承孔，使定位基准与设计基准和装配基准重合，从而消除因基准不重合而引起的误差。

粗、精加工分开的原则：对于刚性差、批量较大、要求精度较高的箱体，一般要粗、精加工分开进行，即在主要平面和各支承孔的粗加工之后再进行主要平面和各支承孔的精加工。这样可以消除由粗加工所造成的内应力、切削力、切削热、夹紧力对加工精度的影响，且有利于合理地选用设备等。

粗、精加工分开进行，会使机床、夹具的数量及工件安装次数增加，所以对单件小批生产、精度要求不高的箱体，常常将粗、精加工合并在一道工序进行，但必须采取相应措施，以减少加工过程中的变形。例如粗加工后松开工件，让工件充分冷却，然后用较小的夹紧力、以较小的切削用量多次走刀进行精加工。

热处理的安排：箱体结构复杂，壁厚不均匀，铸造内应力较大，为消除内应力，减少变形，保持精度的稳定性，在毛坯铸造之后，一般安排一次人工时效处理。

对于精度要求高、刚性差的箱体，在粗加工之后再进行一次人工时效处理，有时甚至在半精加工之后还要安排一次时效处理，以便消除残余的铸造内应力和切削加工时产生的内应力。对于特别精密的箱体，在机械加工过程之中还需安排较长时间的自然时效（如坐标镗床主轴箱箱体）。

3. 箱体的加工工艺过程

与加工整体式箱体的工艺路线比较，分离式箱体整个加工过程明显分为两个阶段：第一个阶段主要完成底座和箱盖接合平面、连接孔等的粗、精加工，为两者的组合加工做准备；第二个阶段主要完成底座和箱盖结合体上共有轴承孔及相关表面的粗、精加工。在两个加工阶段之间，应安排钳工工序，将箱盖和底座装配成一整体，按图样规定加工定位销孔并配销定位，使其保持确定的相互位置。这样的安排既符合先面后孔的原则，又使粗、精加工分开进行，能较好地保证分离式减速器箱体轴承孔的几何精度及中心尺寸等达到图样要求。

四、圆柱齿轮的加工

（一）概述

齿轮传动在现代机器和仪器中应用极广，其功用是按规定的速比传递运动和动力。

齿轮结构由于使用要求不同而具有不同的形状，但从工艺角度可将其看成是由齿圈和轮体两部分构成。按照齿圈上轮齿的分布形式，齿轮可分为直齿、斜齿和人字齿轮等；按照轮体的结构形式特点，齿轮可大致分为盘形齿轮、套筒齿轮、轴齿轮及齿条等。

在各种齿轮中以盘形齿轮应用最广。其特点是内孔多为精度要求较高的圆柱孔或花键孔，轮缘具有一个或几个齿圈。单齿圈齿轮的结构工艺性最好，可采用任何一种齿形加工方法加工。对多齿圈齿轮（多联齿轮），当各齿圈轴向尺寸较小时，除最大齿圈外，其余较小齿圈齿形的加工方法通常只能选择插齿。

1. 圆柱齿轮的功用与结构特点

齿轮是机械传动中应用最广泛的零件之一，它的功用是按规定的速比传递运动和动力。圆柱齿轮因使用要求不同而有不同的形状，可以将它们看成是由轮齿和轮体两部分构成的。按照轮齿的形式，齿轮可分为直齿、斜齿和人字齿等；按照轮体的结构，齿轮可大致分为盘形齿轮、套类齿轮、轴类齿轮、内齿轮、扇形齿轮和齿条等。

2. 圆柱齿轮的材料及毛坯

齿轮的材料种类很多。对于低速、轻载或者中载的一些不重要的齿轮，常用45号钢制作，经正火或调质处理后，可改善金相组织和可加工性，一般对齿面进行表面淬火处理；对于速度较高、受力较大或精度较高的齿轮，常采用20Cr、40Cr，20CrMnTi等合金钢。其中40Cr晶粒细，淬火变形小。20CrMnTi采用渗碳淬火后，齿面硬度较高，心部韧性较好和抗弯性较强。38CrMoAl经渗氮后，具有高的耐磨性和耐腐蚀性，用于制造高速齿轮，铸铁和非金属材料可用于制造轻载齿轮。

齿轮毛坯的形式主要有棒料、锻件和铸件。棒料用于小尺寸、结构简单且强度要求较低的齿轮。锻造毛坯用于强度要求较高、耐磨、耐冲击的齿轮。直径大于400 ~ 600 mm的齿轮常用铸造毛坯。

（二）齿轮加工工艺分析

1. 齿轮加工的一般工艺路线

根据齿轮的使用性能和工作条件以及结构特点，对精度要求较高的齿轮，其工艺路线大致为备料→毛坯制造→毛坯热处理→齿坯加工→齿形加工→齿端加工→齿轮热处理→精基准修正→齿形精加工→终检。

2. 齿轮加工工艺过程分析

齿轮及齿轮副的功用是按规定速比传递运动和动力。为此，它必须满足三个方面的性能要求：传递运动的准确性、平稳性以及载荷分布的均匀性，这就要求控制分齿的均匀性，渐开线的准确度，轮齿方向的准确度以及其他有关因素。除此以外，齿轮副在非啮合侧应有一定的间隙。因此，如何保证这些精度要求，成为齿轮加工中的主要问题，工成为齿轮生产的关键。这些问题不但与齿圈本身的精度有关，而且齿坯的加工质量对保证齿圈加工精度也很重要，下面就齿轮加工的工艺特点和应注意问题加以对论。

（1）定位基准的选择

齿轮齿形加工时，定位基准的选择主要遵循基准重合和自为基准原则。为了保证齿形加工质量，应选择齿轮的装配基准和测量基准作为定位基准，而且尽可能在整个加工过程中保持基准的统一。

对于带孔齿轮，一般选择内孔和一个端面定位，基准端面相对内孔的端面圆跳动应符合标准规定。当批量较小不采用专用心轴以内孔定位时，也可选择外圆作找正基准。但外圆相对内孔的径向跳动应有严格的要求。

对于直径较小的轴齿轮，一般选择顶尖孔定位，于直径或模数较大的轴齿轮，由于自重和切削力较大，不宜选择顶尖孔定位，而多选择轴颈和端面跳动较小的端面定位。

定位基准的精度对齿轮的加工精度有较大影响，特别是对于齿圈径向跳动和齿向精度影响很大。因此，严格控制齿坯的加工误差，提高定位基准的加工精度，对于提高齿轮加工精度具有明显的效果。

（2）齿坯加工

在齿形加工前的齿坯加工中，要切除大量多余金属，加工出齿形加工时的定位基准和测量基准。因此，必须保证齿坯的加工质量。齿坯加工方法主要取决于齿轮的轮体结构、技术要求和生产批量，下面主要讨论盘形齿坯加工问题。

1）大批大量生产时的齿坯加工

在大批大量生产中，齿坯常在高效率机床（如拉床、单轴、多轴半自动车床，数控机床等）组成的流水线上或自动线上加工。

对于直径较大、宽度较小、结构比较复杂的齿坯，加工出定位基准后，可选用立式多轴半自动车床加工外形。

对于直径较小、毛坯为棒料的齿坯，可在卧式多轴自动车床上，将齿坯的内孔和外形在一道工序中全部加工出来。也可以先在单轴自动车床上粗加工齿坯的内孔和外形，然后拉内孔或花键，最终装在心轴上，在多刀半自动车床上精车外形。

2）中小批生产的齿坯加工

中小批生产时，齿坯加工方案较多，需要考虑设备条件和工艺习惯。

对于一般具有圆柱形内孔的齿坯，内孔的精加工不一定采用拉削，可根据孔径大小采用铰孔或镗孔。外圆和基准端面的精加工，应以内孔定位装夹在心轴上进行精车或磨削。对于直径较大、宽度较小的齿坯，可在车床上通过两次装夹完成，但必须将内孔和基准端面的精加工在次装夹下完成。

（3）齿轮的热处理

1）齿坯热处理

在齿坯粗加工前后常安排预先热处理，其主要目的是改善材料的加工性能，减少锻造引起的内应力，为以后淬火时减少变形做好组织准备。齿坯的热处理有正火和调质。经过正火的齿轮，淬火后变形虽然较调质齿轮大些，但加工性能较好，拉孔和切齿工序中刀具磨损较慢，加工表面粗糙度值较小，因而生产中应用最多。齿坯、正火一般都安排在粗加工之前，调质则多安排在粗加工后。

2）轮齿的热处理

齿轮的齿形切出后，为提高齿面的硬度和耐磨性，根据材料与技术要求不同，常安排渗碳淬火或表面淬火等热处理工序。经渗碳淬火的齿轮，齿面硬度高，耐磨性好，使用寿命长但齿轮变形较大，对于精密齿轮往往还需要磨齿。表面淬火常采用高频淬火，对于模数小的齿轮，齿部可以淬透，效果较好。当模数稍大时，分度圆以下淬不硬，硬化层分布不合理，力学性能差，齿轮寿命低。因此，对于模数 m =3 mm ～ 6 mm 的齿轮，宜采用超音频感应淬火；对模数更大的齿轮，宜采用单齿沿齿沟中频感应淬火。表面淬火齿轮的轮齿变形较小，但内孔直径通常会缩小 0.01 mm ～ 0.05 mm（薄壁零件内孔略有胀大），淬火后应予以修正。

第五节 机械制造自动化

制造自动化技术是现代制造技术的重要组成部分，也是人类在长期的社会生产实践中不断追求的主要目标之一。随着科学技术的不断进步，自动化制造的水平也愈来愈高。采用自动化技术，不仅可以大大降低劳动强度，并且还可以提高产品质量，改善制造系统适应市场变化的能力，从而提高企业的市场竞争能力。

制造自动化是在制造过程的所有环节采用自动化技术，实现制造全过程的自动化。制造自动化的任务就是研究如何实现制造过程的自动化规划、管理、组织、控制、协调与优化，以达到产品及其制造过程的高效、优质、低耗、洁净的目标。制造自动化是当今制造科学与制造工程领域中涉及面广、研究十分活跃方向。

一、机械制造制动化的基本概念

（一）机械化与自动化

人在生产中的劳动，包括基本的体力劳动、辅助的体力劳动和脑力劳动三个部分。基本的体力劳动是指直接改变生产对象的形态、性能相位置等方面的体力劳动。辅助的体力劳动是指完成基本体力劳动所必须做的其他辅助性工作，如检验、装夹工件、操纵机器的手柄等体力劳动。脑力劳动是指决定加工方法、工作顺序、判断加工是否符合图纸技术要求、选择切削用量以及设计和技术管理工作等。

由机械及其驱动装置来完成人用双手和体力所担任的繁重的基本劳动的过程，称为机械化。例如：动走刀代替手动走刀，称为走刀机械化；车子运输代替肩挑背扛，称为运输自动化。由人和机器构成的有机集合体就是一个机械化生产的人机系统。

人的基本劳动由机器代替的同时，人对机器的操纵、工件的装卸和检验等辅助劳动也被机器代替，并由自动控制系统或计算机代替人的部分脑力劳动的过程，称为自动化。人的基本劳动实现机械化的同时，辅助劳动也实现了机械化，再加自动控制系统所构成的有机集合体，就是一个自动化生产系统。只有实现自动化，人才能够不受机器的束缚，而机器的生产速度和产品质量的提高也不受工人精力、体力的限制。因此，自动化生产是人类的理想方式，是生产率不断提高的有效的途径。

在一个工序中，如果所有的基本动作都机械化了，且使若干个辅助动作也自动化起来，工人所要做的工作只是对这一工序作总的操纵与监督，就称为工序自动化。

一个工艺过程（如加工工艺过程）通常包括若干个工序，如果每一个工序都实现了工序自动化，并且把若干个工序有机地联系起来，则整个工艺过程（包括加工、工序间的检测和输送）都自动进行，而操作者仅对这一整个工艺过程作总的操纵和监控，这样就形成了某一种加工工艺的自动生产线，这一过程通常称为工艺过程自动化。

一个零部件（或产品）的制造包括若干个工艺过程，如果每个工艺过程不仅都自动化了，而且它们之间是自动地、有机地联系在一起，也就是说从原材料到最终产品的全过程都不需要人工干预，这就形成了制造过程自动化。机械制造自动化的高级阶段就是自动化车间，甚至是自动化工厂。

（二）制造与制造系统

制造是人类所有经济活动的基石，是人类历史发展和文明进步的动力。制造是人类按照市场需求，运用主观掌握的知识和技能，借助于手工或利用客观物质工具，采用有效的工艺方法和必要的能源，将原材料转化为最终物质产品并投放市场的全过程。制造也可以理解为制造企业的生产活动，即制造也是一个输入输出系统，其输入是生产要素，输出是具有使用价值的产品。制造概念有广义和狭义之分，狭义的制造是指生产车间与物流有关的加工和装配过程，相应的系统称为狭义制造系统；广义的制造则包括市场分析、经营决策、工程设计、加工装配、质量控制、生产过程管理、销售运输、售后服务直至产品报废处理等整个产品生命周期内一系列相关联的生产活动，相应的制造系统称为广义制造系统。在当今的信息时代，广义的制造的概念已为越来越多的人接受。

国际生产工程学会将制造定义为；制造是一个涉及制造工业中产品设计、物料选择、生产计划、生产过程、质量保证、经营管理、市场销售和服务的一系列相关活动工作的总称。

（三）自动化制造系统

广义地讲，自动化制造系统是由一定范围的被加工对象、一定的制造柔性和一定的自动化水平的各种设备和高素质的人组成的一个有机整体，它接受外部信息、能源、资金、配套件和原材料等作为输入，在人和计算机控制系统的共同作用下，实现一定程度的柔性自动化制造，最后输出产品、文档资料和废料等。

可以看出，自动化制造系统具有五个典型组成部分。

1. 具有一定技术水平和决策能力的人

现代自动化制造系统是充分发挥人的作用、人机一体化的柔性自动化制造系统，因此，系统的良好运行离不开人的参与。对于自动化程度较高的制造系统，如柔性制造系统，人的作用主要体现在对物料的准备和对信息流的监视和控制上，而且还体现在要更多地参与物流过程。总之，自动化制造系统对人的要求不是降低了，而是提高了，它需要具有一定技术水平和决策能力的人参与。当前流行的小组化工作方式不但要求“全能”的操作者，还要求他们之间有良好合作精神。

2. 一定范围的被加工对象

现代自动化制造系统能在一定的范围内适应加工对象的变化，变化范围一般是在系统设计时就设定了的。现代自动化制造系统加工对象的划分一般是基于成组技术原理的。

3. 信息流及其控制系统

自动化制造系统的信息流控制着物流过程，也控制产品的制造质量。系统的自动化程度、柔性程度以及与其他系统的集成程度都与信息流控制系统密切相关，应特别注意提高它的控制水平。

4. 能量流及其控制系统

能量流为物流过程提供能量，以维持系统的运行。在供给系统的能量中，一部分能量用来维持系统运行，做了有用功；另一部分能量则以摩擦和传送过程的损耗等形式消耗掉，并对系统产生各种有害效果。在制造系统设计过程当中，要格外地注意能量流系统的设计，以优化利用能源。

5. 物料流及物料处理系统

物料流及物料处理系统是自动化制造系统的主要运作形式，该系统在人的帮助下或自动地将原材料转化成最终产品。一般地讲，物料流及物料处理系统包括各种自动化或非自动化的物料储运设备、工具储运设备、加工设备、检测设备、清洗设备、热处理设备、装配设备、控制装置和其他辅助设备等，各种物流设备的选择、布局及设计是自动化制造系统规划的重要内容。

二、机械制造制动化的内容和意义

（一）制造自动化的内涵

制造自动化就是在广义制造过程的所有环节采用自动化技术，实现制造全过程的自动化。

制造自动化的概念是一个动态发展过程。在“狭义制造”概念下，制造自动化的含义是生产车间内产品的机械加工和装配检验过程的自动化，包括切削加工自动化、工件装卸自动化、工件储运自动化、零件及产品清洗及检验自动化、断屑与排屑自动化、装配自动化、机器故障诊断自动化等。而在“广义制造”概念下，制造自动化则包含了产品设计自动化、企业管理自动化、加工过程自动化和质量控制自动化等产品制造全过程以及各个环节综合集成自动化，以便产品制造过程实现高效、优质、低耗、及时和洁净的目标。

制造自动化促使制造业逐渐由劳动密集型产业向技术密集型和知识密集型产业转变。制造自动化技术是制造业发展的重要标志，代表先进的制造技术水平，也体现了一个国家科技水平的高低。

（二）机械制造自动化的主要内容

如前文所述，机械制造自动化包括狭义的机械制造过程和广义的机械制造过程，本书主要讲述的是机械加工过程以及与此关系紧密的物料储运、质量控制、装配等过程的狭义制造过程。因此，机械制造过程中主要有以下自动化技术。

1. 机械加工自动化技术

包括上下料自动化技术、装卡自动化技术、换刀自动化技术和零件检测自动化技术等。

2. 物料储运过程自动化技术

包含工件储运自动化技术、刀具储运自动化技术和其他物料储运自动化技术等。

3. 装配自动化技术

包含零部件供应自动化技术及装配过程自动化技术等。

4. 质量控制自动化技术

包含零件检测自动化技术，产品检测自动化及刀具检测自动化技术等。

（三）机械制造自动化的意义

1. 提高生产率

制造系统的生产率表示在一定的时间范围内系统生产总量的大小，而系统的生产总量是与单位产品制造所花费的时间密切相关的。采用自动化技术后，不仅可以缩短直接的加工制造时间，更可以大幅度缩短产品制造过程中的各种辅助时间，从而使生产率得以提高。

2. 缩短生产周期

现代制造系统所面对的产品特点是：品种不断增多，而批量却在不断减小。据统计，在机械制造企业中，单件、小批量的生产占85%左右，而大批量生产仅占15%左右。单件、小批量生产占主导地位的现象目前还在继续发展，因此可以说，传统意义上的大批大量生产正在向多品种、小批量生产模式转换。据统计，在多品种、小批量生产中，被加工零件在车间的总时间的95%被用于搬运、存放和等待加工中，在机床上的加工时间仅占5%。而在这5%的时间中，仅有1.5%的时间用于切削加工，其它3.5%的时间又消耗于定位、装夹和测量的辅助动作止。采用自动化技术的主要效益在于可以有效缩短零件98.5%的无效时间，从而有效缩短生产周期。

3. 提高产品质量

在自动化制造系统中，由于广泛采用各种高精度的加工设备和自动检测设备，减少了工人因情绪波动给产品质量带来的不利影响，所以可以有效提高产品的质量和质量的一致性。

4. 提高经济效益

采用自动化制造技术，可以减少生产面积，减少直接生产工人的数量，减少废品率，因而就减少了对系统的投入。由于提高了劳动生产率，系统的产出得以增加。投入和产出之比的变化表明，采用自动化制造系统可以有效提高经济效益。

5. 降低劳动强度

采用自动化技术后，机器可以完成绝大部分笨重、艰苦、烦琐甚至对人体有害的工作，进而降低工人的劳动强度。

6. 有利于产品更新

现代柔性自动化制造技术使得变更制造对象非常容易，适应的范围也较宽，十分有利于产品的更新，因而特别适合于多品种、小批量生产。

7. 提高劳动者的素质

现代柔性自动化制造技术要求操作者具有较高的业务素质和严谨的工作态度，无形中就提高了劳动者的素质。特别是采用小组化工作方式的制造系统中，对人的素质要求更高。

8. 带动相关技术的发展

实现制造自动化可以带动自动检测技术、自动化控制技术、产品设计与制造技术及系统工程技术等相关技术的发展。

9. 体现一个国家的科技水平

自动化技术的发展与国家的整体科技水平有很大的关系。例如，1870年以来，各种新的自动化制造技术和设备基本上都首先出现在美国，这与美国高度发达的科技水平密切相关。

总而言之，采用自动化制造技术可以大大提高企业的市场竞争能力。

三、机械制造制动化的途径

产品对象（包括产品的结构、材质、重量、性能、质量等）决定着自动装置和自动化方案的内容；生产纲领的大小影响着自动化方案的完善程度、性能和效果；产品零件决定着自动化的复杂程度；设备投资和人员构成决定着自动化的水平。因此，要根据不同情况，采用不同的加工方法。

（一）单件、小批量生产机械化及自动化的途径

据统计，在机械产品的数量中，单件生产占30%，小批量生产占50%。因此，解决单件、小批量生产的自动化有很大的意义。而在单州、批量生产中，往往辅助工时所占的比例较大，而仅从采用先进的工艺方法来缩短加工时间并不能有效地提高生产率。在这种情况下，只有使机械加工循环中各个单元动作及循环外的辅助工作实现机械化、自动化，来同时减少加工时间和辅助时间，才能达到有效提高生产率的目的。因此，采用简易自动化使局部工步、工序自动化，是实现单件小批量生产的自动化有效途径。

具体方法如下：（1）采用机械化、自动化装置，来实现零件的装卸、定位、夹紧机械化和自动化；（2）实现工作地点的小型机械化和自动化，如采用自动滚道、运输机械、电动及气动工具等装置来减少时间，同时也可降低劳动强度；（3）改装或设计通用的自动机床，实现操作自动化，来完成零件加工的个别单元的动作或整个加工循环的自动化，以便提高劳动生产率和改善劳动条件。

对改装或设计的通用自动化机床，必须满足使用经济、调整方便省时、改装方便迅速以及自动化装置能保持机床万能性能等基本要求。

（二）中等批量生产的自动化途径

成批和中等批量生产的批量虽比较大，但产品品种并不单一。随着社会上对品种更新的需求，要求成批和中等批量生产的自动化系统仍应具备一定的可变性，以适应产品和工艺的变换。从各国发展情况看，有以下趋势。

第一，建立可变自动化生产线，在成组技术基础上实现“成批流水作业生产”。应用PLC或计算机控制的数控机床和可控主轴箱、可换刀库的组合机床，建立可变的自动线。在这种可变的自动生产线上，可以加工和装夹几种零件，既保持了自动化生产线的高生产率特点，也扩大了其工艺适应性。

对可变自动化生产线的要求如下。

（1）所加工的同批零件具有结构上的相似性；（2）设置“随行夹具”，解决同一机床上能装夹不同结构工件的自动化问题。这时，每一夹具的定位、夹紧是根据工件设计的。而各种夹具在机床上的联接则有相同的统一基面和固定方法。加工时，夹

具连同工件一块移动，直到加工完毕，再退回原位；（3）自动线上各台机床具有相应的自动换刀库，可以使加工中的换刀和调整实现自动化；（4）对于生产批量大的自动化生产线，要求所设计的高生产率自动化设备对同类型零件具有一定的工艺适应性，以便在产品变更时能够迅速调整。

第二，采用具有一定通用性的标准化的数控设备。对单个的加工工序，力求设计时采用机床及刀具能迅速重调整的数控机床及加工中心。

第三，设计制造各种可以组合的模块化典型部件，采用可调的组合机床及可调的环形自动线。

对于箱体类零件的平面及孔加工工序，则可设计或采用具有自动换刀的数控机床或可自动更换主轴箱，并带自动换刀库、自动夹具库和工件库的数控机床。这些机床都能够迅速改变加工工序内容，既可单独使用，又便于组成自动线。在设计、制造和使用各种自动的多能机床时，应该在机床上装设各种可调的自动装料、自动卸料装置、机械手和存储、传送系统，并应逐步采用计算机来控制，以便实现机床的调整“快速化”和自动化，尽量减少重调整时间。

（三）大批量生产的自动化途径

目前，实现大批量生产的自动化已经比较成熟，主要有以下几种途径：

1. 广泛地建立适于大批量生产的自动线

国内外的自动化生产线生产经验表明：自动化生产线具有很高的生产率和良好的技术经济效果。目前，大量生产的工厂已经普遍采用组合机床自动线和专用机床自动线。

2. 建立自动化工厂或自动化车间

大批量生产的产品品种单一、结构稳定、产量很大、具有连续流水作业和综合机械化的良好条件。因此，在自动化的基础上按先进的工艺方案建立综合自动化车间和全盘自动化工厂，是大批量生产的发展方向。目前正向着集成化的机械制造自动化系统的方向发展。整个系统是建立在系统工程学的基础上，应用电子计算机、机器人及综合自动化生产线所建成的大型自动化制造系统，能够实现从原材料投入经过热加工、机械加工、装配、检验到包装的物流自动化，而且也实现了生产的经营管理、技术管理等信息流的自动化和能量流的自动化。因此，常把这种大型的自动化制造系统称为全盘自动化系统。但是全盘自动化系统还需进一步解决许多复杂的工艺问题、管理问题和自动化的技术问题。除了在理论上需要继续加以研究外，还需要建立典型的自动化车间、自动化工厂来深入进行实验，从中探索全盘自动化生产和规律，使他不断完善。

3. 建立“可变的短自动线”及“复合加工”单元

采用可调的短自动线——只包含2～4个工序的一小串加工机床建立的自动线，短小灵活，有利于解决大批量生产的自动化生产线应具有一定的可变性的问题。

4. 改装和更新现有老式设备，提高它们的自动化程度

把大批量生产中现有的老式设备改装或更新成专用的高效自动机，最低限度也应该是半自动机床。进行改装的方法是：安装各种机械的、电气的、液压的或气动的自动循环刀架，如程序控制刀架、转塔刀架和多刀刀架；安装各种机械化、自动化的工作台，如各种各样的机械式、气动、液压或者电动的自动工作台模块；安装各种自动送料、自动夹紧、自动换刀的刀库、自动检验、自动调节加工参数的装置、自动输送装置和工业机器人等自动化的装置，来提高大量生产中各种旧有设备的自动化程度。沿着这样的途径也能有效地提高生产率，现工艺过程自动化创造条件。

四、机械制造制动化的构成

（一）机械制造自动化系统的构成

从系统的观点来看，一般的机械制造自动化系统主要由以下四个部分构成。

1. 加工系统

即能完成工件的切削加工、排屑、清洗和测量的自动化设备与装置。

2. 工件支撑系统

即能完成工件输送、搬运以及存储功能的工件供给装置。

3. 刀具支撑系统

即包括刀具的装配、输送、交换和存储装置以及刀具的预调和管系统。

4. 控制与管理系统

即对制造过程进行监控、检测、协调及管理的系统。

（二）机械制造自动化系统的分类

对机械制造自动化的分类目前还没有统一的方式，综合国内外各种资料，大致可按下面几种方式来进行分类。

1. 按制造过程分

分为毛坯制备过程自动化、热处理过程自动化、储运过程自动化、机械加工过程自动化、装配过程自动化、辅助过程自动化、质量检测过程自动化和系统控制过程自动化。

2. 按设备分

分为局部动作自动化、单机自动化、刚性自动化、刚性综合自动化系统、柔性制造单元、柔性制造系统。

3. 按控制方式分

分为机械控制自动化、机电液控制自动化、数字控制自动化、计算机控制自动化及智能控制自动化。

4. 按生产批量分

分为大批量生产自动化、中等批量生产自动化、单件小批量生产自动化。

（三）机械制造自动化设备的特点及适用范围

不同的自动化类型有着不同的性能特点和不同的应用范围，因此应根据需要选择不同的自动化系统，下面按设备的分类做一个简单的介绍。

1. 刚性半自动化单机

除上下料外，机床可以自动地完成单个工艺过程加工循环，这样的机床称为刚性半自动化单机。如单台组合机床、通用多刀半自动车床、转塔车床等。

这种机床采用的是机械或电液复合控制。从复杂程度讲，刚性半自动化单机实现的是加工自动化的最低层次，但其投资少、见效快，适用于产品品种变化范围和生产批量都较大的制造系统。其缺点是调整工作量大，加工质量较差，工人的劳动强度也大。

2. 刚性自动化单机

这是在刚性半自动化单机的基础上增加自动上下料装置而形成的自动化机床。因此，这种机床实现的也是单个工艺过程的全部加工循环。这种机床往往需要定制成改装，常用于品种变化很小但生产批量特别大的场合。例如组合机床、专用机床等。其主要特点是投资少、见效快，但通用性差，是大量生产中最常见的加工设备。

3. 刚性自动化生产线

刚性自动化生产线（简称“刚性自动线”）是用工件输送系统将各种刚性自动化加工设备和辅助设备按一定的顺序连接起来，在控制系统的作用下完成单个零件加工的复杂大系统。在刚性自动线上，被加工零件以一定的生产节拍，顺序通过各个工作位置，自动度，具有统一的控制系统和严格的生产节奏。与自动化单机相比，它的结构复杂、完成的加工工序多，所以生产率也很高，是少品种、大量生产必不可少的加工装备。除此之外，刚性自动化还具有可以有效缩短生产周期、取消半成品的中间库存、缩短物料流程、减少生产面积、改善劳动条件、便于管理等优点。它的主要缺点是投资大、系统调整周期长、更换产品不方便。为了消除这些缺点，人们发展了组合机床自动线，可以大幅度缩短建线周期，更换产品后只需更换机床的某些部件即可（例如可换主轴箱），大大缩短了系统的调整时间，降低生产成本，并能收到较好的使用效果和经济效果。组合机床自动线主要用于箱体类零件和其他类型非回转件的钻、扩、铰、幢、攻螺纹和铣削等工序的加工。

4. 刚性综合自动化系统

一般情况下，刚性自动线只能完成单个零件的所有相同工序（如切削加工工序），对于其他自动化制造内容如热处理、锻压、焊接、装配、检验、喷漆甚至包装却不可能全部包括在内。包括上述内容的复杂大系统称为刚性综合自动化系统。刚性综合自动化系统常用于产品比较单一但工序内容多、加工批量特别大的零部件的自动化制造。刚性综合自动化系统结构复杂，投资强度大，建线周期长，更换产品困难，但是生产效率极高，加工质量稳定，工人劳动强度低。

5. 数控机床

数控机床用于完成零件一个工序的自动化循环加工。它是用代码化的数字量来控制机床，按照事先编好的程序，自动控制机床各部分的运动，而且还能控制选刀、换刀、测量、润滑、冷却等工作。数控机床是机床结构、液压、气动、电动、电子技术和计算机技术等各种技术综合发展的成果，也是单机自动化方面的一个重大进展。配备有适应控制装置的数控机床，可以通过各种检测元件将加工条件的各种变化测量出来，然后反馈到控制装置，与预先给定的有关数据进行比较，使机床及时进行相应的调整，这样，机床就能始终处于最佳工作状态。数控机床常用在零件复杂程度不高、精度较高、品种多变、批量中等的生产场合。

6. 加工中心

加工中心是在一般数控机床的基础上增加刀库和自动换刀装置而形成的一类更复杂但用途更广、效率更高的数控机床。由于其具有刀库和自动换刀装置，可以在一台机床上完成车、铣、钱、钻、铰、攻螺纹、轮廓加工等多个工序的加工。因此，加工中心机床具有工序集中、可以有效缩短调整时间和搬运时间、减少在制品库存、加工质量高等优点。加工中心常用于零件比较复杂，需要多工序加工，且生产批量中等的生产场合。根据所处理的对象不同，加工中心又可分为铣削加工中心和车削加工中心。

7. 柔性制造系统

一个柔性制造系统一般由四部分组成：两台以上的数控加工设备、一个自动化的物料及刀具储运系统、若干台辅助设备（如清洗机、测量机、排屑装置、冷却润滑装置等）和一个由多级计算机组成的控制和管理系统。到目前为止，柔性制造系统是最复杂、自动化程度最高的单一性质的制造系统。柔性制造系统内部一般包括两类不同性质的运动，一类是系统的信息流，另一类系统的物料流，物料流受信息流的控制。

柔性制造系统的主要优点是：①可以减少机床操作人员；②由于配有质量检测和反馈控制装置，零件的加工质量很高；③工序集中，可以有效减少生产面积；④与立体仓库相配合，可以实现24 h连续工作；⑤由于集中作业，可以减少加工时间；⑥易于和管理信息系统、工艺信息系统及质量信息系统结合形成更高级的自动化制造系统。

柔性制造系统的主要缺点是：①系统投资大，投资回收期长；②系统结构复杂，对操作人员要求较高；③结构复杂使得系统的可靠性差。

一般情况下，柔性制造系统适用于品种变化不大，批量在200～2500件的中等批量生产。

8. 柔性制造单元

柔性制造单元是一种小型化柔性制造系统，柔性制造单元和游行制造系统两者之间的概念比较模糊。但通常认为，柔性制造单元是由1～3合计算机数控机床或加工中心所组成，单元中配备有某种形式的托盘交换装置或工业机器人，由单元计算机进行程序编制及分配、负荷平衡和作业计划控制的小型化柔性制造系统。与柔性制造系统相比，柔性制造单元的主要优点是：占地面积较小，系统结构不很复杂，成本较低，投资较小，可靠性较高，使用及维护均较简单。因此柔性制造单元是男性制造系统的主要发展方向之一，深受各类企业的欢迎。就其应用范围而言，柔性制造单元常用于品种变化不是很大、生产批量中等的生产规模中。

9. 计算机集成制造系统

计算机集成制造系统是目前最高级别的自动化制造系统，但这并不意味着计算机集成制造系统是完全自动化的制造系统。事实上，当前意义上计算机集成制造系统的自动化程度甚至比柔性制造系统还要低。计算机集成制造系统强调的主要是信息集成，而不是制造过程物流的自动化。计算机集成制造系统的主要缺点是系统十分庞大，包括的内容很多，要在一个企业完全实现难度很大。

但可以采取部分集成的方式，逐步实现整个企业的信息及功能集成。

（四）机械制造自动化的辅助设备

机械制造自动化加工过程中的辅助工作包括工件的装夹、工件的上下料、在加工系统中的运输和存储、工件的在线检验、切屑与切削液的处理等。

要实现加工过程自动化，降低辅助工时，以提高生产率，就要采用相应的自动化辅助设备。

所加工产品的品种和生产批量、生产率的要求以及工件结构形式，决定了所采用的自动化加工系统的结构形式、布局、自动化程度，也决定了所采用的辅助设备的形式。

1. 中小批量生产中的辅助设备

中小批量生产中所用的辅助设备要有一定的通用性和可变性，以适应产品和工艺的变换。

对于由设计或改装的通用自动化机床组成的加工系统，工件的装换常采用组合模块式万能夹具。对于由数控机床和加工中心组成的柔性制造系统，可以设置托盘，解决在同一机床上装夹不同结构工件的自动化问题，托盘上的夹紧定位点根据工件来确定，而托盘与机床的连接则有统一的基面和固定方式。

工件的上下料可以采用通用结构的机械手，改变手部模块的形式就可以适应不同的工件。

工件在加工系统中的传输，能采用链式或滚子传送机，工件可以连同托盘和托架一起输送。在柔性制造系统中，自动运输小车是很常用和灵活的运输设备。它可以通过交换小车上的托盘，实现多种工件、刀具、可换主轴箱的运输。对于无轨自动运输小车，改变地面敷设的感应线就可以方便地改变小车的传输路线，具有很高的柔性。

搬运机器人与传送机组合输送方式也是很常用的。能自动更换手部的机器人，不仅能输送工件、刀具、夹具等各种物体，而且还可以装卸工件，适用工件形状和运动功能要求柔性很大的场合。

面向中小批量的柔性制造系统中可以设置中央仓库，存储生产中的毛坯、半成品、刀具、托盘等各种物料。用堆垛起重机系统自动输送存取，在控制、管理下，可实现无人化加工。

2. 大批量生产中的辅助设备

在大批量生产中所采用的自动化生产线上，夹具有固定式夹具和随行夹具两种类型。固定式夹具与一般机床夹具在原理和设计上是类似的，但用在自动化生产线上还应考虑结构上与输送装置之间不发生干涉，并且便于排屑等特殊要求。随行夹具适用于结构形状比较复杂的工件，这时加工系统中应设置随行夹具的自动返回装置。

体积较小、形状简单的工件可以采用料斗式或料仓式上料装置；体积较大、形状复杂的工件，如箱体零件可采用机械手上下料。

工件在自动化生产线中的输送可采用步伐式输送装置。步伐式输送装置有棘爪式、摆杆式和抬起式等几种主要形式。可根据工件的结构形式、材料、加工要求等条件选择合适的输送方式。不便于布置步伐式输送装置的自动化生产线，也可以使用搬运机器人进行输送。回转体零件可以用输送槽式输料道输送。工件在自动线间或设备间采用传送机输送。可以直接输送工件，也可以连同托盘或托架一起输送。运输小车也可以用于大批量生产中的工件输送。

箱体类工件在加工过程中有翻转要求时，应在自动化生产线中或线间设置翻转装置。翻转动作也可以由上、下料手的手臂动作实现。

为了增加自动化生产线的柔性，平衡生产节拍，工序间可设置中间仓库。自动输送工件的辊道或滑道，也具有一定的存储工件的功能。

在批量生产的自动线中，自动排屑装置实现了将不断产生的切屑从加工区清除的功能。它将切削液从切屑中分离出来以便重复使用，利用切屑运输装置将切屑从机床中运出，确保自动化生产线加工的顺利进行。

五、机械制造制动化的发展

随着科学技术的飞速发展和社会的不断进步，先进生产模式对自动化系统及技术提出了多种不同的要求，这些要求也同时代表了机械制造自动化技术将向可编程、适度自动化、信息化、智能化方向发展的趋势。

（一）高度智能集成性

随着计算机集成制造技术和人工智能技术在制造系统中的广泛应用，具备智能特性已成为自动化制造系统的主要特征之一。智能集成化制造系统可以根据外部环境的变化自动地调整自身的运行参数，使自己始终处于最佳运行状态，这称为系统具有自律能力。

智能集成化制造系统还具有自决策能力，能够最大限度地自行解决系统运行过程中所遇到的各种问题。由于有了智能，系统就可以自动监视本身的运行状态，发现故障则自动给予排除。如发现故障正在形成，那么采取措施防止故障的发生。

智能集成化制造系统还应与计算机集成制造系统的其他分系统共同集成为一个有机的整体，以实现信息资源的共享。它的集成性不仅仅体现在信息的集成上，它还包括另一个层次的集成，即人和技术之间的集成，实现了人机功能的合理分配，并能够充分发挥人的主观能动性。

带有智能的制造系统还可以在最佳加工方法和加工参数选择、加工路线的最佳化和智能加工质量控制等方面发挥重要作用。

总之，智能集成化制造系统具有自适应能力、自学习能力、自修复能力、自组织能力和自我优化能力。因而，这种具有智能的集成化制造系统将是自动化制造系统的主要发展趋势之一。但是由于受到人工智能技术发展的限制，智能集成型自动化制造系统的实现将是个缓慢的过程。

（二）人机结合的适度自动化

传统的自动化制造系统往往过分强调完全自动化，对如何发挥人的主导作用考虑甚少。但在先进生产模式下的自动化制造系统却并不过分强调它的自动化水平，而强调的是人机功能的合理分配，强调充分发挥人的主观能动性。因此，先进生产模式下的自动化制造系统是人机结合的适度自动化系统。这种系统的成本不高，但运行可靠性却很高，系统的结构也比较简单（特别体现在可重构制造系统上）。它的主要缺陷是人的情绪波动会影响系统的运行质量。

在先进生产模式下，特别是在智能制造系统中，计算机可以取代人的一部分思维、推理及决策活动，但绝不是全部。在这种系统中，起主导作用的仍然是人，因为无论计算机如何“聪明”，它的智能将永远无法与人的智能相提并论。

（三）强调系统的柔性和敏捷性

传统的自动化制造系统的应用场合往往是大批量生产环境，这种环境不特别强调系统具有柔性。但先进生产模式下的自动化制造系统面对的却是多品种、小批量生产环境和不可预测的市场需求，这就要求系统具有比较大的柔性，能够满足产品快速更换的要求。实现自动化制造系统柔性的主要手段是采用成组技术和计算机控制的、模块他的数控设备。这里所说的柔性与传统意义上的柔性却不同，我们称之为敏捷性。传统意义上的柔性制造系统仅能在一定范围内具有柔性，而且系统的柔性范围是在系统设计时就预先确定了的，超出这个范围时系统就无能为力。先进生产模式下的自动化制造系统面对的是无法预测的外部环境，无法在规划系统时预先设定系统的有效范围，但由于系统具有智能且采用了多种新技术（如模块化技术和标准化技术），因此不管外部环境如何变化，系统都可以通过改变自身的结构适应之，智能制造系统的这种“敏捷性”比“柔性”具有更广泛的适应性。

（四）继续推广单元自动化技术

制造自动化大致是沿着数控化、柔性化、系统化、智能化的技术阶段升级，并朝数字化、信息化制造方向发展。单元自动化技术是这一技术阶梯的升级基础，包括计算机输入设计制造、数字控制、计算机数字控制、加工中心、自动导向小车、机器人、坐标测量机、快速成形、人机交互编程、制造资源计算、管理信息系统、产品数据管理、基于网络的制造技术、质量功能配置工艺性设计技术等，将使传统过程和装备发生质的变化，实现少或无图样快速设计、制造，来提高劳动生产率，提高产品质量，缩短设计、制造周期，提高企业的竞争力。

（五）发展应用新的单元自动化技术

自动化技术发展迅猛，主要依靠许多使能技术的进步和一些开发工具的扩大，它们将人们构思的自动操作付诸实现。如网络控制技术；组态软件、嵌入式芯片技术、数字信号处理器、可编程序控制器及工业控制机等，都属自动控制技术中的使能技术。

1. 网络控制技术

即网络化的控制系统，又称为控制网络。分布式控制系统（或称集散控制系统）、工业以太网和现场总线系统都属于网络控制系统。这体现了控制系统正向网络化、集成化、分布化、节点智能化的方向发展。

2. 组态软件

随着计算机技术的飞速发展，新型的工业自动控制系统正以标准的工业计算机软、硬件平台构成的集成系统取代传统的封闭式系统，它具有适应性强、开放性好、易于扩展、经济及开发周期短等优点。监控组态软件在新型的工业自动控制系统中起到了越来越重要的作用。

3. 嵌入式芯片技术

它是计算机的一种应用形式，通常指埋藏在宿主设备中的微处理系统。嵌入式处理器使宿主设备功能智能化、设备灵活和操作简单，这些设别、到移动电话，大到飞机导航系统，功能各异，千差万别，但都具有功能强、实有性强、结构紧凑、可靠性高和面向对象等共同特点。广义地讲，嵌入式芯片技术是指作为某种技术过程的核心处理环节，能直接与现实环境接口或者交互的信息处理系统。

4. 数字信号处理器（DSP）

近几年来，DSP 器件随着性价比的不断提高，被越来越多地直接应用于自动控制领域。

（六）运用可置构制造技术

可重构制造技术是数控技术、机器人技术、物料传送技术、检测技术、计算机技术、网络技术和管理技术等的综合。所谓可重构制造，是指能够敏捷地自我调整系统结构以便作快速响应环境变化即具备动态重构能力的制造。由加工中心、物料传送系统及计算机控制系统等组成的可重构制造有可能是未来制造业的主要生产手段。

第四章　齿轮传动

第一节　轮齿的失效形式

保证机器正常工作、防止失效是设计的核心目标，是机械能够持续使用的前提，是机械需要维护保养的出发点和落脚点。进行失效分析，一方面是要掌握可能发生的主要失效形式及其机理，为确立合理有效的设计准则提供依据；另一方面是要寻找实际发生失效的原因，为机器的维修和后续使用提供指导，避免了类似的失效再次发生。因此，失效分析对于设计和使用都具有重要的意义。

齿轮的轮齿是传递运动和动力的关键部位，也是齿轮的薄弱部位，故齿轮的失效主要发生在轮齿，轮齿的失效形式主要有以下五种：

一、轮齿折断

轮齿折断一般发生在齿根部分（图 4-1），由于轮齿受力时齿根弯曲应力最大，而且有应力集中。

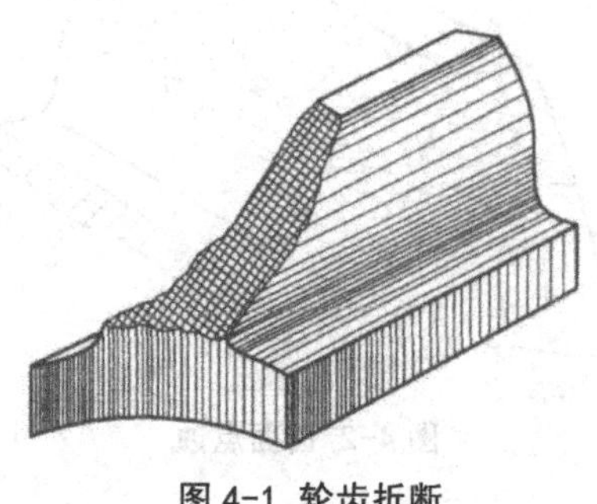

图 4-1　轮齿折断

轮齿因短时意外严重过载而引起的突然折断，称为过载折断。用淬火钢或铸铁制成的齿轮容易发生这种断齿。

防止发生过载折断的主要措施包括：对脆性材料的齿轮设计时应适当增加安全系数，要严格按照规程使用机械，不得野蛮操作，一旦出现意外的过载应立即停机，保护设备。

在载荷的多次重复作用下，弯曲应力超过弯曲疲劳极限时，齿根部分将产生疲劳裂纹。裂纹的逐渐扩展，最终将引起断齿，这种折断称为疲劳折断。若轮齿单侧工作时，根部弯曲应力一侧为拉伸，另一侧为压缩。轮齿脱离啃合时，弯曲应力为零，因此就任一侧而言，其应力都是按脉动循环变化。如果轮齿双侧工作时，则弯曲应力按对称循环变化。

提高齿轮抗疲劳折断的措施有：增大齿根过渡圆角半径及降低表面粗糙度以减小齿根应力集中；采用喷丸、滚压等工艺对齿根处作强化处理；适当增加小齿轮的齿数，使其远离发生根切的最少齿数；采用高弯曲疲劳强度的齿轮材料和相关的热处理方法等。

二、齿面点蚀

轮齿工作时，其工作表面上任一点所产生的接触应力从零（该点未进入啮合时）增加到一最大值（该点啮合时），即齿面接触应力是按脉动循环变化的。若齿面接触应力超出材料的接触疲劳极限时，在载荷的多次重复作用下，齿面表层就会产生细微的疲劳裂纹，裂纹的蔓延扩展会使金属微粒剥落下来而形成疲劳点蚀，使轮齿啮合情况恶化而报废。实践表明，疲劳点蚀首先出现在齿根表面靠近节线处（图 4-2），齿面抗点蚀能力主要与齿面硬度有关，齿面硬度越高则抗点蚀能力也越强。

软齿面（硬度或 350HB）的闭式齿轮传动常因齿面点蚀而失效。在开式传动中，由于齿面磨损较快，点蚀还来不及出现或扩展即被磨掉，因此一般看不到点蚀现象。

提高抗齿面点蚀的主要措施有：设计中增大综合曲率半径，降低齿面上的接触应力，提高齿面的硬度并降低表面粗糙度；使用了黏度较高的润滑油也有一定的效果。

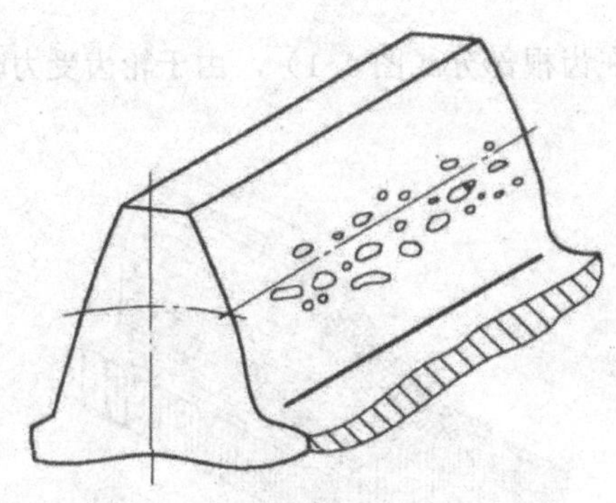

图 4-2 齿面点蚀

三、齿面胶合

在高速重载传动中，常因啮合区温度升高而引起润滑失效，致使两齿面金属直接接触并相互粘连，当两齿面相对运动时，较软的齿面沿滑动方向被撕下而形成沟纹（图4-3），这种现象称为齿面胶合。在低速重载传动中，因为局部齿面啮合处压力大，且速度低不易形成润滑油膜，使两接触表面间的表面膜被刺破而产生黏着，也可能产生胶合破坏。

提高齿面硬度和减小表面粗糙度能增强抗胶合能力，对低速传动采用黏度较大的润滑油；对高速传动采用含抗胶合添加剂的润滑油也很有效。

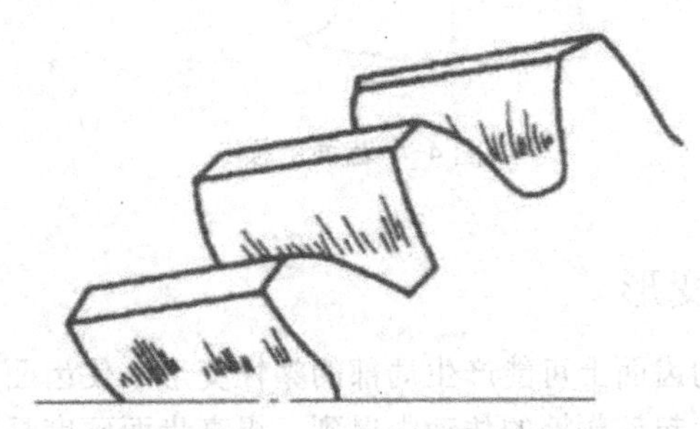

图 4-3 齿面胶合

四、齿面磨损

齿面磨损通常有磨粒磨损和跑合磨损两种。由于灰尘、硬屑粒等进入齿面间而引起的磨粒磨损，在开式传动中是难以避免的过度磨损后（图 4-4），工作齿面材料大量被磨掉，齿廓形状被破坏，常导致严重噪声和振动，最终使传动失效。

采用闭式传动、减小齿面粗糙度和保持良好的润滑可以防止或减轻这种磨损。

新的齿轮副，由于加工后表面具有一定的粗糙度，受载时实际上只有部分峰顶接触。接触处压强很高，因而在运转初期，磨损速度和磨损量都较大。磨损到一定程度后，摩擦面逐渐光洁，压强减小、磨损速度缓慢，这种磨损称为跑合磨损。人们有意地使新齿轮副在轻载下进行跑合，可为随后的正常磨损创造有利条件。但应注意，跑合结束后，必须重新更换润滑油。

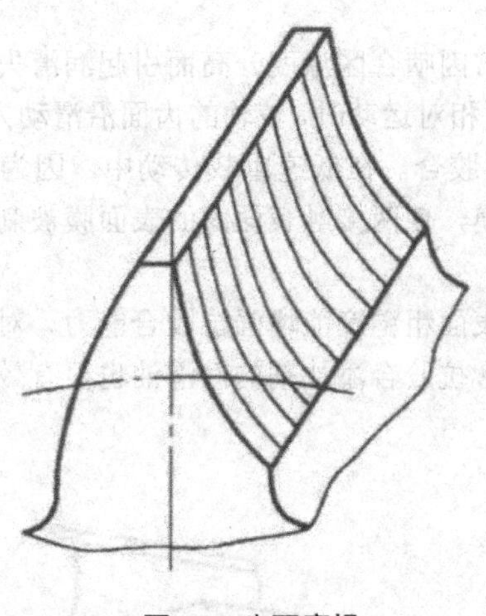

图 4-4 齿面磨损

五、齿面塑性变形

在重载下，较软的齿面上可能产生局部的塑性变形，使齿面失去正确的齿形。这种损坏常在过载严重和起动频繁的传动中遇到，提高齿面硬度是防止发生齿面塑性变形的主要措施。

第二节 齿轮材料及热处理

通过上述对轮齿主要失效形式的分析，可以发现，为避免失效齿面应具有较高的抗点蚀、耐磨损、抗胶合以及抗塑性变形的能力，齿根要有较高的抗折断能力，因此，齿轮材料应具有齿面硬度高、齿芯韧性好的基本性能。同时还应具有良好的工艺性能，以便获得较高的表面质量和精度。

由于齿轮应用十分广泛，设计和使用要求范围十分宽泛，因此，可用作齿轮的材料很多，可以是各种金属材料，也可采用非金属材料，如尼龙、聚甲醛等。在常见的机器设备中，钢铁是最主要的齿轮材料，而在舰船机械设备中，钢、合金钢使用比较常见。

必须注意的是，对于金属材料而言，材料的性能与热处理是紧密关联的，因此，在机械设计中选择材料和确定热处理方式是不能相互分割的。

常用的齿轮材料是各种牌号的优质碳素钢、合金结构钢、铸钢和铸铁等。一般多采用锻件或轧制钢材，当齿轮较大（如直径大于 400 ～ 600mm）而轮坯不易锻造时，可采用铸钢；开式低速传动可采用灰铸铁；球墨铸铁有时可代替铸钢。表 4-1 列出了常用的齿轮材料及其热处理后的硬度、接触疲劳极限及弯曲疲劳极限等力学性能，供设计计算时参考。

表 4-1　常用的齿轮材料及其力学性能

材料牌号	热处理方式	硬度	接触疲劳极限	弯曲疲劳极限
45	正火	156 ～ 217 HBS	350 ～ 400	280 ～ 340
	调质	197 ～ 286 HBS	550 ～ 620	410 ～ 480
	表面淬火	40 ～ 50 HRC	1120 ～ 1150	680 ～ 700
40 Cr	调质	217 ～ 286 HBS	650 ～ 750	560 ～ 620
	表面淬火	48 ～ 55 HRC	1150 ～ 1210	700 ～ 740
40CrMnMo	调质	229 ～ 363 HBS	680 ～ 710	580 ～ 690
	表面淬火	45 ～ 50 HRC	1130 ～ 1150	690 ～ 700
35SiMn	调质	207 ～ 286 HBS	650-760	550 ～ 610
	表面淬火	45 ～ 50 HRC	1130 ～ 1150	690 ～ 700
40MnB	调质	241 ～ 286 HBS	680 ～ 760	580 ～ 610
	表面淬火	45 ～ 55 HRC	1130 ～ 1210	690 ～ 720
38SiMnMo	调质	241 ～ 286 HBS	680 ～ 760	580 ～ 610
	表面淬火	45 ～ 55 HRC	1130 ～ 1210	690 ～ 720
	氮碳共渗	57 ～ 63 HRC	880 ～ 950	790
38CrMoAlA	调质	255 ～ 321 HBS	710 ～ 790	600 ～ 640
	表面淬火	45 ～ 55 HRC	1130 ～ 1210	690 ～ 720
20CrMnTi	渗氮	＞ 850 HV	1000	715
	渗碳淬火回火	56 ～ 62 HRC	1500	850
20Cr	渗碳淬火回火	56 ～ 62 HRC	1500	850
ZG310-570	正火	163 ～ 197 HBS	280 ～ 330	210 ～ 250
ZG340-640	正火	179 ～ 207 HBS	310 ～ 340	240 ～ 270
ZG35SiMn	调质	241 ～ 269 HBS	590 ～ 640	500 ～ 520
	表面淬火	45 ～ 53 HRC	1130 ～ 1190	690 ～ 720
HT300	时效	187 ～ 255 HBS	330 ～ 390	100 ～ 150
QT500-7	正火	170 ～ 230 HBS	450 ～ 540	260 ～ 300
QT600-3	正火	190 ～ 270 HBS	490 ～ 580	280 ～ 310

注：表中的数值是根据 GB/T　3840-1997 提供的线图，依材料的硬度值查得，它适用于材质和热处理质量达到中等要求时

齿轮常用的热处理方法有以下几种。

一、表面淬火

一般用于中碳钢和中碳合金钢，如 45 钢、40Cr 等。表面淬火后轮齿变形不大，可不磨齿，齿面硬度可达 52 ～ 56HRC。由于齿面接触强度高，耐磨性好，而齿芯部未淬硬仍有较高的韧性，所以能承受一定的冲击载荷，表面淬火方法有高频淬火和火焰淬火等。

二、渗碳淬火

渗碳钢为含碳量 0.15% ～ 0.25% 的低碳钢和低碳合金钢，如 20 钢、20Cr 等。渗碳淬火后齿面硬度可达 56 ～ 62HRC，齿面接触强度高，耐磨性好，而齿芯部仍保持有较高的韧性，常用于受冲击载荷的重要齿轮传动，通常渗碳淬火后要磨齿。

三、调质

调质一般用于中碳钢和中碳合金钢，如 45 钢、40Cr、35SiMn 等。调质处理后齿面硬度一般为 220 ～ 286HBS。因硬度不高，所以可在热处理以后精切齿形，且在使用中易于跑合。

四、正火

正火能消除内应力、细化晶粒、改善力学性能和切削性能。机械强度要求不高的齿轮可用中碳钢正火处理。大直径的齿轮可用铸钢正火处理。

五、渗氮

渗氮是一种化学热处理。渗氮后不再进行其他热处理，齿面硬度可达 60 ～ 62 HRC，因氮化处理温度低，齿的变形小，故适用于难以磨齿的场合，如内齿轮。但由于氮化层很薄，且容易压碎，其承载能力不及渗碳淬火，也不适于受冲击载荷和会产生严重磨损的场合。常用的渗氮钢为 38CrMoAlA。

上述五种热处理中，调质和正火两种处理后的齿面硬度较低（硬度≤ 350 HBS），为软齿面；其他三种（硬度＞ 350HBS）为硬齿面。软齿面的工艺过程较简单，适用于一般传动。

当大小齿轮都是软齿面时，考虑到小齿轮齿根较薄，弯曲强度较低，且受载次数较多，故在选择材料和热处理时，一般使小齿轮齿面硬度比大齿轮高 20 ～ 50 HBS。硬齿面齿轮的承载能力较高，但需专门设备磨齿，常用在要求结构紧凑或生产批量大的齿轮。

当大小齿轮都是硬齿面时，小齿轮的硬度应略高，也可和大齿轮相等。

齿轮传动装置在制造安装过程中不可避免地会产生误差，会影响到传递运动的准确性、传动的平稳性和载荷分布的均匀性。

GB/T 10095-1998 对圆柱齿轮和齿轮副规定了 1 ～ 12 级共 12 个精度等级，其中 1 级的精度最高，12 级的精度最低，常用的是 6 ～ 9 级精度。舰船上重要的齿轮传动中常采用 5 级以及更高精度的硬齿面齿轮。之前对于大尺寸齿轮，因为没有大型高精度磨齿机，而不得已采用调质处理的软齿面齿轮，现国内已能磨 4 m 直径的齿轮，且精度可达 3 级。表 4-2 列出了精度等级的使用范围，供设计时参考。

表 4-2 齿轮传动精度等级的选择和应用

精度等级	圆周速度 v/（m/s）			应用
	直齿圆柱齿轮	斜齿圆柱齿轮	直齿锥齿轮	
6 级	≤ 15	≤ 30	≤ 12	高速重载的齿轮传动，如飞机、汽车和机床中的重要齿轮，分度机构的齿轮传动
7 级	≤ 10	≤ 15	≤ 8	高速中载或中速重载的齿轮传动，如标准系列减速器中的齿轮，汽车和机床中的齿轮
8 级	≤ 6	≤ 10	≤ 4	机械制造中对精度无特殊要求的齿轮
9 级	≤ 2	≤ 4	≤ 1.5	低速及对精度要求低的传动

第三节　直齿圆柱齿轮传动的作用力及计算载荷

一、轮齿上的作用力

轮齿上的作用力是进行轮齿强度分析、轴及轴承设计的必要前提条件。

设一对标准直齿圆柱齿轮按标准中心距安装，其齿廓在点 C 接触（图 4-5（a）），如果略去摩擦力，则轮齿间相互作用的总压力为法向力 F_n，他的方向沿啮合线，如图 4-5（b）所示，F_n 可以分解为两个分力

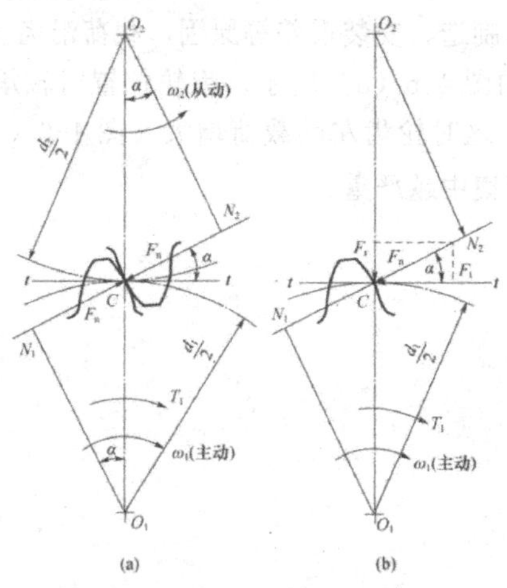

图 4-5 直齿圆柱齿轮传动的作用力

圆周力：

$$F_t = \frac{2T_1}{d_1} \quad (\mathrm{N})$$

径向力：

$$F_r = F_t \tan\alpha \quad (\mathrm{N})$$

法向力：

$$F_n = \frac{F_1}{\cos\alpha} \quad (\mathrm{N})$$

式中为小齿轮上的转矩，$T_1 = 10^6 \frac{P}{\omega_1} = 9.55 \times 10^6 \frac{P}{n_1} (\mathrm{N \cdot mm})$，$P$ 为传递的功率（kW），ω_1 为主动齿轮的角速度，$\omega_1 = \frac{2\pi n_1}{60} = \frac{n_1}{9.55} (\mathrm{rad/s})$，$n_1$ 为小齿轮的转速（r/min）；d_1 为小齿轮的分度圆直径（mm）；α 为压力角。

圆周力 F_t 的方向在主动轮上与运动方向相反，在从动轮上与运动方向相同，径向力 F_r 的方向对两轮都是由作用点指向了轮心。

二、计算载荷

上述的法向力 F_n 为名义载荷。从理论上讲，F_n 应沿齿宽均匀分布，但由于轴和轴承的变形、传动装置的制造、安装误差等原因，载荷沿齿宽的分布并不是均匀的，即出现载荷集中现象。如图 4-6（a）所示，齿轮位置对轴承不对称时，因为轴的弯曲变形齿轮将相互倾斜，这时轮齿左端载荷增大（图 4-6（b）），轴和轴承的刚度越小、齿宽 b 越宽，载荷集中越严重。

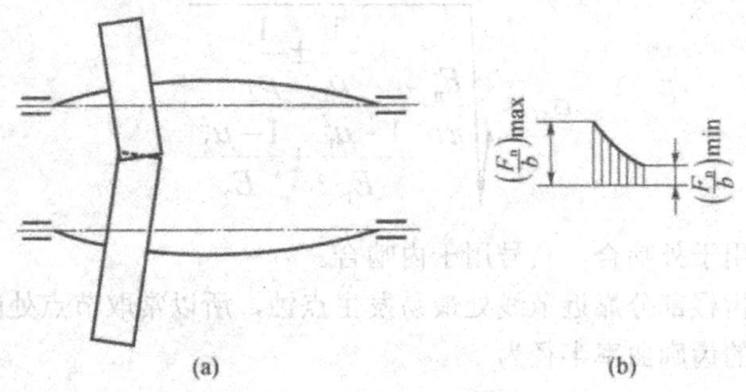

图 4-6　轴的弯曲引起的齿向偏载

此外，由于各种原动机和工作机的特性不同、齿轮制造误差以及轮齿变形等原因，还会引起附加动载荷。精度越低、圆周速度越高，附加动载荷就越大。因此，计算齿轮强度时，通常用计算载荷 KF_n 代替名义载荷 F_n，来考虑载荷集中及附加动载荷的影响。K 为载荷系数，其值可由表 4-3 查取。

表 4-3　载荷系数 K

原动机	工作机械的载荷特性		
	均匀	中等冲击	大的冲击
电动机	1 ~ 1.2	1.2 ~ 1.6	1.6 ~ 1.8
多缸内燃机	1.2 ~ 1.6	1.6 ~ 1.8	1.9 ~ 2.1
单缸内燃机	1.6 ~ 1.8	1.8 ~ 2.0	2.2 ~ 2.4

注：斜齿、圆周速度低、精度高、齿宽系数小时取小值；直齿、圆周速度高、精度低、齿宽系数大时取大值。齿轮在两轴承之间对称布置时取小值，齿轮在两轴承之间不对称布置及悬臂布置时取大值

第四节　直齿圆柱齿轮传动

一、齿面接触强度计算

齿轮强度计算是根据齿轮可能出现的失效形式来进行的。在一般闭式齿轮传动中，轮齿的主要失效形式是齿面接触疲劳点蚀和轮齿弯曲疲劳折断，所以本章只介绍 GB/T 3840—1997 规定的两种强度计算方法，为便于理解，进行了适当的简化。

齿面疲劳点蚀与齿面接触应力的大小有关，可近似地用赫兹公式进行计算，即

$$\sigma_{\mathrm{H}}=\sqrt{\frac{F_{\mathrm{n}}}{\pi b}\cdot\frac{\frac{1}{\rho_1}\pm\frac{1}{\rho_2}}{\frac{1-\mu_1^2}{E_1}+\frac{1-\mu_2^2}{E_2}}}$$

式中：正号用于外啮合，负号用于内啮合。

实践表明，齿根部分靠近节线处最易发生点蚀，所以常取节点处的接触应力为计算依据。节点处的齿廓曲率半径为

$$\rho_1=N_1C=\frac{d_1}{2}\sin\alpha,\rho_2=N_2C=\frac{d_2}{2}\sin\alpha$$

令$u=d_2/d_1=z_2/z_1$，可得

$$\frac{1}{\rho_1}\pm\frac{1}{\rho_2}=\frac{\rho_2\pm\rho_1}{\rho_1\rho_2}=\frac{2\left(d_2\pm d_1\right)}{d_1d_2\sin\alpha}=\frac{u\pm1}{u}\cdot\frac{2}{d_1\sin\alpha}$$

在节点处，一般仅有一对齿啮合，即载荷由一对齿承担，故

$$\sigma_{\mathrm{H}}=\sqrt{\frac{F_{\mathrm{n}}\cdot\frac{2}{d_1\sin\alpha}\cdot\frac{u\pm1}{u}}{\pi b\left(\frac{1-\mu_1^2}{E_1}+\frac{1-\mu_2^2}{E_2}\right)}}=\sqrt{\frac{\frac{F_t}{\cos\alpha}\cdot\frac{2}{d_1\sin\alpha}\cdot\frac{u\pm1}{u}}{\pi b\left(\frac{1-\mu_1^2}{E_1}+\frac{1-\mu_2^2}{E_2}\right)}}$$

令$Z_{\mathrm{E}}=\sqrt{\frac{1}{\pi\left(\frac{1-\mu_1^2}{E_1}+\frac{1-\mu_2^2}{E_2}\right)}}$，称为弹性系数，其数值和材料有关。

令$Z_{\mathrm{H}}=\sqrt{\frac{2}{\sin\alpha\cos\alpha}}$，称为区域系数，于标准齿轮，$Z_{\mathrm{H}}$ =2.5，得

$$\sigma_{\mathrm{H}}=Z_{\mathrm{E}}Z_{\mathrm{H}}\sqrt{\frac{F_{+}u\pm1}{bd_1^2}u}$$

以KF_{t}取代H_{t}，且$F_{\mathrm{t}}=\frac{2T_1}{d_1}$，得接触强度验算公式是

$$\sigma_{\mathrm{H}}=Z_{\mathrm{E}}Z_{\mathrm{H}}\sqrt{\frac{2KT_1u\pm1}{bd_1^2u}}„\ [\sigma_{\mathrm{H}}]$$

式中，b 齿的宽度（mm）；T_1 为齿轮 1 上的扭矩（N•mm）；d_1，为齿轮 1 的分度圆直径（mm）。

在进行设计时，由于齿宽 b 以及齿轮 1 的分度圆直径 d_1 均未知，无法同时求得，因此引入齿宽系数 $\phi_d = b/d_1$，得到设计公式，用在计算满足齿轮接触强度所需的最小的 d_1 值，即

$$d_1 \geq \sqrt[3]{\frac{2KT_1}{\phi_d} \cdot \frac{u \pm 1}{u} \cdot \left(\frac{Z_E Z_H}{[\sigma_H]}\right)^2} \text{(mm)}$$

式中：［σ_H］应取配对齿轮中的较小的许用接触应力（MPa）。

许用接触应力可由下式计算：

$$[\sigma_H] = \frac{\sigma_{Hlim}}{S_H} \text{MPa}$$

式中：σ_{Hlim} 为试验齿轮失效概率为 1/100 时的接触疲劳强度极限值，它和齿面硬度有关。

二、轮齿弯曲强度计算

轮齿弯曲疲劳折断主要与齿根所受弯曲应力大小有关，因此在设计时必须进行轮齿弯曲强度计算。

计算弯曲强度时，仍假定全部载荷仅有一对轮齿承担。显然，当载荷作用于齿顶时，齿根所受的弯曲力矩最大。但如第二章第五节所述，当轮齿在齿顶啮合时相邻的一对轮齿也处于啮合状态（因重合度恒大于 1），载荷理应由两对轮齿分担。但考虑到加工和安装的误差，对普通精度的齿轮按一对轮齿承担全部载荷计算就较为安全。

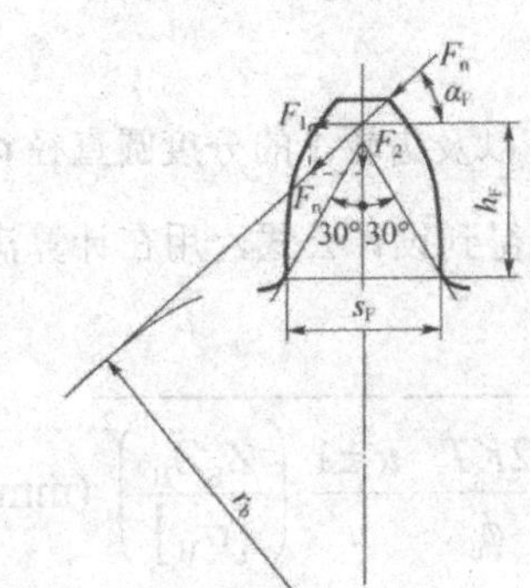

图 4-7 齿根危险截面

计算时将轮齿看作悬臂梁（图 4-7）。其危险截面可用 30° 切线法确定，即作与轮齿对称中心线成 30° 夹角并与齿根圆角相切的斜线，但认为两切点连线是危险截面位置（轮齿折断的情况与此基本相符）。危险截面处齿厚为 s_F。法向力 F_n 与轮齿对称中心线的垂线的夹角为 α_F，F_n 能分解为 $F_1 = F_n \cos\alpha_F$ 和 $F_2 = F_n \sin\alpha_F$ 两个分力，F_1 在齿根产生弯曲应力，F_2 则产生压缩应力，因后者较小故通常略去不计。齿根危险截面的弯曲力矩是

$$M = KF_n h_F \cos\alpha_F$$

式中：K 为载荷系数；h_F 为弯曲力臂。

危险截面的弯曲截面系数为

$$W = \frac{bs_F^2}{6}$$

故危险截面的弯曲应力成

$$\sigma_F = \frac{M}{W} = \frac{6KF_n h_F \cos\alpha_F}{bs_F^2} = \frac{6KF_t h_F \cos\alpha_F}{bs_F^2 \cos\alpha} = \frac{KF_t}{bm} \cdot \frac{6\left(\frac{h_F}{m}\right)\cos\alpha_F}{\left(\frac{s_F}{m}\right)^2 \cos\alpha}$$

令

$$Y_{Fa} = \frac{6\left(\frac{h_F}{m}\right)\cos\alpha_F}{\left(\frac{s_F}{m}\right)^2 \cos\alpha}$$

式中：Y_{Fa} 称为齿形系数。因 h_F 和 s_F 均与模数成正比，故 Y_{Fa} 只与齿形中的尺寸比例有关而与模数无关。

考虑到齿根局部有应力集中以及弯曲应力以外的其他应力对齿根应力的影响，引入应力校正系数 Y_{Fa}。

由于齿形系数和应力校正系数均与齿数（斜齿轮和锥齿轮用当量齿数）有关而和模数无关，因此，可以归结为一个系数：复合齿形系数为

$$Y_{FS}=Y_{Fa}Y_{Sa}$$

轮齿弯曲强度的验算公式

$$\sigma_F=\frac{2KT_1Y_{FS}}{bd_1m}=\frac{2KT_1Y_{FS}}{bm^2z_1}„\ [\sigma_F](MPa)$$

将 $b=\phi_d d_1$ 代入上式，可得轮齿弯曲强度设计公式为

$$m..\sqrt[3]{\frac{2KT_1Y_{FS}}{\phi_d z_1^2[\sigma_F]}}(mm)$$

式中：[σ_F] 为许用弯曲应力，其表达式为

$$[\sigma_F]=\frac{\sigma_{FE}}{S_F}(MPa)$$

式中：σ_{FE} 为试验轮齿失效概率为 1/100 时的齿根弯曲疲劳极限值。对于长期双侧工作的齿轮传动，因齿根弯曲应力为对称循环，所以应将表中数据乘以 0.7。为安全系数。

三、设计中材料和参数的选取

（一）材料

转矩不大时，可选用碳素结构钢，若计算出的齿轮直径太大，则可选用合金钢。轮齿进行表面热处理可以提高接触疲劳强度，因而使装置较紧凑，但表面热处理后轮齿会变形，要进行磨齿。表面渗氮齿形变化小，不用磨齿，但氮化层较薄。尺寸较大的齿轮可用铸钢，但生产批量小时以锻造较经济。转矩小时，也可选用铸铁。要减小传动噪声，其中一个甚至两个可选用夹布塑料，舰船上重要齿轮以合金钢材料为常见。

（二）主要参数

1. 齿数比 u

$u = z_2 / z_1$ 由传动比 $i = n_1 / n_2$ 而定，为避免大齿轮齿数过多而导致径向尺寸过大，一般应使 $i \leqslant 7$。

2. 齿数 z

为避免根切，标准齿轮的齿数应不小于 17，一般可取 $z_1 > 17$。齿数多，有利于增加传动的重合度，使传动平稳。但是当分度圆直径一定时，增加齿数会使模数减小，有可能造成轮齿弯曲强度不够。

设计时，最好使中心距 a 值为整数。因 $a = m\left(z_1 + z_2\right)/2$，当模数 m 值确定后，调整 z_1、z_2 值，可达此目的。调整 z_1、z_2 值后，应保证满足接触强度和弯曲强度，并使 u 值与所要求的 i 值的误差不超过 ±3% ～ 5%。

3. 齿宽系数 ϕ_d 及齿宽 b

ϕ_d 取得大，可使齿轮径向尺寸减小，但将使其轴向尺寸增大，导致沿齿向载荷分布不均。

齿宽可由 $b = \phi_d d_1$ 算得，b 值应加以圆整而作为大齿轮的齿宽 b_2，小齿轮的齿宽取为 $b_1 = b_2 + (5 \sim 10)\text{mm}$，从而保证轮齿有足够的啮合宽度。

（三）设计准则

齿轮传动的设计准则依其失效形式而定。对于一般用途的齿轮传动，通常只按齿根弯曲疲劳强度及齿面接触疲劳强度进行设计计算。

在闭式齿轮传动中，齿面点蚀和轮齿折断两种失效形式均可能发生，所以需计算两种强度。对于闭式软齿面齿轮传动，其抗点蚀能力比较低，所以通常先按接触疲劳强度进行设计，再校核其弯曲疲劳强度；对于闭式硬齿面齿轮传动，其抗点蚀能力较高，所以一般先按弯曲疲劳强度进行设计，再校核其接触疲劳强度。

在开式齿轮传动中，主要失效形式是齿面磨粒磨损和轮齿折断。由于目前齿面磨损尚无可靠的计算方法，所以一般只计算齿根弯曲疲劳强度，考虑磨损会使齿厚变薄，从而降低轮齿的弯曲强度，一般将计算出的模数增大 10% ～ 15%，然后再取标准值。

由轮齿弯曲强度设计式可知，在齿轮的齿宽系数、齿数、材料已选定的情况下，影响轮齿弯曲强度的主要因素是模数。模数越大，齿轮副的弯曲强度越高。

由齿面接触强度设计式可知，在齿轮的齿宽系数、材料及传动比已选定的情况下，影响齿轮齿面接触强度的主要因素是齿轮的直径，小齿轮直径越大，齿轮副的齿面接触强度就越高。

第五节　斜齿圆柱齿轮传动

一、轮齿上的作用力

图 4-8 为斜齿轮轮齿受力情况。从图 4-8（a）可以看出，轮齿所受法向力 F_n 处于与轮齿相垂直的法面上，它可以分解为圆周力 F_t、径向力 F_r 和轴向力 F_a，由图 4-8（b）导出如下：

$$
\begin{cases}
\text{圆周力：} & F_t = \dfrac{2T_1}{d_1} \quad (\text{N}) \\
\text{径向力：} & F_r = \dfrac{F_1 \tan \alpha_n}{\cos \beta} \quad (\text{N}) \\
\text{轴向力：} & F_a = F_t \tan \beta \quad (\text{N})
\end{cases}
$$

各分力的方向如下：圆周力 F_t 的方向在主动轮上与运动方向相反，在从动轮上与运动方向相同；径向力 F_r 的方向对两轮都是指向各自的轴心；轴向力 F_a 的方向可以由轮齿的工作面受压来决定，其法向压力在轴向的分量就是为所受轴向力 F_a 的方向。

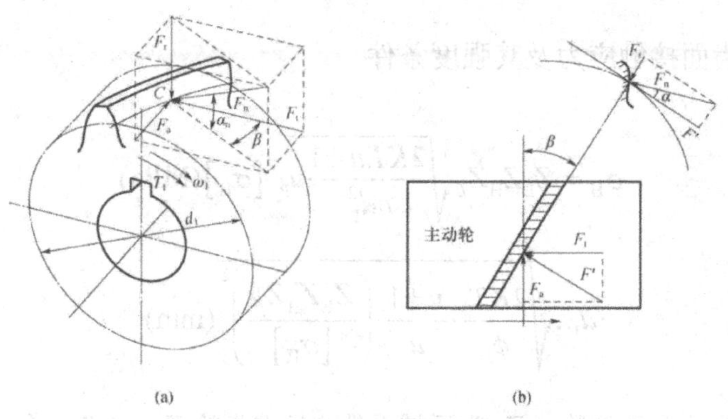

图 4-8 斜齿圆柱齿轮传动的作用力

对于主动轮，其工作面是转动方向的前面；对从动轮，轮齿的工作面是转动方向的后面，如图 4-9 所示。

斜齿圆柱齿轮所受轴向力的方向还可用下述方法判定：对主动轮为右旋时用右手，四指与转动方向相同，大拇指所指方向即为 F_a 的方向。主动轮为左旋时，则可用左手来判断。从动轮所受的轴向力方向与主动轮相反。

β 角为螺旋角，β 角取得过大，则重合度增大，使得传动平稳，但轴向力也增加，因而增加轴承的负担。一般取 β =8° ～20°

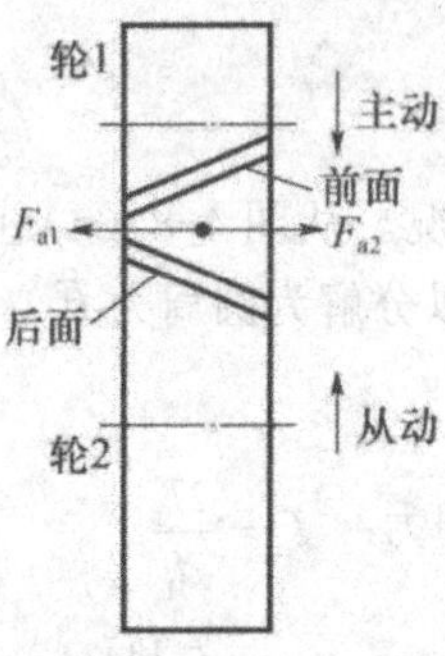

图 4-9 轴向力的方向

二、强度计算

斜齿圆柱齿轮传动的强度计算是按轮齿的法面进行分析的，其基本原理与直齿圆柱齿轮传动相似。但是斜齿圆柱齿轮传动的重合度较大，同时相啮合的轮齿较多，轮齿的接触线是倾斜的，而且在法面内斜齿轮的当量齿轮的分度圆半径也是较大，因此斜齿轮的接触应力及弯曲应力均比直齿轮有所降低，下面直接写经简化处理的斜齿轮强度计算公式。

（一）齿面接触应力及其强度条件

$$\sigma_H = Z_E Z_H Z_\beta \sqrt{\frac{2KT_1 u \pm 1}{b d_1^2} u}\ [\sigma_H] (\mathrm{MPa})$$

$$d_1 \cdot\cdot \sqrt[3]{\frac{2KT_1}{\phi_d} \cdot \frac{u \pm 1}{u} \cdot \left(\frac{Z_E Z_H Z_\beta}{[\sigma_H]}\right)^2} (\mathrm{mm})$$

式中：Z_E 为弹性系数；Z_H 为区域系数，标准齿轮 Z_H =2.5；$Z_\beta = \sqrt{\cos\beta}$ 是螺旋角系数。

（二）轮齿弯曲应力及其强度条件

$$\sigma_F = \frac{2KT_1}{bd_1m_n}Y_{\mathrm{FS}}„\ [\sigma_F](\mathrm{MPa})$$

$$m_{\mathrm{n}}..\sqrt[3]{\frac{2KT_1Y_{\mathrm{FS}}\cos^2\beta}{\phi_{\mathrm{d}}z_1^2}[\sigma_{\mathrm{F}}]}(\mathrm{mm})$$

第六节　直齿锥齿轮传动

一、轮齿上的作用力

图 4-10 表示直齿锥齿轮轮齿受力情况。法向力 F_{n} 可以分解为三个分力

$$\begin{cases} \text{圆周力} \quad F_1 = \dfrac{2T_1}{d_{m1}} & (\mathrm{N}) \\ \text{径向力} \quad F_r = F_1\tan\alpha\cos\delta & (\mathrm{N}) \\ \text{轴向力} \quad F_a = F_1\tan\alpha\sin\delta & (\mathrm{N}) \end{cases}$$

式中：d_{ml}，为小齿轮齿宽中点的分度圆直径，由图 4-11 中几何关系可得

$$d_{\mathrm{ml}} = d_1 - b\sin\delta_1$$

圆周力 F_{t} 的方向在主动轮上与运动方向相反，在从动轮上与运动方向相同。径向力 F_{r} 的方向对两齿轮都是垂直指向齿轮轴线，轴向力 F_{a} 的方向对两齿轮都是由小端指向大端。

当 $\delta_1+\delta_2=90^{\circ}, \sin\delta_1=\cos\delta_2\ \cos\delta_1=\sin\delta_2$。所以小齿轮上的径向力和轴向力在数值上分别等于大齿轮上的轴向力和径向力，但是其方向相反，如图 4-12 所示。

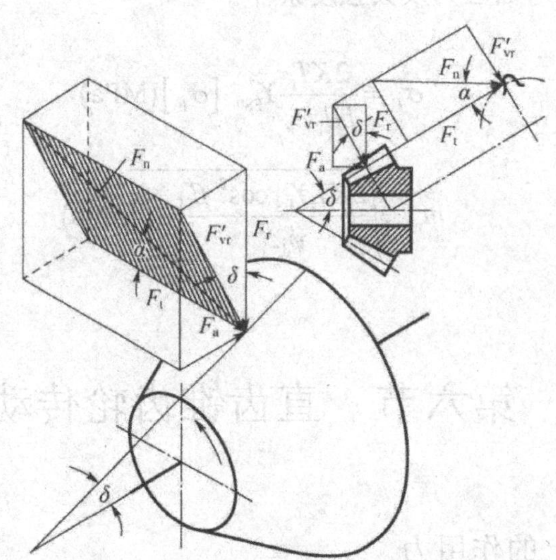

图 4-10 直齿锥齿轮传动的作用力

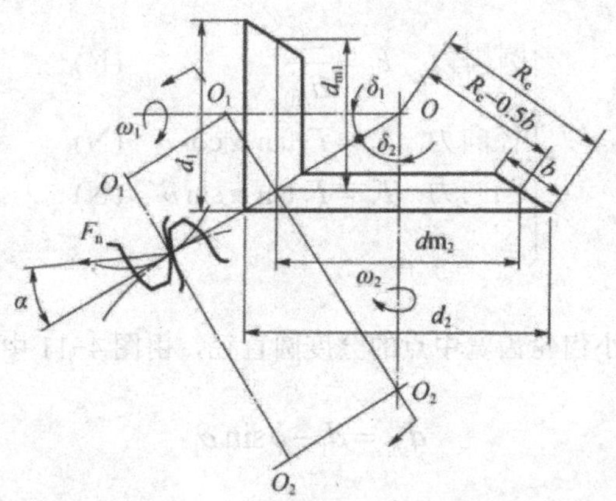

图 4-11 直齿锥齿轮的当量齿轮

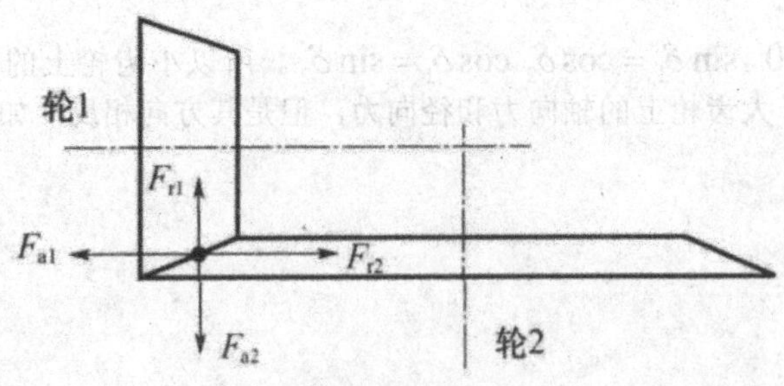

图 4-12 大小锥齿轮的作用力

二、强度计算

可以近似认为，一对直齿锥齿轮传动和位于齿宽中点的一对应当量圆柱齿轮传动（图 4-11）的强度相等。关于直齿锥齿轮强度问题的详细讨论，可参阅相关教材。下面直接写出经简化处理的最常用的、轴交角Σ =90° 的标准直齿锥齿轮强度计算公式。

（一）齿面接触疲劳强度

$$\sigma_{\mathrm{H}}=Z_{\mathrm{E}}Z_{\mathrm{H}}\sqrt{\frac{4KF_{\mathrm{t1}}}{bd_{1}\left(1-0.5\phi_{\mathrm{R}}\right)}\frac{\sqrt{u^{2}+1}}{u}}\leq\left[\sigma_{\mathrm{H}}\right](\mathrm{MPa})$$

$$d_{1}\geq\sqrt[3]{\frac{4KT_{1}}{\phi_{\mathrm{R}}u\left(1-0.5\phi_{\mathrm{R}}\right)^{2}}\cdot\left(\frac{Z_{\mathrm{E}}Z_{\mathrm{H}}}{\left[\sigma_{\mathrm{H}}\right]}\right)^{2}}(\mathrm{mm})$$

式中：Z_{E} 为弹性系数；Z_{H} 为区域系数，标准齿轮 Z_{H} =2.5；$\phi_{\mathrm{R}}=b/R_{\mathrm{e}}$ 是齿宽系数，b 为齿宽，R_{e} 为锥距，通常取 ϕ_{R} =0.25 ~ 0.3。

（二）轮齿弯曲疲劳强度

$$\sigma_{F}=\frac{2KF_{\mathrm{t1}}}{bm\left(1-0.5\phi_{\mathrm{R}}\right)}Y_{\mathrm{FS}}\leq\left[\sigma_{F}\right](\mathrm{MPa})$$

$$m\geq\sqrt[3]{\frac{4KT_{1}}{\phi_{\mathrm{R}}\left(1-0.5\phi_{\mathrm{R}}\right)^{2}z_{1}^{2}\sqrt{u^{2}+1}\left[\sigma_{\mathrm{F}}\right]}}(\mathrm{mm})$$

式中：m 为大端模数；Y_{FS} 为复合齿形系数。

第七节　齿轮的构造

直径较小的钢质齿轮，当齿根圆直径与轴径接近时，可以将齿轮和轴做成整体的，称为齿轮轴（图 4-13）。如果齿轮的直径比轴的直径大得多，就应把齿轮和轴分开来制造。

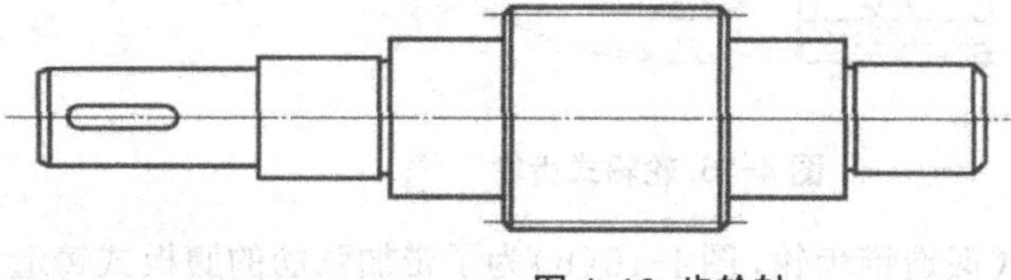

图 4-13 齿轮轴

齿顶圆直径 $d_a \leqslant 500$ mm 的齿轮可以是锻造的或铸造的。锻造齿轮常采用图 4-14（a）所示的腹板式结构，直径较小的齿轮可做成实心的（图 4-14（b））。

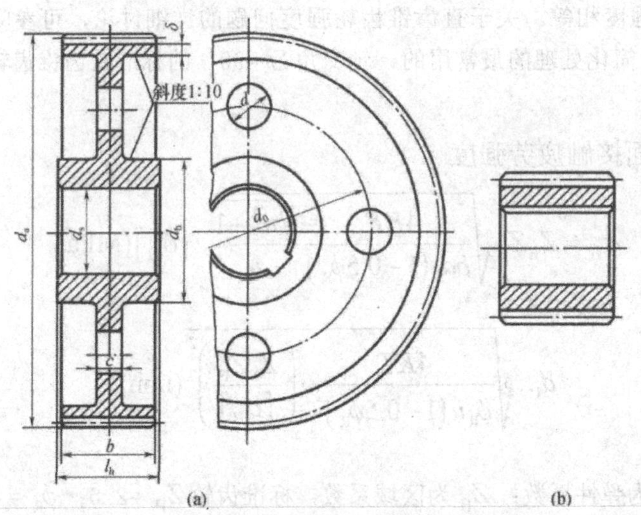

图 4-14 腹板式齿轮和实心式齿轮

齿顶圆直径 $d_a > 400$ mm 的齿轮常用铸铁或者铸钢制成，并且常采用图 4-15 所示的轮辐式结构。

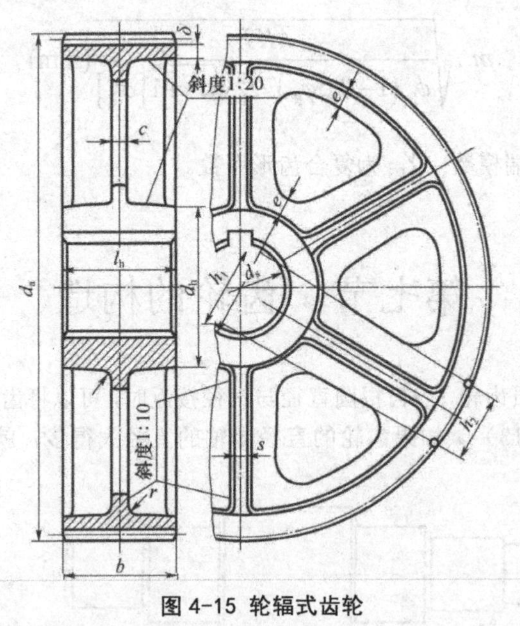

图 4-15 轮辐式齿轮

图 4-16(a)为腹板式锻造锥齿轮，图 4-16(b)为了带加强肋的腹板式铸造锥齿轮。

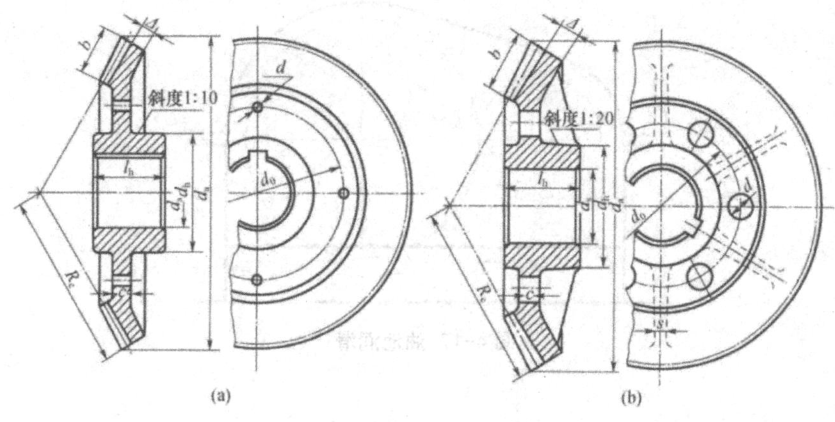

图 4-16 锥齿轮的结构

第八节　齿轮传动的润滑和效率

一、齿轮传动的润滑

润滑的作用十分重要，在机械设备的使用维护中起到十分关键的作用。

齿轮在传动时，相啮合的齿面间有相对滑动，就要发生摩擦和磨损，产生动力消耗，降低传动效率，特别是在高速传动，就更需要保证齿轮良好润滑。轮齿啮合面间加注润滑剂，可以避免金属直接接触，减小摩擦损失，还可以散热及防锈蚀。因此对齿轮传动进行适当的润滑，可以大为改善轮齿的工作状态，确保运转正常及预期的寿命。

开式齿轮传动通常采用人工定期加油润滑，可以采用润滑油或润滑脂。

一般闭式齿轮传动的润滑方式根据齿轮的圆周速度v的大小而定。当$v \leqslant 12$ m/s 时多采用油池润滑（图 4-17），大齿轮侵入油池一定的深度，齿轮运转时就把润滑油带到啮合区，同时也甩到箱壁上，借以散热。当v较大时，浸入深度约为一个齿高；当v较小时（0.5 ～ 0.8 m/s），可达到齿轮半径的 1/6。

在多级齿轮传动中，当几个大齿轮直径不相等时，可以采用惰轮蘸油润滑(5-18)。

当$v>12$ m/s 时，不宜采用油池润滑，这是因为：①圆周速度过高，齿轮上的油大多被甩出去而达不到啮合区；②搅油过于激烈，使油的温升增加，并降低其润滑性能；③会搅起箱底沉淀的杂质，加速齿轮的磨损。所以此时最好采用喷油润滑（图 4-19），用油泵将润滑油直接喷到啮合区。

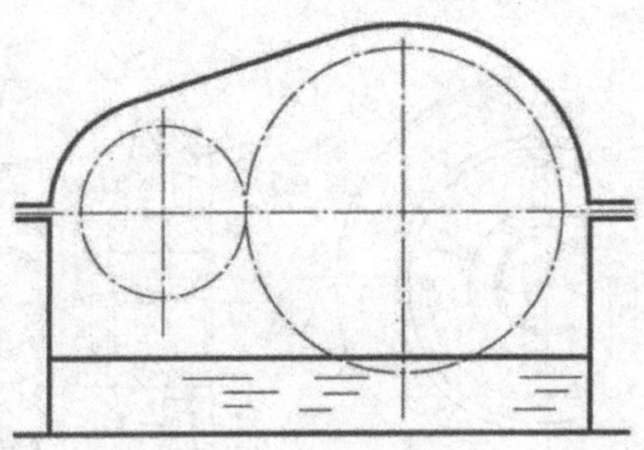

图 4-17 油池润滑

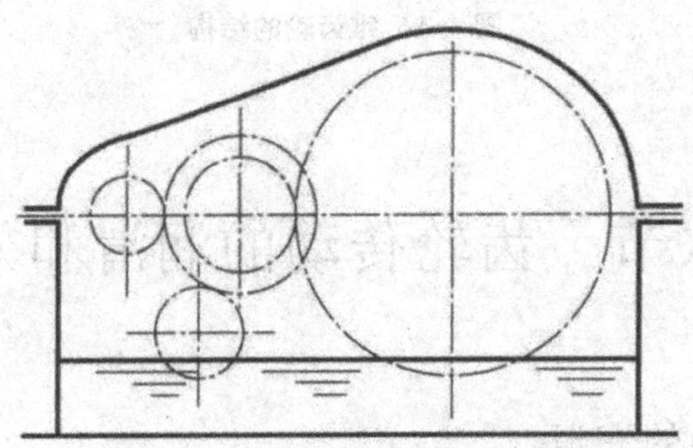

图 4-18 采用惰轮的油池润滑

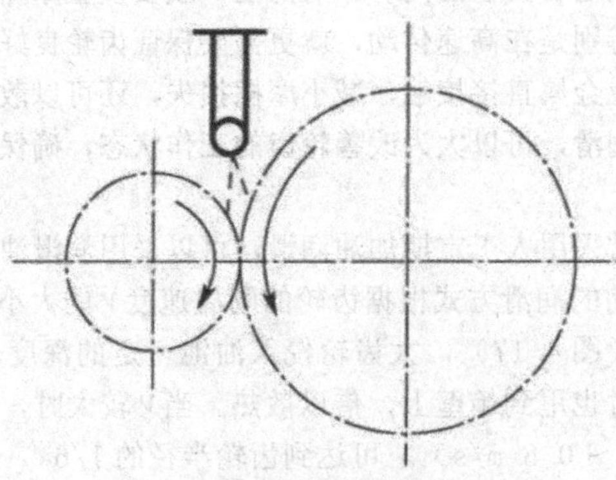

图 4-19 喷油润滑

二、齿轮传动的效率

齿轮传动的功率损耗主要包含：①啮合中的摩擦损耗；②搅动润滑油油阻损耗；③轴承中的摩擦损耗。

第五章　机械加工生产线总体设计

第一节　制造系统与机械加工系统

20世纪20年代，随着滚动轴承、电动机、汽车、内燃机车等工业产品的广泛应用，在传统的机械加工生产中出现了以组合机床为核心的自动生产线。随后在产品装配、铸造、锻压、焊接、冶金等制造产业中均出现了机械自动化生产线。伴随着市场竞争的加剧及产品需求多样化的发展，具有高精度、高生产率、柔性化且短周期为加工工艺特点的数控加工中心及其自动化生产线系统正成为机械加工生产线的新趋势。

所谓的制造系统是指包括人、生产设备、生产工具、物料传输设备及其他辅助装置组成的硬件环境，以及由生产方法、工艺手段、生产信息、决策信息和管理信息所形成的软件系统共同构成的整体工业制造体系，他的根本目标是将制造资源转变为满足社会进步发展需求的产品。

机械加工系统是指为实现零部件的机械加工，以机床为主要加工装备，配合检验装置、物料输送装置和其他辅助装置，按工艺顺序组成的产品生产作业系统。

一、机械加工生产线

对于加工工序较多的零部件，在机械生产过程中是保证产品加工质量、提高产品生产率并降低成本，往往将加工装备按照一定的顺序排列，并用一些输送装置与辅助装置将它们连接成一个系统化整体，使之能够高效、快捷地完成零部件加工工序，将能够实现这类生产作业功能的生产线称为机械加工生产线。

机械加工生产线由加工装置、工艺装置、输送装置、辅助装置及控制系统组成。由于各零部件的加工工艺的复杂程度不同，机械加工生产线的结构及复杂程度也有很大区别。在大批量生产中，对一些加工工序较多且结构复杂的零部件，为了提高其生产效率、保证加工精度、改善工人劳动强度，通常将它们的各个加工工序合理的离散化并安排在若干台机床上，组成流水线进行加工，即组合机床流水加工生产线。通过液压、气动、电器控制系统，将生产线上各台组合机床之间的工件进行输送与转位，在夹具中的定位和夹紧以及辅助装置的动作等工序均可实现自动化，并按规定的程序自动地进行工作，这种自动工作的组合机床流水线，便称为组合机床自动线。

组合机床自动化生产线常用于铣削平面、钻孔、扩孔、铰孔、镗孔、车削端面、加工内外螺纹以及车外圆等。初期的机械加工自动化生产线规模较小，仅能完成单个工件个别工序的加工生产。随着技术的进步，自动化生产线能完成的工艺范围也在扩大。目前多采用规模较大的机械加工自动化生产线完成零部件上述工序的加工，在完成以上工艺内容的同时，还可进行拉削、磨削等生产工序。此外，在自动化生产线上还可涵盖一些非切削加工工序，例如热处理、清洗、拆分、装配、分类、打印以及自动测量等。机械加工自动化生产线能减轻工人的劳动强度，减少操作人员数量，减少辅助运输工具和装备系统的占地面积，并可以显著地提高劳动生产率并降低产品成本。但是必须注意的是机械加工自动化生产线内任一台机床或装置发生故障时，将会使得相应工位停车或生产线全线停车。

通常，组合机床自动化生产线往往被称为刚性自动化生产线，该类生产线要求产品结构和加工工艺不能轻易改变。这是由于产品结构变更与工艺方案的改变将引起组合机床淘汰或重新改装，即组合机床自动化生产线适应产品、工艺变换的能力（柔性）差。为了克服上述缺点，组合机床自动化生产线正向以下两个方向发展：一是提高机床和设备的可靠性，减少由于故障、装夹及换刀引起的停车时间；二是出现了适应多品种和中小批量生产的数控机床与物流系统相结合的柔性自动化生产系统，也出现了采用数控技术的自动化组合机床，甚至出现了自动更换主轴箱、动力箱和刀具的数控组合机床，再结合具有工件识别与检测功能的智能传感技术，使传统的刚性化组合机床自动化生产线焕发新的生机。

二、加工生产线类型

根据不同的特征可以对机械加工生产线进行不同的分类。通常可按照生产线所用的加工装置、工件形貌与工件运行状态、工作节拍及生产方式的不同对机械加工生产线进行分类。

（一）按加工装置分类

机械加工生产线按加工装置不同可分为通用机床生产线组合机床生产线和专用机床生产线。

1. 通用机床生产线

这类生产线建线周期短、成本低，多用在加工盘、轴、套、齿轮类中小旋转体工件。

2. 组合机床生产线

这类生产线由组合机床联机构成，适用于加工箱体类工件的大批量生产。

3. 专用机床生产线

生产线由专用定制化机床构成，设计制造周期长且投资大，适用于结构特殊且复杂的工件加工，多出现在产品结构稳定的批量化生产模式中。

（二）按工件形貌与工件运行状态分类

机械加工生产线按工件形貌与工件运行状态可分为旋转体工件加工生产线和非旋转体工件加工生产线。

1. 旋转体工件加工生产线

这类自动化生产线可加工轴类、盘类等环状工件，工件在加工过程中做旋转运动，主要的工艺包括阶梯轴段的内外圆面，内外槽，内外螺纹和端面的车削、磨削、镗削等。

2. 非旋转体工件加工生产线

主要用于箱体和杂类工件的加工，制备过程中工件固定不动，较为典型的工艺有钻孔、扩孔、镗孔、铰孔、铣槽和铣平面。

（三）按生产线工件节拍分类

机械加工生产线按生产线工件节拍可分为固定节拍生产线及非固定节拍生产线。

1. 固定节拍生产线

这类生产线往往用于制造单一品种产品，生产线用途单一，不宜改造加工其他产品。这类生产线生产效率高，产品质量稳定，在批量化生产中往往采用此种生产线。固定节拍是指生产线中所有设备的工件节拍等于或成倍于生产线的生产节拍。工件节拍成倍于生产线生产节拍时需配置多台并行工作的加工设备，以满足每个生产节拍完成一个工件的生产任务。这类生产线没有储料装置，加工设备按照工件工艺顺序依次排列，生产线节拍严格按照设计执行，由自动化输送装置按照生产线的生产节拍，强制性地沿固定路线从一个工位移动到下一个工位，直到加工完毕。

固定节拍生产线的加工装备、输送设备和控制系统连成整体，工件的加工和输送过程具有严格的节奏性。当生产线上某一台机床发生故障而停歇时，整条生产线将发生瘫痪。生产线中加工装置和辅助设备的数量越多，生产线越长，因故障而停歇的时间和造成的经济损失越大。为了保证生产线的生产率，生产线采用的所有设备应具有较好的稳定性和可靠性，并尽量不采用复杂且易出故障的机械系统。

2. 非固定节拍生产线

非固定节拍生产线是指生产线中各设备的工作节拍不同，各设备的工作周期是其完成各工序所需要的实际时间。生产线上工作周期最长的设备将始终处于工作状态，工作周期较短的设备则经常处于停工待料的状态。因为各设备的工作节拍不同，在相邻设备之间或相隔设备之间需设置储料装置，在储料装置前、后的设备或工段可彼此独立工作。由于储料装置中储备着一定数量的工件，当某一台机床发生故障停歇时，其余的机床或工段仍可在一定时间内继续工作。当前后相邻的两台机床的生产节拍相差较大时，储料装置可在一定时间内起到调剂平衡的作用，而不致使工作节拍短的机床总要停下来等候。非固定节拍生产线一般较难采用自动化程度非常高的输送装置，尤其当生产节拍较慢、批量较小、工件质量和尺寸较大时，工件在工序间可由人工辅助输送。

（四）按生产方式分类

机械加工生产线按生产方式可分为单件和小批量生产线，中批量生产线，大批量生产线，单元生产线以及柔性制造生产线。

1. 单件、小批量生产线

单件、小批量生产线的主要特征是其生产的产品为多品种、小批量零部件。该类型生产线主要面向产品类型变化而设计，因此对于品种和批量频繁变化的市场环境是非常适合的。这种类型的生产线多采用将具有相同功能的设备放置在一起的方式，被加工工件需根据其工艺路线需求在不同的设备区完成相应的加工。

2. 中批量生产线

中批量生产线主要是为产品品种变化多且每种产品都有一定批量的生产而设计的。在实际生产时每道工序完成一批工件的加工，完成后转移至下一道工序。虽然这种生产线方案可减少生产准备时间，但却增加了工件的等待时间，使得产品生产周期较长，生产成本较高。中批量生产线实际上是为了兼顾柔性与成本的折中方案，它适用于对工艺成熟的产品进行批量生产，其缺点是在生产过程中产品批量一旦确定就不易改变，使得该种生产线不太适合动态变化的市场环境。

3. 大批量生产线

大批量生产线的目标是通过单一的零部件的大批量生产从而最大限度地降低产品生产成本。为了降低加工准备时间和工件等待时间，该类型生产线多采用专用机床串、并联为流水线的形式布局。该类生产线的目的是尽量减少工件的无谓等待时间和制造成本，工件不停顿地完成从毛坯到成品的制造过程。大批量生产线的生产效率是所有生产线里最高的，但由于生产线仅针对单一零部件设计，他的柔性较差。

4. 单元生产线

单元生产线是在成组技术的基础上发展起来的，其基本思想是依据工件工艺的相似性对产品分族并将加工同族产品的设备布置在一起，组成一个加工单元。对于简单的工件可在一个单元内完成加工，而复杂的工件则需几个单元组合协作完成加工。由于单元生产线上各个设备的工作节拍不同，因而设备与工段间往往设置储料装置，其输送装置的自动化程度较低。

5. 柔性制造生产线

柔性制造生产线由高度自动化的多功能柔性加工装置、物流输送装备与计算机控制系统组成，主要用于各种结构复杂、精度高、加工工艺烦琐的同类小批量工件的生产。柔性制造生产线的加工装备往往较少，每台设备具备有自动换刀、数控编程、自动检测等功能，且工序集中，可完成工件多端面、多方位、多工艺的高效加工，加工过程中减少了重复定位、重复装夹等工序操作，工件加工精度与可靠性较高。工件在柔性制造生产线上流动时，其流动路线不确定，这主要是由于柔性制造系统的加工装备的工作节奏不等效，各设备间没有统一的节拍，并且加工机床若处于工作占用状态，工件可根据工序变更安排在其他机床上完成加工。

三、加工生产线设计原则

（一）机械加工生产线的设计原则

机械加工生产线设计应遵循的原则主要包括下面几方面：

1. 保证生产线能够稳定地满足工件加工精度和表面质量要求；
2. 保证加工生产线具有足够高的可靠性；
3. 满足生产纲领的要求，并留有一定的生产潜力；
4. 根据产品的批量和可持续生产的时间，应考虑生产线具有一定的可调整性；
5. 生产线布局应尽量减小占地面积，且要便于维护工人进行操作、观察和维修；
6. 降低生产线的投入成本；
7. 有利于资源和环境保护并以洁净化生产为设计目标。

（二）机械加工生产线设计的步骤

机械加工生产线的设计可分为资料统计、总体方案设计和结构设计三个阶段，且各阶段交叉、平行进行，主要包括如下步骤：

1. 制订生产线的工艺方案，绘制工序图和加工示意图；
2. 确定生产线的总体布局，绘制生产线的总体联系尺寸图；
3. 绘制生产线的工作循环周期表；
4. 生产线加工装备选型与专用机床的设计；
5. 生产线输送装置、辅助装置的选型及设计；
6. 拟定全线自动化控制方案；
7. 液压、电气等控制系统的设计；
8. 编制生产线的使用说明书与维修注意的事项等。

四、加工生产线结构方案的影响因素

加工生产线的结构和布局由多种因素决定，为满足上述设计原则，在设计生产线时必须考虑自动化生产线总体方案的主要影响因素。

（一）工件的几何形状、结构特征、材质、毛坯状态及工艺要求

工件的几何形状、结构特征决定了自动上下料装置的形式以及工件的输送方式。形状规则结构简单、易于定向的小型旋转体零部件多采用料斗式自动上下料装置。箱体类工件和较大型的旋转体工件多采用料仓式自动上下料装置。具有较好输送基面且

外形规则的零部件，如气缸缸体、缸盖等可以采用直接输送方式自动上下料。同时，为了减少加工机床的数量，在同一个工位上可同时装夹多个工件进行加工，如箱体端面加工多采用多工位顺序加工。对于没有良好输送基面的工件，多采用随行夹具式生产线结构设计。

（二）工件材质

进行排屑装置和冷却液的设计与选择时，要考虑工件材质。对于韧性材质工件如钢基材零部件要考虑断屑措施，对于脆性材料要考虑切屑飞溅防护等措施，这些也是影响生产线结构方案设计的关键因素。另外，毛坯的加工余量、工艺要求和加工部位的位置精度直接影响自动化生产线的工位数、节拍时间、换刀周期和动力与传动系统的选择与设计，在生产线整体设计时也需认真选择。

（三）工艺与精度

为了实现多个平面的加工，工件需经多次的翻转，这就需要增加生产线上的辅助设备。同时，为了保证铣削工序与其他机床的节拍一致，还需要增加工件数量，或采用支线形式完成加工，从而导致生产线整体结构较为复杂。当生产线的精度要求较高时，为减少生产线停车等待时间，常常在生产线内平行配置备用加工装备以备使用。

（四）生产率

所需加工工件批量较大时，要求生产线必须可实现自动上下料以减轻工人的劳动强度并提升其工作效率，同时由于加工节拍时间缩短，为平衡节拍时间，可增加顺序加工的机床（工位）数或平行加工的机床（工位）数，以完成限制性工序的加工。在高生产率自动化生产线上，为避免自动化生产线因停车影响生产，需将工序较长的自动化生产线进行工位分区，工位之间设物流传送系统和储料系统以提高生产线的柔性，同时这类生产线还应设监控系统以便能迅速诊断机械加工自动化生产线的故障部位，使之能够迅速定位故障、维修并恢复生产。若工件批量较小，则要求生产线有较大的灵活性与柔性，以实现多品种和多工艺的产品加工。

（五）使用条件

使用条件对生产线的配置形式也有较大的影响。大多数生产线是完成工件的部分工序，在制定生产线整体布局时要考虑车间内部工件的流动方向和前后工序的衔接，以求得较佳的技术经济性能。对于多工段组成的较长生产线，可设计为折线形式。同时，对由于企业技术改造而增设的生产线，也要综合考虑现有车间内空余空间和机加装备位置等因素对生产线布局的影响。切屑输送方向及排屑装置要与车间内现有的集中排屑设施相适应，电缆、气体与水路管网的位置、方向要在保证安全的同时，尽量与现有管网对接。箱体类工件的加工生产线装料高度要求与车间内运输滚道高度一致。大批量生产的产品车间一般不设吊车，要考虑设备安装和维修的方便性。在噪声严重的车间，要考虑设置“灯光扫描”或“闪光式”警报系统。对于未配备压缩空气源的车间，自动化生产线是否采用气动装置需慎重考虑。对于较复杂的专用刀具，要

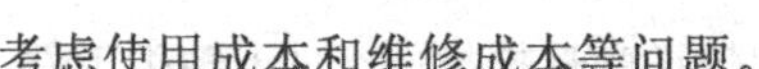

考虑使用成本和维修成本等问题。

第二节　生产线工艺方案设计

工艺方案是确定生产线工艺内容、加工方法、加工质量及生产率的基本文件，也是进行生产线结构设计的重要依据，是生产线设计的关键，因此，工艺方案的拟定应做到可靠、合理、先进。

一、生产线工艺方案拟定

（一）工件工艺基准选择

确定生产线的工艺基准时，要从保证工件的加工精度和简化生产线的结构这两个基本原则出发，应注意以下问题：

1. 尽可能采用“基准重合”原则，将设计基准作为定位基准，以保证加工精度。为了简化生产线结构，便于实现自动化等原因，有时不能遵守这一原则，须进行工艺尺寸的换算，以保证加工精度要求。

2. 尽可能采用“基准统一”原则，即全线统一的定位基准。这样可减少安装误差，有利于保证加工精度和实现生产线夹具结构的通用化。但有时需改变基准，如零部件某些结构孔距离定位销孔太近无法加工时，只能采用变换定位基面的办法。

3. 尽可能采用已加工面作为定位基准，如果工件为毛坯件，上线加工时，定位基面不应选在铸件或锻件的分型面上，也不要选在有铸孔的地方，因为此处毛刺较多，形状误差较大。若不得已用其作为定位基准时，必须清理平整后才可选用。作为毛坯件上线的第一道工序的定位基准，一般应选用工件上最重要的表面，以便保证该表面加工余量均匀。如果某一无须加工的表面相对其他表面有较高的位置精度要求时，也可以选择该表面作为粗基准。

4. 定位基准应有利于实现多面加工，减少工件在生产线上的翻转次数，减少辅助设备的数量，简化生产线结构。

5. 定位基准要使夹压位置与夹紧过程简单可靠。若工件没有良好的定位基准、夹压位置或输送基准时，可采用随行夹具。

6. 箱体类工件和随行夹具应采用“一面两销”的定位方式，做到定位可靠，便于实现自动化。当工件移动一个步距时，为保证定位销可靠地插入销孔中，通常将输送前方的孔作为圆销孔。这样，当输送装置将工件输送至距定位位置0.3～0.4 mm（输送滞后量）处时，可以由圆柱销的锥部将工件往前拉至最终位置。

（二）工件输送基准的选择

生产线设计中还要选择工件的输送基准，并考虑输送基准和工艺基准之间的关系。工件的输送基准包括输送滑移面、输送导向圆和输送棘爪推拉面。对于轴类工件，输送基准是指被机械手夹持的轴颈面。对于齿轮、轴承环等盘环状工件，输送基准是指工件输送过程中的滚动基准。

输送基准和输送方式密切相关，输送基准的选择应和输送方式的选择同时进行。只要有可能，应优先选用直接输送方式。外形规则的箱体类工件具有较好的输送基准，可采用直接输送方式。采用直接输送时，要防止工件的歪斜和窜动，要求输送基准的滑移面和导向面有足够的长度，最好选取已经加工面。在结构允许的前提下，必要时可在工件上增加工艺凸台。当固定夹具对输送有较严格的要求时，输送基准与工艺基准之间要有相应位置精度要求。例如，用“一面两销”作工艺基准时，为保证工件在被输送后的停留位置准确，要求棘爪推拉面与圆销孔中心的距离尺寸必须稳定，其尺寸偏差一般不应大于 ±0.1 mm，所以这个推拉面要经过加工。如果以毛坯件上线，作为输送基准的各面应较平整，并在输送导轨两侧限位板上设置弹性导向装置，以保证工件在输送时不致偏转过多，此外还应增大输送滞后量，并将定位销适当削尖（顶锥角为60°）并增长其锥部，以便定位销能方便地插入定位孔中而得到可靠的定位。外形复杂且不具有良好输送基准的中小尺寸工件，如拨叉、连杆、电动机座等，可采用随行夹具进行输送。有些工件具有较好的输送基准，但因其刚性不足，也应采用随行夹具输送方式。毛坯件直接上线时，也大都采用随行夹具输送。形状复杂、导向困难、尺寸较大的工件，如曲轴、连杆、桥壳等，可采用悬挂输送或抬起（落下）输送方式。对于连杆等工件，也常采用托盘输送，这时应优先考虑输送基准与工艺基准重合的情况。轴类工件要考虑被机械手抓取部位与工艺基准的位置要求。但不论采用哪种输送方式，全线应尽量统一输送基准，来简化输送装置的结构并降低成本。

（三）生产线工艺流程拟定

拟定工艺流程是制定生产线工艺方案中最重要的内容，它直接关系到生产线的经济效益与工作可靠性。

1. 生产线上的工件加工工序的确定

为了确定生产线应具备的工序，要做好以下两项工作：

（1）正确选择各加工表面的工艺方法和工步数

首先应认真分析工件的特点，明确加工部位、加工精度要求和粗糙度等级。参考已有的工艺及有关技术资料，根据工件材料的种类、工件被加工表面的要求等因素，确定工件各加工表面所需的工艺方法和工步数。

（2）合理确定工序间余量

为了保证加工精度及能使生产线正常工作，除要正确选择工艺方法及工步数外，还须合理分配工序间余量。可根据工厂实际情况参照有关手册的推荐数据进行选择。安排各加工次序时，如果工序间余量过大，为了保护精加工的刀具耐用度，可以考虑增加一道精加工工序。

确定各加工表面的工艺方法、工序间余量以及工步数后，工件在生产线上加工所需要的工序内容也就确定了。

2. 加工顺序安排

工件上具有各种待加工表面，其中以高精度孔所需的工步数最多。所以在拟定加工顺序时，可以从工件各个面的主要孔入手，首先根据其精度和表面粗糙度要求，确定出各主要孔的工步数，以此作为工件各个工位的基础，然后再将多余的工序内容分别安插到既定的工位上。将工件各面上的工位数确定后，再按拟定加工顺序的原则，将不同面上的工位进行排列组合，以便进行工艺流程方案的编制，安排加工顺序的一般原则是：

（1）基准先行，先主后次，先面后孔

先加工定位基面，后加工一般工序，先加工平面，后加工孔。

（2）粗、精分开，先粗后精

对于重要的加工表面，粗、精加工应分为若干道工序。对于不重要的加工表面，粗、精加工安排可以近一些，以便及时发现前道工序产生的废品。一般不宜在同一台机床上同时进行粗、精加工。重要加工表面的粗加工工序应安排在生产线的前端，以利于及时发现和剔除废品。高精度的精加工一般应放在生产线的最后一道工序，以免精加工表面多次被碰伤，并可减少粗加工的热变形和夹紧变形的影响。但是对于废品率较高的孔的精加工工序不宜放在最后。

（3）特殊处理，线外加工

废品率较高的粗加工工序应放在线外进行，以免影响生产线的正常节拍。

（4）精度高而不易确定是否能达到加工要求的工序，不应放在线内加工

如有必要在线内加工，则应采取相应措施，如采用备用机床、自动测量及刀具自动补偿装置等，甚至可以将其设计为备有支线的单独精加工生产线。

（5）工序集中

将工序合理地集中，可以把若干加工表面在一次安装完成后加工出来，减少工件安装定位的误差，提高被加工表面的相互位置精度。此外，还可以减少机床的使用数量从而简化生产线结构。所以，合理地集中工序是安排生产线工艺最重要的原则之一。

根据上述原则，在拟定加工顺序时，应首先保证将具有相互位置精度要求的加工表面安排在同一工位上加工。对于若干个固定用的螺栓孔，为了保证位置精度，也应安排在同一工位上加工，并应从结合面开始进行切削。对于同一方向的次要加工表面，也应尽量在一次安装下完成加工，以减少转位装置，简化生产线的结构。但是，工序集中的原则不是绝对的，对于某些工序，有时集中不如分散合理，甚至只能采用分散的原则完成工序。例如，单一化工序加钻大孔、钻小孔、攻丝等工序尽可能不要安排在同一主轴箱上，以免传动系统过于复杂，调整刀具不便。攻丝工序最好安排在单独的机床上进行，必要时也可以安排为单独的攻丝工序。这样可简化机床结构，有利于冷却润滑液和处理切屑。另外，为了提高工件加工过程中的可靠性，防止出现批量废品，应在生产线中安排必要的检查、排屑及清洗等辅助性工序。

（四）选择合理的切削用量

生产线的工艺方法和刀具类型确定之后，即可着手选择切削用量。合理的切削用

量是保证生产线加工质量和生产效率的重要因素。也是计算切削力、切削功率和切削时间的必要依据，是设计机床、夹具的基本依据，生产线切削用量的选择应注意以下几点：

1. 对于工作时间长，影响生产线节拍的关键工序，应尽量采用较大的切削用量以提高生产率，但应保证耐用度最短的刀具能连续工作一个班或半个班，以便利用非工作时间进行换刀。对于非关键性工序，生产率不是主要矛盾，可采用降低切削用量来提高刀具耐用度。

2. 同一主轴箱上的刀具，一般共用一个进给系统，故各刀具每分钟进给量应相同。如果少数刀具确有必要选取不同的进给量时，可以采用附加的增速或减速机构。

3. 同一主轴箱上有定向停车要求的各主轴，选择转速时，要使它们的每分钟转数相等，或互成整数倍。

4. 选择复合刀具的切削用量时，应考虑到刀具各部分的强度、耐用度以及其工作需求。

二、生产节拍的平衡和生产线的分段

（一）生产节拍的平衡

生产线的工序及其加工工序确定之后，可能出现各工序生产节拍不等的情况。如果有的工序节拍比生产线要求的节拍t_j长，这个工序将无法完成加工任务。若有的工序节拍又比t_j短得多，则该工序的设备负荷不足。因此，必须平衡各工序的节拍，使其与t_j相匹配，生产线才能取得良好的经济效果。按工艺流程初步选定所需设备台数以后，也需要经过平衡工序节拍，加以核实或适当增减，才能最后确定。

平衡工序节拍，首先按拟定的工艺流程，计算出了每一工序的工作循环时间t_g，即

$$t_g = t_q + t_f$$

$$t_q = \frac{L + l_r + l_c}{f}$$

式中 t_q ——基本工艺时间（min）；

t_f ——与t_q不重合的辅助时间(min)，可取为0.3～0.5min，主轴需定位时取0.6 min；

L ——工作行程长度（mm）；

l_r ——切入行程长度（mm）；

L_c ——切出行程长度（mm）；

f ——动力部件的进给速度（mm/min）。

将得出的t_g与生产线节拍t_j相比较，即可找出$t_g > t_j$，的工序，称为限制性工序，必须缩短其工作循环时间t_g。当t_g与t_j差不多时，能适当提高切削用量来缩短t_g，若$t_g > t_j$，可采用下列措施平衡生产线节拍：

1. 增加顺序加工工位，采用工序分散的方法，将限制性工序的工作行程分为几个工步，并分配到几个工位上完成。但采用这种方法时，会在工件已加工表面留下接刀痕。该方法只适用于粗加工或精度要求不高的工序。

2. 把t_g调整为t_j的整数倍，在限制性工序实行多件加工。这时需要将限制性工序单独组成一个工段，进行成组输送，其他各个工序仍是单件输送。这种方法较适用于加工中小型工件的生产线。

3. 当工件体积较大时，可以增加加工工位数，即在生产线上设置若干个同样的机床，同时加工同一道限制性工序，机床排列可采用串联和并联两种方式。

（二）生产线的分段

生产线的工艺顺序确定以后，由于生产线的工艺要求或因工位过多需要对生产线进行分段，以增加生产线的柔性和利用率。通常，对符合下列情况的生产线要进行分段：

1. 工件结构或工艺比较复杂时，为了完成全部工序的加工，工件需在生产线上进行多次转位。这些转位装置往往使得全线不能采用统一的输送带，须分段独立输送，此时转位装置就自然地将生产线分成若干个工段。

2. 为了平衡生产线的节拍，当需要对限制性工序采用“增加同时加工的工位数”或“增加同时加工的工件数”等方法以缩短限制性工序的工时，往往也需要将限制性工序单独组成工段，以便满足成组输送的需要。

3. 当生产线的工位数较多、生产线较长时，需要将其分段，并且在段与段之间设置贮料库。生产线各段独立工作，当某一段因故障停歇时，其他各段仍可继续生产，从而降低生产线的停车损失。较长的生产线一般每隔 10 ～ 15 台机床进行分段。

4. 如果生产线包括有不同种类的工序，而它们的生产率不易平衡时，也可按工序的种类划分工段并设置贮料库。

5. 当工件的加工精度较高时，需对粗加工工件存放一段时间以减少工件热变形和内应力对后续工序的影响。这种情况下也需要对生产线进行分段，工件经粗加工之后下线，在储料库中存放一定的时间，再运送到精加工工段进行加工。

三、生产线的技术经济性能评价

（一）加工设备选择

加工设备选择是生产线设计的关键环节。加工设备选择是否正确、合理，不但影响工件的加工质量、生产效率和制造成本，并且还涉及生产线的投资力度和投资的回收期限。

由于被加工工件的结构特征、生产批量、工厂条件等的不同，构成生产线的主要加工设备的选择也各不相同。在大批量生产的条件下，旋转体类工件通常选择全自动通用机床、经自动化改装的通用机床及专用机床。箱体、杂类工件通常选用组合机床。

采用通用机床进行自动化改装后建立生产线，可充分发挥现行设备的潜力，进一步提高劳动生产率。对某些暂时无条件设计与制造专用机床和组合机床的企业具有一定的现实意义。但通用机床要符合生产线要求，改装工作量较大，应在总体设计时，从工艺和结构上进行全面分析和规划，提出改装任务和要求。

为建立生产线而设计的专用机床，可充分满足生产线的要求。但一般专用机床的设计制造成本较高，建线所需时间较长，只有当产品结构稳定、生产批量较大时，才能取得较好的经济效益。用组合机床建立生产线时的设计、制造和调整所需时间较短，并且便于选择输送、转位、排屑等辅助装置，在一大批量生产中应用较为普遍。

数控机床是建立柔性加工生产线的基本设备，适用于中小批量工件的加工。随着科学技术的进步和市场竞争的需要，产品更新换代的周期大大缩短，以数控机床为主要加工设备的柔性加工生产线代表了机械制造业的发展方向。但其投资力度大，对企业的技术水平要求也高。

总之，在建立生产线时，到底采用哪一类设备更为合理，要根据具体情况，综合考虑各方面的因素，通过技术经济论证后才能最后确定。

（二）生产线的可靠性

生产线的可靠性是指在给定的生产纲领所决定的规模下，在生产线规定的全部使用期限内（例如一个工作班），连续生产合格产品的工作能力。生产线的可靠性越低，生产率损失就越大，实际生产率和理论生产率之间的差距也越大，并且会使管理人员和工人的数目增加，不仅增加了工资费用，而且还增加了维护和保养费用。

生产线发生了使其工作能力遭到破坏的事件，称为生产线的故障。由于生产线所使用的元器件、零部件、各种机构、装置、仪器、工具及控制系统等损坏或不能正常工作而引起的故障，称为元件故障。由于生产线加工的工件不符合技术要求以及组织管理原因引起的生产线停顿，称为参数故障。元件故障表征动作可靠性，参数故障表征工艺加工精度以及使用管理方面的可靠性。对生产线而言，参数故障往往是人为因素造成的，常不在考虑范围之内。当只考虑不发生元器件故障的平均工作时间时，设每一个元器件的故障与其他元器件的故障无关，则生产线不发生故障的概率决定于生产线所用元器件工作不发生故障的概率的乘积。随着生产线复杂程度的提高，其组成的元器件随之增多，即使每个元器件的可靠性都很高，生产线不发生故障的概率也随之急剧降低。

生产线的使用效果很大程度上还取决于寻找故障原因、排除故障、恢复其工作能力所需的时间。通常，生产线的工作能力恢复时间概率的分布，也像无故障工作时间概率的分布一样，可描述成指数形式。

提高生产线可靠性和使用效率的主要措施包括：

1. 采用可靠性高的元器件。
2. 提高故障搜寻和排除的速度。

3. 重要的和加工精度要求高的工位应采用并联排列，易出故障的电路和元器件应采用并联连接。将容错技术与自诊断技术相结合，自动查找故障并自动转换至并联元器件和电路上运行，也可由人工转换至并联的工位继续运行，这些都将大大节省故障停机时间。

4. 将生产线分成若干段，采用柔性连接，则每段组成的元器件数量将大量减少，也可提高生产线的可靠性。

5. 加强管理，克服因为技术工作和组织管理不完善所造成的生产线停机时间。

（三）生产线的生产率

1. 生产线的生产率分析

生产线的生产率是生产线设计的一个重要指标，由生产率可计算出生产线的生产节拍，并由生产节拍的大小来确定生产线所需机床的数量。

$$Q=\frac{N}{T}$$

式中　Q —— 用户所要求的生产线生产率；

N —— 生产线的计算生产纲领，是在生产纲领的基础上考虑废品率和备品率计算出来的（件 / 年）；

T —— 年基本工时（h/ 年）。

生产线在实际工作中，常由于故障、维修等原因而停歇，从而使生产线不能满负荷工作。若生产线的负荷率为η（η通常取 0.65 ～ 0.85，复杂的生产线取低值，简单的生产线取高值），则为满足用户所要求的生产率，生产线的设计生产率Q_1应为：

$$Q_1=\frac{Q}{\eta}$$

据此，生产线的节拍t_j应是：

$$t_j=\frac{60}{Q_1}=\frac{60}{Q}\eta=\frac{60T}{N}\eta$$

生产线中某一工序的单件时间为t_{gi}，则该工序所需的机床的数量S_i为：

$$S_i=\frac{t_{gi}}{t_j}$$

将所得机床数圆整为整数S_i'。若S_i值小数点后的尾数较小，可删去该尾数，因$S_i'<S_i$，为弥补该工序生产能力的不足，应该采取提高切削用量、降低辅助时间等

措施来提高其生产能力。

若$S_i' < S_i$，则该工序机床负荷率k_i为：

$$k_i = \frac{S_i}{S_i'}$$

一条生产线要完成若干道工序的加工，有些工序的机床可能利用得较充分，k_i较大；有的工序机床可能利用的不充分，k_i较小。为了衡量整条生产线机床的利用情况，在此引入生产线机床平均负荷率的概念，设生产线上有n道工序，则生产线的机床平均负荷率k_0为：

$$k_0 = \frac{1}{n}\sum_{i=1}^{n}\frac{S_i}{S_i'}$$

为保证生产线上机床能得到充分利用，生产线的机床平均负荷率处不应低于0.8。

2. 生产线生产率与可靠性的关系

生产线的可靠性直接影响生产线的生产率，生产线的各种停顿与生产线技术和组织管理息息相关，可靠性高，生产率也随之升高。生产线无故障工作的周期就其长短和起始点来说是随机分布的，生产线的实际生产率同样具有随机性。

如果将组织管理等人为因素所造成的生产线停顿包含在故障范畴之内，生产线的实际生产率就取决于三个因素，即生产线的工作循环周期、故障频率，以及发现和排除故障的持续时间。由此可见，生产线的可靠性对保障实际生产率的重要性。

（四）生产线的经济性分析

生产线的经济性分析是建造自动化生产线的一个重要的考虑因素，也是比较不同生产线设计方案优劣的主要评价指标。评价生产线经济效益的主要指标有：机床平均负荷率、占地面积、制造零件的生产成本、所需各类工作人员数量、投资费用及投资回收期等。

生产线的投资回收期长短直接关系到生产线的经济效益，是生产线设计重要经济指标。生产线建线投资回收期限T（年）为：

$$T = \frac{I}{N'(S-C)}$$

式中　I——生产线建线投资总额（元）；

S——零件销售价格（元／件）；

C——零件的制造成本（元／件）；

N'——生产纲领。

生产线建线投资回收期丁越短，生产线的经济效益越好，需要同时满足以下条件才允许建线：

1. 投资回收期应小于生产线制造装备的使用年限；

2. 投资回收期应小于该零部件的预定生产年限；

3. 投资回收期应小于 4—6 年。

在生产线建线投资总额 / 中，加工装备尤其是关键加工装备的投资所占份额较大，在决定选购复杂昂贵的加工装备前，必须核算其投资的回收期限，如在 4 ～ 6 年内收不回设备投资，则不宜选购，应该另行选择其他类型的加工装备。

第三节　机械加工生产线的总体布局

机械加工生产线的总体布局是指组成生产线的机床、辅助装备以及连接这些装备的工件输送装置的布置形式和连接方式。

一、机械加工生产线的总体布局形式

生产线的总体布局根据工件的结构形状、生产率、工艺过程和车间的布置情况不同而有各种不同的形式。本节主要介绍用于箱体、杂类工件加工的组合机床生产线和用于回转体类工件加工的通用机床、专用（非组合）机床生产线的常见布局方式。

（一）组合机床生产线的布局方式

1. 直接输送的生产线

这种输送方式是工件由输送装置直接输送，依次输送到各工位，输送基面就是工件的某一表面。直接输送方式可分为通过式和非通过式两种。通过式输送方式又可分为直线通过式、折线通过式、框型布局生产线及并联支线形式。

（1）直线通过式

工件的输送带穿过全线，由两个转位装置将其划分成三个工段，工件从生产线始端送入，加工完后从末端取下。其特点是输送工件方便，生产面积可充分利用。

（2）折线通过式

当生产线的工位数多、长度较大时，直线布置常常受到车间布局的限制，或者需要工件自然转位，这时可布置成折线式。在两个拐弯地方，生产线上的工件自然地水平转位 9°，并且节省了水平转位装置。

（3）框型布局生产线

这种布局形式适用于采用随行夹具传送工件的生产线，随行夹具自然地循环使用，可以省去一套随行夹具的返回装置，把折线通过式的装料处和卸料处相连，形成框型结构。

（4）并联支线形式

在生产线上，有些工序加工时间特别长，这时要采用在一个工序上重复配置几台同样的加工设备，以平衡生产线的生产节拍。

（5）非通过式生产线

非通过式生产线的工件输送装置位于机床的一侧。当工件在输送线上运行到加工工序位时，通过移动装置将工件移入机床或夹具中进行加工，加工完毕后工件移至输送线上。该方式便于采用多面加工，保证了加工面的相互位置精度，有利于提高生产率，但需增加横向运载机构，生产线占地面积较大。

2. 带随行夹具的生产线

带随行夹具的生产线在布局上必须考虑随行夹具的返回。随行夹具的返回方式有水平返回、上方返回和下方返回三种形式，对于水平返回方式，生产线在水平面内组成封闭布局。

由于随行夹具的数量多，精度要求高，在拟定带随行夹具的生产线结构方案时，应注意设法减少随行夹具的数量，主要途径有：减少生产线机床之间的空工位；提高工序集中的程度，以减少加工工位；提高返回输送带的传送速度，使返回输送装置上的随行夹具数量最少。

3. 悬挂输送生产线

悬挂输送方式主要适用外形复杂，没有合适输送基准的工件及轴类零件，工件传送系统设置在机床的上空，输送机械手悬挂在机床上方的机架上。各机械手间距一致，不仅能完成机床之间的工件传送，还能完成机床的上下料。其特点是结构简单，适用于生产节拍较长的生产线。这类传输方式只适用于加工尺寸较小、形状较复杂工件的生产线。

（二）生产线的连接方式

1. 刚性连接

刚性连接是指输送装置将生产线连成一个整体，用同一节奏把工件从一个工位传到另一工位。其特点是生产线中没有储料装置，工件输送有严格的节奏性，如某一工位出现故障，将影响其他工位。此种连接方式适用于各个工序节拍基本相同、工序较少的生产线或长生产线中的部分工段。

2. 柔性连接

储料装置可设在相邻设备之间或相隔若干台设备之间，由于储料装置储备一定数量的工件，因而当某台设备因故停歇时，其余各台机床仍可在一定时间内继续工作。当相邻机床的工作循环时间相差较大时，储料装置又起了调剂平衡作用。

（三）通用和专用（非组合）机床生产线布局方式

这种生产线的布局灵活性很大，一般有下列几种布局形式：

1. 输送装置设置于机床之间

输送装置结构简单，装卸工件辅助时间短，生产线占地面积小，适用于加工外形简单的轴套类零件。

2. 输送装置设置在机床的外侧

输送装置设置在机床外侧的布局可将机床纵向单行排列，也可按两行面对面排列或交错排列。工件输送装置根据机床的排列方式可设置在机床的前方或机床的一侧。

二、机械加工生产线总联系尺寸图

生产线的总联系尺寸图主要解决生产线中机床之间、机床与辅助装置之间以及辅助装置之间的尺寸关系。它是设计生产线各个部件的依据，更是检查各个部件相互关系的重要依据。

（一）机床与其他设备之间的联系

1. 机床间距离的确定

两台机床之间的距离尺寸 L，可按下式求出

$$L=(n+1)t$$

式中　t —— 输送带的步距（mm）；

n —— 两台机床之间的空工位数。

设置空工位的目的主要是便于生产线的调整与看管，是否设置空工位和设置空工位的数目要根据工件大小及具体情况而定。

为方便操作者出入和操作，由上式求得的 L 应该能保证相邻两台机床上运动部件的间距不小于 600 mm。

2. 输送带步距的确定

输送带步距 t 是指输送带上两个棘爪之间的距离。在确定输送带步距时，既要考虑机床间有足够的距离，又要尽量缩短自动线的长度。通常通用的输送带的步距取为 350～1 700 mm。

3. 装料高度的确定

对于组合机床生产线，装料高度是指机床底平面至固定夹具上定位面之间的高度尺寸。对于加工旋转体工件的自动线，装料高度是指机床底平面至卡盘中心线（或顶尖中心线）之间的高度尺寸。

选择装料高度，应考虑操作人员看管、调整和维修设备的方便性，一般取 800～1 200 mm 为宜。对于较大的工件，装料高度应取低一些，一般取 850 mm，考虑到中间床身排屑的可能性和结构刚性，最低不应小于 800 mm。对于较小的工件，装料高度可适当增加，一般可选为 1 000～1 100 mm。采用下方返回随行夹具的生产线，装料高度可适当增至 1 200 mm。

全线各台设备的装料高度应尽可能取一致（通用机床生产线）或者完全相等（专用机床及组合机床生产线）。有时为了利用机床间的高度差来实现工件在工序间的输送，装料高度可取不一致。但是，若全线从始端到末端都采用这一方式是不恰当的。为保证机床有合理的装料高度，常采用各种提升机构来造成必需的输送高度差。

4. 转位台联系尺寸的确定

转位台是用于改变工件加工部位的，工件在转位过程中，必须注意不要碰到前后工件及输送带上的棘爪，而且转位前和转位后的工件位置，应该能满足两段输送带中心在一条直线上的要求。

5. 生产线内各装备之间尺寸距离的确定

相邻不需要接近的运动部件的间距，可以小于 250 mm 或大于 600 mm 时，且应设置防护罩；对于需要调整但不运动的相邻部件之间的距离，一般取 700 mm，如有其中一部件需运动，则该距离应加大，如电气柜门需开与关，推荐取 800 ～ 1 200 mm；生产线装备与车间柱子间的距离，对于运动的部件取 500 mm，不运动的部件取 300 mm；两条生产线运动部件之间的最小距离一般取 1 000 ～ 1 200 mm；生产线内机床与随行夹具返回装置的距离应不小于 800 mm，随行夹具上方返回的生产线，其最低点的高度应比装料基面高 750 ～ 800 mm。

三、机械加工生产线其他设备的选择与配置

在确定机械加工生产线的结构方案时，还必须根据拟定的工艺流程，解决工序检查、切屑处理、工件堆放、电气柜和油箱的位置问题。

（一）输送带驱动装置的布置

输送带驱动装置一般布置在每个工段零件输送方向的终端，进而使输送带始终处于受拉状态。在有攻螺纹机床的生产线中，输送带驱动装置最好布置在攻螺纹前的孔深检查工位下方，可以防止攻螺纹后工件的润滑油落到驱动装置上面。

（二）小螺纹孔加工检查装置的布置

对于攻螺纹工序，特别是小螺纹孔（小于 M8）的加工，攻螺纹前后均应设置检查装置。攻螺纹前检查孔深是否合适、孔底是否有切屑和折断的钻头等；攻螺纹后则检查丝锥是否有折断的情况。检查装置安排在紧接钻头和攻螺纹工位之后，以便及时发现问题。

（三）精加工工序的自动检测装置

精加工工序应考虑采用自动测量装置，以便在达到极限尺寸时发出信号，及时采取措施。处理方法有：将测量结果输入到自动补偿装置进行自动调刀；自动停止工作循环，通知操作者调整机床和刀具；采用备用机床，当一台机床在调整时，由另一台机床工作，进而减少生产线的停止时间。

（四）装卸控制机构的布置

在生产线前端和末端的装卸工位上要设有相应的控制机构，当装料台上无工件或卸料工位上工件未取走时，能发出互锁信号，命令生产线停止工作。装卸工位应有足够空间，以便存放工件。

（五）毛坯检查装置的布置

若工件是毛坯，应该在生产线前端设置毛坯检查装置，检查毛坯的某些重要尺寸，当尺寸不合格时，检查系统发出信号，并且将不合格的毛坯卸下，以免损坏刀具和机床。

（六）液压站、电气柜及管路布置

生产线的动作往往比较复杂，其控制需要较多的液压站、电气柜。确定配置方案时，液压站、电气柜应远离车间的取暖设备，其安放位置应使管路最短、拐弯最少、接近性最好。

液压管路铺设要整齐美观，集中管路可设置管槽。电气走线最好采用空中走线，这样便于维护；若采用地下走线，应注意防止切削液及其他废物进入地沟。

（七）桥梯、操纵台和工具台的布置

规格较大、封闭布置的随行夹具水平返回方式生产线应在适当的位置设置桥梯，以便操作者进入。桥梯应尽量布置在返回输送带上方或设置在主输送带上方。当桥梯设置在主输送带的上方时，应力求不占用单独工位，同时一定得考虑扶手以及防滑措施，以保证安全。

生产线进行集中控制，需设置中央操作台，分工区的生产线要设置工区辅助操纵台，生产线的单机或经常要调整的设备应安装手动调整按钮台。

生产线的刀具数量大、品种多。为方便管理，设置刀具管理台及线外对刀装置是保证生产率的重要措施。

（八）清洗设备布置

在综合生产线上，防锈处理和装配工位之前，自动测量和精加工之后需要设置清洗设备。

清洗设备一般采用隧道式，按节拍进行单件清洗。通常与零件的输送采用统一的输送装置，也可采用单独工位进行机械清理，如毛刷清理、刮板清理等，以清除定位面、测量表面及精加工面上的积屑和油污。

第四节　柔性制造系统

一、柔性制造系统概述

（一）柔性制造系统定义

随着高效、多品种、小批量自动化生产的需要，柔性制造系统（FMS）已越来越受到人们的重视。FMS涉及的领域包括机床、电子技术、液压传动、机器人技术、控制技术、计算机技术以及系统工程等，它是一种集多种高新技术于一体的现代化制造系统。

20世纪60年代，国外大多数大批量生产的工厂已实现机械加工自动化，人们逐渐意识到大批量生产只占机械制造产品的15%～25%，而中小批量生产产品却占到75%～85%。在国民经济生产部门中的比重占绝对优势的多品种，中小批量生产企业的劳动生产率极大地落后于大批量生产企业。越来越多生产企业意识到只有不断改变产品结构，提高产品性能，并在保证质量的前提下不断提高生产率，降低成本，才能有效提高产品的竞争能力。20世纪70年代开始，计算机技术与机床加工技术结合所产生的数控机床开始应用于机械加工自动化生产线，并逐步取代了机械式和液压式机床。相对于传统的机床，数控机床通过加工代码的改变来完成零部件表面的成形，处理加工对象的灵活性明显，且加工调整所需时间较少，加工效率高，这为柔性制造系统的发展打下了良好的基础。随后，为了适应小批量生产的需求，人们将自动化生产线与数控机床相结合，实现了物料输送和储运系统的计算机控制与监测，建立了以计算机网络通信为基础的，面向车间的开放式集成制造系统，形成了早期柔性制造系统的雏形。随着柔性制造系统的不断完善与发展，他的定义在不同阶段具有不同的背景特性。

美国技术评价办公室认为：柔性制造系统是一个在最少人的干预下，能够生产一定范围的离散产品的生产设备，它包括生产设备工作站，机床和其他加工、装配或热处理设备，这些设备通过一个物料传送系统把工件从一个工作站送到另一个工作站，同时以一个集成的系统进行可编程控制。

美国国家标准局指出：柔性制造系统是由一个传输系统联系起来的一些设备，传输装置把工件放在其他连接装置上送到各加工设备，使工件加工准确、迅速和自动化。中央计算机控制机床和传输系统，柔性制造系统有时可同时加工几种不同零件。

美国国家电子加工协会控制分会认为：柔性制造系统是由四个或更多的机械设备组成的，具有完全的集成物料传输功能，并通过计算机可编程控制器进行控制。

国际生产工程研究协会指出：柔性制造系统是一个自动化的生产制造系统，在最少人的干预下，能够生产任何范围的产品族，系统的柔性通常受到系统设计时所考虑的产品族的限制。

欧共体机床工业委员会认为：柔性制造系统是一个自动化制造系统，它能够在最少的人的干预下，加工任一范围的零件族工件，该系统通常用于有效加工中小批量零件族，以不同批量或混合加工；系统的柔性一般受到系统设计时考虑的产品族限制，该系统含有调度生产和产品通过系统路径的功能。系统也具备有产生报告和系统操作数据的手段。

本书将柔性制造系统定义为："柔性制造系统是一种能迅速响应市场需求且能适应生产产品品种变化，从而进行快速调整的自动化制造技术，适用于多品种、中小批量生产。它是以计算机网络技术为基础，面向车间的开放式集成制造系统，是实现计算机集成制造系统的基础。它具有计算机辅助设计、数控编程、分布式数控、工夹具管理、数据采集和质量管理等功能。它由若干数控设备、物料运贮装置和计算机控制系统组成。"

在FMS系统中，系统运行的功能和决策均由计算机集成制造系统自行运算完成，除正常的机床运行外，这些实时作出的决策还包括物料的传递与运输、零部件的检测、零部件的清洗以及刀具与夹具的替换与入库。功能完善的FMS具有如下几方面的柔性：

1. 设备柔性

设备柔性是指系统易于实现加工不同类型零件所需的转换能力。衡量这种转变难易程度的指标有：更换磨损刀具的时间，为加工同一类而不同组的零件所需的换刀时间，组装新夹具所需的时间，机床实现加工不同类型零件所需的调整时间，包括了刀具的准备时间、零件安装定位和拆卸的时间以及更换数控代码程序的时间等。

2. 工艺柔性

工艺柔性是指系统能够以多种方法加工某一零件组的能力，也称为加工柔性。加工柔性是指系统能加工的零件品种数，也有人称之为混流加工柔性。工艺柔性是随机床调整费用下降而提高的，高工艺柔性的系统能单独地加工各种零件，无须按成批方式进行生产。衡量工艺柔性的指标是系统不采用成批方式而能同时加工零件的品种数。

3. 产品柔性

产品柔性是指系统能经济而迅速地转向生产新品的能力，即转产能力，也称为反应柔性，即为适应新环境而采取新行动的能力。有人提出的"设计更新柔性"也包括在产品柔性这一概念之内。产品的柔性增强了企业的竞争力和对市场变化的潜在反应能力。衡量产品柔性的指标是系统从生产一种零件转向生产另一种零件所需的时间。

4. 流程柔性

流程柔性是指系统处理其故障并维持其生产持续进行的能力。这种能力来自以下两种能力：一是零件能采用不同的工艺路线进行加工，二是能够用来完成加工某工序的机床不只配备一台。应当指出，流程柔性有潜在和现实两种之分。潜在的流程柔性是指零件加工路线虽已确定，但一旦发生停工故障，零件自动改换另一条路线进行加工。现实流程柔性是指同一零件可通过不同的工艺路线来进行加工，而不管设备是否发生故障。

5. 批量柔性

批量柔性是指系统在不同批量下运转且有利润的能力。提高自动化水平，由于机床调整费用下降，与直接劳动费用有关的可变成本下降，系统的批量柔性也就随之提高。衡量批量柔性的指标是保证系统运转且有利润的最小批量。该批量越小，系统的批量柔性就越高。

6. 扩展柔性

扩展柔性是系统能根据需要通过模块进行组建和扩展的能力。多数普通的装配流水线和自动加工流水线均不具备这种柔性，衡量这种柔性的指标是系统能扩展的规模大小。

7. 工序柔性

工序柔性是指系统变换零件加工工序顺序的能力。在一定的系统下，通常每种零件都有其确定的最佳工序顺次。但是，对某些工序来说，其最佳顺序却是随机的。有些工艺人员通常是将一个零件在各台机床上的加工工序都规定为固定的顺序。然而，不将流程顺序限死或不预先确定“下一工序”或“下一机床”，会大大提高以实时方式进行工艺路线决策的柔性。这类决策将根据当前系统的状态（哪台机床空闲、哪台有任务、哪台机床负荷过重）来进行。

8. 生产柔性

生产柔性是指系统能够生产各种类零件的总和。衡量这种柔性的指标是现有的技术水平。提高这种柔性的措施是提高系统的技术水平和机床的多功能性。系统的生产柔性即上述全部柔性的总和。

（二）柔性制造系统的组成与特点

一个 FMS 主要包括以下三部分：独立工作的可自动更换刀具与工件的数控机床；在各机床、装卸站、缓冲站之间运送零件和刀具的物料传送系统，包括机器人、托盘、传输线、自动搬运小车和自动立体仓库等；使系统中各部分协调工作的具有过程控制与数据采集和处理的计算机控制信息系统。

大多数 FMS 中，进入系统的毛坯在工件装卸站装夹到托盘夹具上，然后由工件传送系统中的自动引导小车（AGV）将它们取走并送到机床或机床旁的托盘缓冲站排列等待。加工所需的各种刀具经刀具预调仪预调将有关参数送到计算机后，由人工把刀具放置到刀具进出站的刀位上（或刀盒中），由换刀机器人（或 AGV）将它们送到机床刀库或中央刀库。在 FMS 中，各种活动均由计算机控制和协调，根据其规模不同，系统中的机床数有 2 ～ 20 台或更多。从当前的趋势看，系统中的机床数均较少，多为 2 ～ 4 台。FMS 的加工能力由它所拥有的加工设备决定。而 FMS 里加工中心所需的功率、加工尺寸范围和精度则由待加工的工件族决定。由于箱体、框架类工件在采用 FMS 加工时经济效益特别显著，故在现有的 FMS 中，加工箱体类工件的 FMS 所占的比重较大。物料传送系统由输送系统、贮存系统和操作系统共同组成，个别地选择FMS的物料贮运系统，可以大大减少物料的运送时间，提高整个制造系统的柔性和效率。计算机控制信息系统的核心是一个分布式数据库管理系统和控制系统，整个系统采用分级控制结构，即FMS中的信息由多级计算机进行处理和控制，其主要任务是：组织和指挥制造流程，并对制造流程进行控制和监视：向FMS的加工系统、物流系统（贮存系统、输送系统及操作系统）提供全部控制信息并进行过程监视，反馈各种在线检测数据，以便修正控制信息，保证设备安全运行。

FMS具有良好的柔性。但是，这并不意味着一条FMS就能生产各种类型的产品。事实上，现有的柔性制造系统都只能制造一定种类的产品。据统计，从工件形状来看，95%的FMS属于加工箱体件或回转体工件类型。从工件种类来看，很少有加工200种产品以上的FMS，多数系统只能加工10多个品种，现行的FMS大致可以分为三种类型。

1. 专用型

以一定产品配件为加工对象组成的专用FMS，例如底盘柔性加工系统。

2. 监视型

具有自我检测和校正功能的FMSO其监视系统的主要功能有：

（1）工作进度监视

包括运动程序、循环时间和自动电源切断的监视。

（2）运动状态的监视

包括刀具破损检测、工具异常检测、刀具寿命管理和工夹具的识别等。

（3）精度监视

包括镗孔自动测量、自动曲面测量、自动定位中心补偿、刀尖自动调整及传感系统。

（4）故障监视

包括自动诊断监控和自动修复。

（5）安全监视

包括障碍物、火灾的预测。

3. 随机任务型

随机任务型柔性制造系统是一种可同时加工多种相似工件的FMS。在加工中小批量相似工件（如回转体工件、壳体件以及一般对称体等）的FMS中，具有不同的自动化传送方式和贮存装置，配备有高速数控机床、加工中心和加工单元；有的FMS可以加工近百种工艺相近的工件。与传统加工方法相比，这种FMS优点是：

（1）生产效率可提高140%～200%。

（2）工件传送时间可缩短40%～60%。

（3）生产面积利用率可提高20%～40%。

（4）设备（数控机床）利用率每班可达95%。

一条规划设计正确的FMS应具备下述特点：

1. 设备利用率高

一组机床编入柔性制造系统后的产量一般可达到该组机床单机作业的 2 ～ 3 倍。柔性制造系统能获得高效率的原因，一是计算机系统把每个零件都提前安排了机床，一旦机床空闲，立即由 AGV 将零件送去加工，同时将相应数控加工程序输入这台机床；二是送上机床加工的零件早已装夹在托盘夹具上，并在托盘缓冲站等待，因而机床不用等待零件的装夹。

2. 减少了工序中的在制品量并缩短了生产准备时间

和一般加工相比，柔性制造系统在减少工序中零件积压数量方面的效果显著。这是因为其缩短了等待加工的时间。

3. 有快速响应改变生产要求的能力

柔性制造系统有其内在的灵活性，能适应由于市场需求变化和工程设计变更所出现的变动，能进行多品种生产，并且可以在不明显打乱正常生产计划的情况下，插入临时作业。

4. 维持生产的能力

许多柔性制造系统设计时采用了加工能力的冗余度，当一台或几台机床发生故障时，仍有降级运转的能力，物料传送系统可以按指令自行绕过故障的机床，全系统仍能维持生产。

5. 产品质量高

由于高度自动化，工序集中从而减少了零件的装夹次数。采用更好的夹具，有良好的检测监控系统，减少工人干预等因素都有利于提高产品质量。

6. 减少直接工时费用

由于系统是在计算机控制下进行工作，不需要工人去操作，唯一用人的工位是装卸站，且对工人的技术等级要求不高，因此直接工时费用将会降低。

（三）柔性制造系统的工作原理

FMS 工作过程可以这样来描述：柔性制造系统接到上一级控制系统的有关生产计划信息和技术信息后，由其信息系统进行数据信息的处理、分配，并按照所给的程序对物流系统进行控制。

物料库和夹具库根据生产的品种及调度计划信息提供相应品种的毛坯，选出加工所需要的夹具。毛坯的随行夹具由输送系统送出。工业机器人或自动装卸机按照信息系统的指令和工件及夹具的编码信息，自动识别及选择所装卸的工件及夹具，并将其安装到相应的机床上。

机床的加工程序识别装置根据送来的工件及加工程序编码，选择加工所需的加工程序并进行检验。全部加工完毕后，工件由装卸和运输系统送入成品库，同时把加工质量、数量信息送到监视和记录装置，随行夹具被送入成品库。

当需要改变加工产品时，只要改变传输给信息系统的生产计划信息、技术规划和加工程序，整个系统即能迅速、自动地按照新要求来完成新产品加工。

中央计算机控制着系统中物料的循环，执行进度安排、调度和传送协调等功能。它不断收集每个工位上的统计数据和其他制造信息，以便作出系统的控制决策。FMS是在加工自动化基础上实现物流和信息流的自动化，其“柔件”是指生产组织形式和自动化制造设备对加工任务（工件）的适应性。

二、柔性制造系统规划

随着技术的不断进步，自动化机械制造系统的结构日趋复杂，为了使建立的柔性制造系统获得较大的经济效益，需明确柔性制造系统所包含的内容和要达到的目标，并对柔性制造系统进行科学合理的规划与设计。

柔性制造系统规划的要点主要包括物料流、加工工位、控制系统及组织管理。

物料流主要对物料的传动方式以及布置方式，物料传递与运行的时间特性进行规划。这一规划过程是整个柔性制造系统的基础，因此最为重要。

加工工位规划是指对机床的选择，对机床使用率的统计与分析。合理的机床配置将直接影响机床使用率与零部件整体的生产效率。同时，在机床选型的过程中，要结合机床配置成本、整体运行效率等诸多因素进行全面考量。

控制系统是指实现柔性制造系统自动化运行的网络化控制装置和系统，由控制主机及控制软件两大部分组成。在控制系统架构过程中，要对各检测装置、运算设备等硬件进行配置选型规划。同时要对各检测装置的运行状态的监测数据进行实时的反馈，对机床运行情况进行运行参数的数据采集与检测，对物料传输与储运系统的运行工况进行监测和控制，并采用运行控制算法来实现物料传递路径的规划。

组织管理规划主要是指物料流传递与运行过程中对命令变更频率的管理与掌控、对冲突的自动化协调与组织规划。同时，在柔性制造系统设计过程中计划方式、人员变动及战略规划等内容也属于组织管理规划环节。

对柔性制造系统进行设计时，要以最少的投资，最短的工期实现高生产率的多品种加工与制造成本的降低。为了满足上述目标，大多数柔性制造系统在设计之初以缩短切削等工艺加工试件和缩短安装试件的方式来实现目标，同时努力降低机械系统的配置成本，但这些方法一定要建立在保证机械系统高利用率与高柔性的基础上。

在装卸站将毛坯安装在早已固定在托盘上的夹具中，然后物料传输系统把毛坯连同夹具和托盘输送到进行第一道加工工序的加工中心旁边排队等候，一旦加工中心空闲，工件就立即被送到加工中心进行加工。每道工序加工完毕以后，物料传输系统还要将该加工中心完成的半成品取出并送至执行下一工序的加工中心旁边排队等候，如此不停地进行至最后一道加工工序。在完成工件的整个加工过程中，除了进行加工工序外，若有必要还应进行清洗、检验以及压套组装等工序。

三、柔性制造系统的总体设计

柔性制造系统的总体设计主要是指零件族的确定、工艺分析、功能模型设计、信息模型设计、机加装备的选型、独立工位的配置、物料储运系统设计、总体布局设计、检测系统设计、控制系统的构建等。

（一）FMS 零件族的确定与工艺分析

FMS 设计时，必须针对工厂生产产品的具体需求来设计、建造或改造。确定零件族和进行工艺分析是从用户的观点出发，完成 FMS 系统的初步规划。因此，设计或改造机械加工柔性制造系统首先需要解决的问题是上线零件的选择与工艺分析。

根据确定的零件族和工艺分析，可完成 FMS 类型和规模的确定，机床及其他设备的类型和所需主要附件的确定，夹具种类和数量的确定，刀具种类和数量的确定，托盘及其缓冲站数量的确定，所需投资的初步估算。

工厂中，在大量的零件中选择适于 FMS 加工的零件是很困难的。确定零件族要兼顾用户的要求和 FMS 加工的合适性。由于影响零件族选择的因素很多，诸如零件的形状、尺寸、材料、加工精度、批量和加工时间等都是决定零件是否适宜用 FMS 加工的重要因素，就目前而言，还没有一种自动化的方式能实现零件族的确定，对上线零件的选择多由实践经验丰富的工艺人员人工完成，因此需耗费大量时间。

对于初选的零件族，仍要进行详细的工艺分析，对于加工工艺性较好的零部件予以保留，其余的应予以剔除。通常，主要从工序的集中性、工序的选择性、成组技术原则和切削参数合理性等方面进行零件的柔性制造系统的工艺性分析。

工序的集中性是指在一台机床上尽可能完成较多的工序（工步）加工，工序集中可以减少零件的装夹次数，有利于提高 FMS 运行效率和确保零件的加工精度。工序的选择性是针对不适于 FMS 加工的工序或者为了得到合适（合理）的装夹定位基准，可将某些工序

安排在线外加工。成组技术原则是指零件的工艺设计必须考虑成组技术原则。这样对于提高 FMS 的效率和利用率、简化夹层设计、减少刀具数量、简化 NC 程序编制和保证加工质量等众多方面都会带来好处。切削参数的合理性是一个十分重要又十分复杂的因素，必须结合机床、刀具、工件的材料、精度和刚度及工厂条件等因素综合考虑。

工艺分析的主要步骤：

1. 根据瓶颈分析和按零件族初选模型确定的上线零件进行消化和分析。

（1）零件轮廓尺寸范围、零件刚度分析（定性分析）；

（2）材料、硬度、可切削性分析；

（3）现行工艺或工艺特点分析；

（4）加工精度要求分析；

（5）装夹定位方式分析；

（6）其他方面的分析。

2. 工序划分原则。

（1）先粗加工后精加工，以保证加工精度；

（2）在一次装夹中，尽可能加工更多的加工面；

（3）尽可能使用较少的刀具，加工较多的加工面；

（4）使 FMS 中各台机床的负荷均衡。

3. 选择工艺的基准原则。

（1）尽可能与设计基准一致；

（2）应方便于装夹，使变形最小；

（3）不影响其他的加工面；

（4）必要时可以在线以外进行预加工。

4. 安排工艺路线。

5. 选择切削刀具并确定切削参数。

6. 拟定夹具方案。

7. 加工零件的检测安排。

（二）FMS 功能模型设计

柔性制造系统是一个由计算机控制的，具有多个独立的工作工位和一个（或多个）物料储运体系，一般用来在中小批量生产的情况下高效率地加工多于一个品种或规格的零件的制造系统。因此，它是一个包括独立工作的机床、工件与刀具运输装置和工件的总体控制网络在内的复杂系统。为对这一复杂的制造系统进行详细的描述，使系统的设计人员和用户对 FMS 的各种功能和细节达成一致的理解，必须建立系统的功能模型。FMS 的设计人员可以采用该功能模型描述和定义系统的功能，使 FMS 内的各种功能相互协调，FMS 的用户则可以通过功能模型表达对系统的各种需求，并将最终同意的功能模型作为对 FMS 进行检查、验收的技术文件和依据。

任何一个 FMS 的功能都可以分成两类，即信息变换的功能和制造变换的功能。信息变换的功能包括各种数据的采集、加工和处理，以及信息的储存和传送，制造变换的功能包括所有物理的、化学的和空间位置的变换。一般来说，FMS 中信息变换的功能由 FMS 的单元控制器和工作站控制器完成，制造变换的功能由各种加工设备、运输设备和清洗设备等完成。尽管功能模型设计规范并不涉及单元控制器和工作站控制器的设计，但是在建立 FMS 的功能模型时，必须要从 FMS 的总体角度来分析整个系统，使系统内的信息变换功能和制造变换功能相互协调、紧密联系，并且对它们提出要求，使得后续开发的单元控制器和工作站控制器能够与制造变换的物理系统相互协调地工作。

1. 信息变换的基本功能需求

（1）单元控制器的功能需求。

①制订单元计划

a. 任务特性分析；

b. 单元生产能力分析。

②实施单元调度

a. 确定作业排序；

b. 确定作业路径；

c. 单元内刀具、夹具调度；

d. 单元内物料调度；

e. 单元运行决策。

③过程监控

a. 单元运行状态监控；

b. 单元运行统计；

c. 单元运行分析与决策。

④信息处理与管理

a. 系统信息的存贮与维护；

b. 库存与历史数据的存贮和维护；

c. 单元运行动态信息存贮与维护。

（2）工作站控制器的功能需求：

①操作排序

a. 操作分解；

b. 顺序优化；

c. 实时调度。

②物料管理

a. 物料识别；

b. 物料存贮；

c. 物料输送与管理。

③运行监控

a. 设备状态监控；

b. 资源状态监控；

c. 运行方式设置与管理；

d. 故障诊断与监控。

④信息管理

a. 生产信息管理；

b. 工艺信息管理；

c. NC 程序管理；

d. 统计信息管理。

（3）网络和数据库的功能需求

①文件传送与存取；

②报文传送与存取；

③电子邮件；

④进程间通信；

⑤数据、文件与图形处理；

⑥分布式数据查询与修改；

⑦数据库文件形式存取与修改；

⑧数据库方式查询与修改。

2. 制造变换的功能需求

（1）工件的加工与处理

①工件的加工；

②工件的清洗；

③工件的检验。

（2）物流的处理

①工件的装卸；

②工件的运输；

③工件的存贮。

（3）刀具流的处理

①刀具的输入与输出；

②刀具的输送；

③刀具的存贮。

（三）FMS信息模型设计

要保证FMS的各种设备装置与物流系统能自动协调工作，并具有充分的柔性，能迅速响应系统内外部的变化，及时调整系统的运行状态，关键就是要正确地规划信息流，使各个子系统之间的信息有效、合理地流动，进而保证系统的计划、管理、控制和监视功能有条不紊地运行。

1. 计划层

属于工厂一级，包括产品设计、工艺设计、生产计划、库存管理等。它规划的时间范围（指任何控制级完成任务的时间长度）可从几个月到几年。

2. 管理层

属于车间或系统管理级，包括作业计划、工具管理、在制品及毛坯管理、工艺系统分析等。其规划时间从几周到几个月。

3. 单元层

属于系统控制级，担负分布式数控、输送系统与加工系统的协调、工况和机床数据采集等。其规划时间可从几小时到几周。

4. 设备控制层

属于设备控制级，包括机床数控、机器人控制、运输和仓库控制等，其规划时间范围可从几分钟到几小时。

5. 动作执行层

通过伺服系统执行控制指令而产生机械运动，或通过传感器采集数据和监控工况等。规划时间范围可以从几毫秒到几分钟。

对柔性制造系统而言，仅涉及管理层以下的几层。管理层和单元层可分别由高性能微机或超级微机作为硬件平台，但设备控制层大多由具有通信功能的数控系统和可编程逻辑控制器组成。

FMS 中的信息由多级计算机进行处理和控制。要实现 FMS 的控制管理，首先必须了解在制造过程中有哪些信息和数据需要采集，这些信息和数据从哪里产生，它们流向何处，又是怎样进行处理、交换和利用的。

归纳起来，FMS 系统中共有三种不同类型的数据，它们是基本数据、控制数据及状态数据。

1. 基本数据

基本数据在柔性制造系统开始运行时建立，在运行中逐渐补充，它包括系统配置数据和物料基本数据。系统配置数据有机床编号、类型、存贮工位号、数量等；物料基本数据包括刀具几何尺寸、类型、耐用度、托盘的基本规格，相匹配的夹具类型、尺寸等。

2. 控制数据

控制数据是指有关加工工件的数据，包括：工艺规程、数控程序、刀具清单、技术控制数据、加工任务单。加工任务单指明加工任务类型、批量以及完成期限。

3. 状态数据

状态数据用来描述资源利用的工况，包括：机床加工中心、清洗机、测量机、装卸系统和输送系统等装置的运行时间、停机时间及故障原因等的设备状态数据，表明随行夹具、刀具的寿命、破损、断裂情况及地址识别的物料状态数据和工件实际加工进度、实际加工工位、加工时间、存放时间、输送时间以及成品数、废品率的工件统计数据。

在 FMS 系统运行过程中，这些数据互相之间有着各种联系，它们主要表现为以下三种形式：

1. 数据联系

这是指系统中不同功能模块或不同任务需要同一种数据或者有相同的数据关系时而产生数据联系。例如编制作业计划、制定工艺规程及安装工件时，都需要工件的基本数据，这就要求把各种必需的数据文件存放在一个相关的数据库中，以便于共享数据资源，并且保证各功能模块能及时迅速地交换信息。

2. 决策联系

当各个功能模块对各自问题的决策相互有影响时而产生决策联系，这不仅是数据联系，更重要的是逻辑和智能的联系。例如编制作业计划时，对工件进行不同的混合分批，就会有不同的效果。利用仿真系统有助于迅速地做出正确的决定。

3. 组织联系

系统运行的协调性对FMS来说是极其重要的。工件、刀具等物料流是在不同地点、不同时刻完成控制要求，这种组织上的联系不仅是一种决策联系，而且具有实时动态性和灵活性，因此协调系统是否完善已成为FMS有效运行的前提。

从信息集成的观点来说，FMS是在计算机管理下，通过数据联系、决策联系和组织联系，把制造过程的信息流连成一个有反馈信息的调节回路，进而实现自动控制过程的优化。

1. 结构特征

按照计算机分级分布控制系统的要求，FMS控制系统可以划分为制定与评价管理、过程协调控制及设备制造三个层次，这是一种模块化的结构，各模块在功能和时间上既相互独立又相互联系。这样，尽管系统复杂，但对于每个子模块来说，可分解成各个简单的、直观的控制程序来完成相应的控制任务，这无疑在可靠性、经济性等方面有了明显改善。

要经济地实现这种结构化特征，其前提是各个层次间必须有统一的通信语言，规定明确的接口，除了建立中央数据库统一管理外，还应该设置局部数据缓冲区，保持人工介入的可能性，并具有友好的用户界面。

2. 时间特征

根据信息流的不同层次，它们对通信数据量与时间的要求也并不相同，计划管理模块内的通信主要是文件传送和数据库查询、更新，需要存取、传送大量数据。因此，往往需要较长时间。而过程控制模块只是平行地交换少量信息（如指令、命令响应等），但必须及时传递，实时性强，它的计算机运行环境应是在实时操作系统支持下并发运行的。

各部分的有机结合构成了一个制造系统的物流（工件流和刀具流）、信息流（制造过程的信息和数据处理）和能量流（通过制造工艺改变工件的形状和尺寸）。

（四）FMS各独立工位及其配置原则

通常情况下，柔性制造系统具有多个独立的工位。工位的设置与柔性制造系统的规模、类型和功能需求有关。

1. 机械加工工位

机械加工工位是指对工件进行切削加工（或其他形式的机械加工）的地点，一般泛指机床。FMS的功能主要由它所采用的机床来确定，被确定的工件族通常决定FMS应包含的机床类型、规格、精度以及各种类型机床的组合。一条FMS中机床的数量应根据各类被加工零件的生产纲领及工序时间来确定。必要时，应有一定的冗余。加工箱体类工件的FMS通常选用卧式加工中心或立式加工中心，根据工件特别的工艺要求，也可选用其他类型的CNC机床。加工回转体类工件的FMS通常选用车削加工中心机床。卧式加工中心和立式加工中心应具备托盘上线的交换工作台（APC），加工中心都应具有刀具存储能力，其刀位数的多少应顾及被加工零件混合批量生产时采用刀具的数量。选择加工中心时，还应考虑它的尺寸、加工能力、精度、控制系统及排屑装置的位置等。加工中心的尺寸和加工能力主要取决于控制坐标轴数、各坐标的行程长度、回转坐标的分度范围、托盘（或工作台）尺寸、工作台负荷、主轴孔锥度、主轴直径、主轴速度范围、进给量范围及主电动机功率等。

加工中心的精度取决于工作台和主轴移动的直线度、定位精度、重复精度以及主轴回转精度等。加工中心的控制系统应具备上网功能和所需的控制功能。加工中心排屑装置的位置将影响FMS的平面布局，应予以注意。

2. 装卸工位

装卸工位是指在托盘上装卸夹具和工件的地点，它是工件进入、退出FMS的界面。装卸工位设置有机动、液压或手动工作台。通过自动导引小车可将托盘从工作台上取走或将托盘推上工作台。操作人员通过装卸工位计算机终端可以接收来自FMS中央计算机的作业指令或提出作业请求。装卸工位的数目取决于FMS的规模及工件进入和退出系统的频度。一条FMS可设置一个或多个装卸工位，装卸工作台至地面的高度应便于操作者在托盘上装卸夹具及工件。操作人员在装卸工位装卸工件或夹具时，为了防止托盘被自动导引小车取走而造成危险，一般应在它们之间设置自动开启式防护闸门或其他安全防护装置。

3. 检测工位

检测工位是指对完工或部分完工的工件进行测量或检验的地点。对工件的检测过程既可以在线进行也可以离线进行。在线测量过程通常采用三坐标测量机，有时也采用其他自动检测装置。通过NC程序控制测量机的检测过程，并且将测量结果反馈到FMS控制器，用于控制

刀具的补偿量或其他控制行为。三坐标测量机测量工件的NC检测程序可通过CAD/CAM集成系统生成。离线检测工位的位置往往离FMS系统较远。一般情况下通过计算机终端由人工将检验信息输入系统，由于整个检测时间及检测过程的滞后性，离线检测信息不能对系统进行实时反馈控制，在FMS中，检测系统与监控系统一起往往作为单元层之下的独立工作站层而存在，以便于FMS采用模块化的方式设计与制造。

4. 清洗工位

清洗工位是指对托盘（含夹具及工件）进行自动冲洗和清除滞留在其上的切屑的地点。对于设置在线检测工位的FMS，往往也设置清洗工位，负责将工件上的切屑和灰尘彻底清除干净后再进行检测，以提高测量的准确性。有时，清洗工位还具有干燥（如吹风干燥）功能。当FMS中的机床本身具备冲洗滞留在托盘、夹具和工件上的切屑的功能时，可不单独设置清洗工位。清洗工位接收单元控制器的指令进行工作。

（五）FMS物料储运系统设计

FMS的物流系统主要包括以下三方面：

（1）原材料、半成品、成品所构成的工件流。

（2）刀具、夹具所构成的工具流。

（3）托盘、辅助材料、备件等所构成的配套流。

在生产中的物流贮运技术是指使有关工件、工具、配套件等的位置及堆置方式发生变化（移动和贮存）的技术。自动物料贮运包含在制造自动化系统之间及其内部的物料自动搬运和控制、自动装卸及存贮两个方面。

FMS 中的物流系统与传统的自动线或流水线有很大的差别，它的工件输送系统是不按固定节拍强迫运送工件的，而且也没有固定的顺序，甚至是几种工件混杂在一起输送的。也就是说，整个工件输送系统的工作状态是可以进行随机调度的，并且均设置有储料库以调节各工位上加工时间的差异。

物流系统主要完成两种不同的工作：一是工件毛坯、原材料、工具和配套件等由外界搬运进系统，以及将加工好的成品及换下的工具从系统中搬走；二是工件、工具和配套件等在系统内部的搬运和存贮。在通常情况下，前者是需要人工干预的，后者可以在计算机的统一管理和控制下自动完成。

1. 物料输送与控制系统

在 FMS 中，自动化物流系统执行搬运的机构目前比较实用的主要包括有轨输送系统（传输带、RGV）、无轨输送系统（AGV）和机器人传送系统。物料存储设备主要有自动化仓库（包括堆垛机）、托盘站和刀具库。自动化物料贮运设备的选择与生产系统的布局和运行直接相关，且要与生产流程和生产设备类型相适应，对生产系统的生产效率、复杂程度、占用资金多少和经济效益都有较大的影响。其中堆垛起重机多用于设有立体仓库的系统。在刚性自动生产线或组合自动线中自动输送和传送输送比较多，而在柔性自动生产线中以运输小车及机器人作为自动物料搬运设备的比较普遍。

有轨输送系统主要是指有轨运输车（RGV），用在直线往返输送物料。一种是在铁轨上行走，由车辆上的电动机牵引；另外一种是链索牵引小车，它是在小车的底盘前后各装一个导向销，地面上布设一组固定路线的沟槽，导向销嵌入沟槽内，保证小车行进时沿着沟槽移动。这种有轨输送小车只能向一个方向运动，所以适合简单的环形运输方式。采用空架导轨和悬挂式机器人，也属于有轨运输小车范畴。RGV 往返于加工设备、装卸站与立体仓库之间，按指令自动运行到指定的工位（加工工位、装卸工位、清洗站或立体仓库库位等）自动存取工件。

无轨输送系统即无轨运输自动导向小车（AGV）。AGV 系统是目前自动化物流系统中具有较大优势和潜力的搬运设备，是高技术密集型产品。当 AGV 刚刚发明时，人们称之为无人驾驶小车。AGV 系统主要由运输小车、地板设备以及系统控制器等三部分组成。

目前在柔性制造系统中应用较多的是感应线导引式物料输送装置。控制行驶路线的控制导线埋于车间地面下的沟槽内，由信号源发出的高频控制信号在控制导线内流过。车体下部的检测线圈接收制导信号，当车偏离正常路线时，两个线圈接收信号产生差值并作为输出信号，此信号经转向控制装置处理后，传至转向伺服电动机，实现转向和拨正行车方向。在停车地址监视传感器所发出的监视信号，经程序控制装置处理（与设定的行驶程序相比较）后，发令给传动控制装置，控制行驶电动机，实现输送车的起动、加减速和停止等动作。

在柔性制造系统中，AGV 具有以下功能：

（1）把工件、刀具和夹具传送到加工、排序和装配站，从加工、排序和装配站传送工件、刀具和夹具到指定地点。

（2）把毛坯输送到加工单元。

（3）从系统把加工完成的工件输送到装配地点。

（4）把工件、刀具和夹具输送到自动存储和检索系统，从自动存储和检索系统把工件、刀具和夹具输送到其他地点。

（5）传送废屑箱。

（6）把托盘自动升、降到加工和排序站里的短程运输机械上的记录位置，进行装卸的工作。

AGV 与 RGV 的根本区别在于：AGV 是将导向轨道（一般为通有交变电流的电缆）埋设在地面之下，由 AGV 自动识别轨道的位置并按照中央计算机的指令在相应的轨道上运行的"无轨小车"，而 RGV 是将轨道直接铺在地面上或架设在空中的"有轨小车"。AGV 还可以自动识别轨道分岔，因此 AGV 比 RGV 柔性更好。

输送带的传动装置带动工件（或随行夹具）向前，在将要到达要求位置时，减速慢行使工件准确达到要求位置。工件（或随行夹具）定位、夹紧完毕后，传动装置使输送带快速复位。传动装置有机械的、液压的和气动的。输送行程较短时一般多采用机械的传动装置，行程较长时常采用液压的传动装置，由于气动的传动装置的运动速度不易控制，传动输送不够平稳，因而应用较少。

按物料输送的路线将工件输送系统概括为两种类型：直线式输送和环形输送。直线式输送主要用于顺序传送，输送工具是各种传输带或自动输送小车，这种系统的贮存容量很小，常需要另设贮料库。环形输送是指机床一般布置在环形输送线的外侧或内侧，输送工具除各种类型的轨道传输带外，还有自动输送车或架空轨道悬吊式输送装置。为了将带有工件的托盘从输送线或输送小车送上机床，在机床前还必须设置往复式或回转式的托盘交换装置。

2. 自动存储与检索系统

自动化存贮与检索系统与机器人、AGV 和传输线等其他设备连接，以提高加工单元和 FMS 的生产能力。对人多数工件来说，可将自动化存贮与检索系统视为库房工具，用以跟踪记录材料和工件的输入、存贮的工件、刀具和夹具，必要时可以随时对它们进行检索。

（1）工件装卸站

在 FMS 中，工件装卸站是工件进出系统的地方。在这里，装卸工作通常采用人工操作完成。FMS 如果采用托盘装夹运送工件，则工件装卸站必须有可与小车等托盘运送系统交换托盘的工位。工件装卸站的工位上安装有传感器，与 FMS 的控制管理系统连接，指示工位上是否有托盘。工件装卸站设有工件装卸站终端，也与 FMS 的控制管理系统连接，用来把装卸工装卸结束的信息输入以及把要求装卸工装卸的指令输出。

（2）托盘缓冲站

在FMS物流系统中，除了必须设置适当的中央料库和托盘库外，还必须设置各种形式的缓冲贮区来保证系统的柔性。因为在生产线中会出现偶然的故障，如刀具折断或机床故障。为了不致阻塞工件向其他工位的输送，输送线路中可设置若干个侧回路或多个交叉点的并行物料库以暂时存放故障工位上的工件。因此，在FMS中，建立适当的托盘缓冲站或托盘缓冲库是非常必要的。托盘缓冲库是托盘在系统中等待下一工序系统加工服务的地方，托盘缓冲库必须有可与小车等托盘运送系统交换托盘的工位，为了节省地方，可采用高架托盘缓冲库，在托盘缓冲库的每个工位上安装有传感器，直接与FMS的控制管理系统连接。

（3）自动化仓库

自动化仓库是指使用巷道式起重堆垛机的立体仓库。它在制造自动化系统中占有非常重要的地位，以它为中心组成了一个毛坯、半成品、配套件或成品的自动存储、自动检索系统，包括库房、堆垛起重机、控制计算机、状态检测器以及信息输入设备（如条形码扫描器）等。由于自动化仓库具有节约劳动力、作业迅速准确、提高保管效率、降低物流费用等优越性，不仅在制造业，而且在商业、交通、码头等领域也受到了广泛重视。它也是柔性制造系统的重要组成部分，能大大提高物料贮存流通的自动化程度，并提高管理水平。

3. 刀具流支持系统

刀具流支持系统在FMS中占有重要的地位，其主要职能是负责刀具的运输、存储和管理，适时地向加工单元提供所需的刀具，监控管理刀具的使用，及时取走已报废或耐用度已耗尽的刀具。在保证正常生产的同时，最大程度地降低刀具成本，刀具管理系统的功能和柔性程度直接影响到整个FMS的柔性和生产效率。

典型的FMS刀具管理系统通常包括刀库系统、刀具预调站、刀具装卸站、刀具交换装置以及管理控制刀具流的计算机系统。FMS的刀库系统包括机床刀库和中央刀库两个独立部分。机床刀库内存放加工单元当前所需要的刀具，其刀具容量有限，一般存放40～120把刀具，而中央刀具库的容量很大，有些FMS的中央刀具库可容纳数千把各种刀具，可供各个加工单元共享。在大多数情况下，刀具是由人工供给的，即按照工艺规程或刀具调整单的要求，将某一加工任务的刀具在刀具预调仪上调整好，放在手推车或刀具运送小车上，送到相应的机床。若使用模块化刀具，则在刀具预调前还要进行刀具组装。预调好的刀具，如果暂时不用，可以放在临时刀库中。使用后的刀具要经过拆卸和清洗，一部分刀片报废，一部分重新刃磨后使用。

刀具交换通常由换刀机器人或刀具运送小车来实现。它们负责完成在刀具装卸站、中央刀库以及各加工单元（机床）之间的刀具传递和搬运。FMS中的所有加工中心都备有自动换刀装置，用于将机床刀库中的刀具更换到机床主轴上，并取出使用过的刀具放回到机床刀具库。常用的加工中心机床自动换刀的方式包括：

（1）顺序选择方式

这种方式是将所需使用的刀具按加工顺序，依次放入刀库的每个刀座内。每次换刀时，刀具按顺序转动一个刀座的位置取出所需的刀具，并将已经使用过的刀具放回原来的刀位。这种换刀方式不需要刀具识别装置，驱动控制比较简单，可以直接由刀库的分度机构来实现，缺点是同一刀具在不同工序中不能重复使用，装刀顺序不能搞错，否则将发生严重事故。

（2）刀具编码方式

这种方式采用特殊结构的刀柄对每把刀具进行编码。换刀时，根据控制系统发出的换刀指令代码，通过编码识别装置从刀库中寻找出所需要的刀具。由于每把刀具都有代码，因而刀具可放入刀库中任何一个刀座内，每把刀具可供不同工序多次重复使用，使刀库容量减小，也可能避免因刀具顺序的差错所造成的加工事故。

（3）刀座编码方式

刀座编码方式是对刀库的刀座进行编码，并将刀座编码相对应的刀具一一放入指定的刀座内，然后根据刀座编码选取刀具。这种方式可以使刀柄结构简化，能够采用标准的刀柄。与顺序选择方式比较，其突出的优点是刀具可以在加工过程中多次重复使用。

在 FMS 的刀具装卸站、中央刀库以及各加工机床之间进行远距离的刀具交换，必须有刀具运载工具的支持，常见的运载工具有换刀机器人和刀具输送小车（AGV）。若按运行轨道的不同，刀具运载工具可分为有轨和无轨两种。无轨刀具运载工具的价格昂贵，而有轨的价格相对较低，并且工作可靠性高，因此在实际系统中多采用有轨换刀装置。有些柔性制造系统是通过 AGV 将待交换的刀具输送到各台加工机床上，在 AGV 上放置一个装置刀架，该刀架可容纳 5～20 把刀具，AGV 将这刀架运送到机床旁边，通过主轴过渡装置、专用刀具取放装置或自动化换刀机械手将刀具从 AGV 装载刀架上装入机床刀库。

（六）FMS 总体布局

FMS 总体布局形式通常可从设备之间关系、物料传输路径两个方面加以考虑。

1. 基于设备之间关系的布局

按照 FMS 中加工设备之间的关系，平面布局形式可以分为随机布局、功能布局、模块布局和单元布局。

（1）随机布局

即生产设备在车间内可任意安置。当设备少于 3 台时可以采用随机布局形式；当设备较多时，这种布局方式将使系统内的运输路线复杂，容易出现阻塞，且会增加系统内的物流量。

（2）功能布局

即生产设备按照功能分为若干组，相同功能的机床设备安置在一起，也是传统所谓的“机群式”布局。

（3）模块布局

即把机床设备分为若干个具有相同功能的模块。这种布局的优点是可以较快地响应市场变化和处理系统发生的故障；缺点是不利于提高设备利用率。

（4）单元布局

即按成组技术加工原理，将机床设备划分成若干个生产单元，每一个生产单元只加工某一族的工件。这是FMS采用较多的布局形式。

2. 基于物料传输路径的布局

按工件在系统中的流动路径，FMS总体平面布局分为直线形、环形、网络形等多种形式。

（1）直线形布局时

各独立工位排列在一条直线上。自动引导小车沿直线轨道运行，往返于各独立工位。当独立工位较少，工件生产批量较大时，大多要采用这种布局形式，且采用有轨式自动引导小车。

（2）环形布局时

各独立工位不按一条直线排列。自动引导小车沿封闭式环形或任意封闭式曲线路径运动于各独立工位之间。环形布局形式使得各独立工位在车间中的安装位置比较灵活；其容错能力强，当某一机床发生故障时，不影响整个系统的生产，且多采用无轨自动引导小车。

（3）当系统中有较多的独立工位时

若将它安置在具有交叉网络的路径上，那么，自动引导小车就可在各独立工位之间选择较短的运行路线，这种布局的设备利用率和容错能力最高，一般采用无轨自动引导小车，但小车的控制调度比较复杂。

FMS平面布局的影响因素众多，如系统规模、机床结构、车间面积和环境等，在设计FMS平面布局时，应遵循以下原则：

（1）有利于提高加工精度。例如，振动较大的清洗工位应离机床和检测工位较远；三坐标测量机的地基应具有防振沟和防尘隔离。

（2）有利于人身安全，设置安全防护网。

（3）占地面积较小，且便于维修。

（4）排屑方便，便于盛切屑的小车推出系统或具有排屑自动输送沟。

（5）便于整个车间的物流通畅和自动化。

（6）避免系统通信线路受到外界强磁场干扰。

（7）模块化，使系统控制简洁。

（8）便于系统扩展。

（七）FMS仿真

FMS是十分复杂的系统，它由许多互相连接的机械设备及装置，随工件形状和工艺内容变更而更换的夹具、刀具等物料以及计算机硬件和软件等组成。整个系统必须协调有效运行。为了减少投资费用和投资风险，使FMS配置和布局更为合理，使建成的系统在运行中效率更高，近年来国内外广泛开展了FMS仿真研究。研究内容大致可分为两个方面：一是试图解决与FMS规划设计有关的仿真问题；二是试图解决与FMS运行有关的仿真问题。

用来建立FMS仿真模型的理论有排队论、扰动分析法、Petri网理论、活动循环图法以及极大代数法等。尽管FMS仿真软件的研究、开发者所设计的仿真模型各不相同，其侧重点也不同，但综合起来看，它包含了以下四个层次仿真内容：

1.FMS的基本组成

合理地确定FMS的独立工位和其他基本组成部分，诸如加工中心、装卸站、托盘缓冲站、自动引导小车、中央刀库和换刀机器人等。以选定的零件族及相应的工艺参数等有关参数作为输入以期给出合理的配置。

2.工作站层的控制

主要模拟工作站这一独立工艺单元的动作，例如机器人与机床之间的动作是否协调。

3.生产任务调度

根据FMS的状态信息实时做出管理决策，为系统重新进行调度产生新的控制指令。

4.生产计划仿真

接收生产任务单以后，生成FMS单元的生产计划以及与该活动有关的统计数据，借以作出优化的决策。

仿真是一种实验手段，通过输入一些与系统和零件有关的仿真原始数，根据它输出的各种数据信息，可以帮助人们解决诸如系统储备量、故障敏感度、损耗和工艺过程方案选择等问题，还可以帮助人们选择更优的机械设备布局以及合理数量的托盘缓冲站等。

规划设计时，输入仿真软件的参数通常有两类：一类是与FMS系统有关的参数，称为系统参数；另一类是与被加工零件工艺有关的参数，称为零件参数。前者如加工中心、工件装卸工位、托盘缓冲站、AGV、换刀机器人等机器或装置的数量，中央刀库的容量，AGV及换刀机器人的运行速度，托盘交换和换刀时间等。后者如零件种类、批量，上下料时间，所需刀具种类数、大或小刀具、刀具耐用度、姊妹刀（备份刀）数，工步、相应加工时间和采用的刀具等。仿真时，系统参数可根据机床的技术参数，系统的组成以及组成部分的需要和实现这种需要的可能性所规定的参数等来确定。零件参数则是根据零件族工艺分析给出的。

在总体规划设计过程中，设计者可通过输入系统参数和零件参数作下面分析：

（1）单个零件批量加工的仿真；

（2）混合分批加工的仿真；

（3）改变系统参数（例如托盘缓冲站数量）的仿真；

（4）其他特殊要求的仿真。

利用仿真技术只是来辅助FMS的规划设计。仿真只是在具体条件下系统所得到的一组组特殊解，但最佳解只能由设计者根据输出的众多结果作最后决策。

目前，一些研究人员将人工智能技术引入到FMS的仿真中。与传统方法相比，它可以利用专家的专门知识和推理能力来解决常规方法难以求解的问题，给出具有专家水平的建议。在专家系统中，数据库、知识库与控制结构是分离的，因此修改其中任何数据或模型时不会影响到其他部分。实践表明，在FMS仿真中采用人工智能技术是十分必要的，也是当前研究的方向。

（八）FMS检测

FMS是一个十分复杂的、具有高柔性、高效率的高度自动化制造系统。它把计算机技术、微电子技术、NC技术、机械加工技术、自动化技术、传感技术综合地融为一体。检测监视是FMS的耳目，对保证FMS各个环节有条不紊地运行起着重要作用。FMS中检测监视系统的总体功能包括：

1. 工件流监视

对工件流系统的监视内容包括工件进出站的空、忙状态检测；工件、夹具在工件进出站上的自动识别；自动引导小车运行与运行路径检测；工件（含夹具、托盘）在工件进出站、托盘缓冲站、机床托盘自动交换装置与自动引导小车之间的引入、引出质量检测；物料在自动立体仓库上的存取质量检测。

2. 刀具流监视

对刀具系统的检测监视内容包括贴于刀柄上的条码的阅读与识别；刀具进出站刀位状态（空、忙、进、出）检测；换刀机器人运行状态与运行路径检测；换刀机器人对刀具的抓取、存放质量检测；刀具寿命检测、预报；刀具破损检测。

3. 系统运行过程监视

对机械加工设备的工作状态进行监视，内容包括：通过闭路电视系统，观察运行状态正常与否；主轴切削扭矩检测；主电动机功率检测；切削液状态检测；排屑状态检测；机床振动和噪声检测。

4. 环境参数及安全监视

环境参数及安全监控主要包括以下内容：电网的电压、电流值监测；空气的温度、湿度监控；供水、供气压力的监测；火灾进出系统的统计检测。

5. 工件加工质量监视

工件加工质量的检测方式有以下几种：利用机床所带的测量系统对工件进行在线主动检测；采用测量设备（如三坐标测量机或其他检验装置）在系统内对工件进行测量；在FMS线外测量。

（九）FMS多级控制系统

控制系统是FMS实现其功能的核心，它管理与协调FMS内各个活动以完成生产计划和达到较高的生产率。由于FMS是一个复杂的自动化集成体，所以对它的控制是由一个复杂的硬件和软件系统完成的，他的设计上的优劣将直接影响到整个FMS的运行效率和可靠性。

系统的硬件组成和控制范围往往是决定控制系统结构的主要因素。因为FMS内被控制的设备和过程较多，控制范围较大，为避免用一台计算机进行过于集中的控制，对计算机的可靠性要求很高等问题，目前FMS大都采用多级计算机控制，以此来分散主计算机的负荷，提高控制系统的可靠性，同时也便于硬件与软件的功能设计和维护。

一般的FMS多级计算机控制系统常采用三级结构：第一级为单元级即主控计算机，主要对FMS单元的运行进行管理，包括从上层——车间层接收制造指令、数控程序、刀具数据及控制指令；编制日程进度计划，为各加工工作站分配作业计划，把生产所需的信息，如加工工件的种类和数量、每批生产的期限、刀具种类和数量等送到第二级计算机。生产过程中，各种机床设备、检验设备、运输设备等的控制计算机为第三级，它们的状态信息可以在第一级进行分析、检验、分类和存储，并打印出报表。第二级为工作站级，这一级主要完成专用的、明确规定的任务，主要是对机床、刀具以及各种装卸机器人的协调与控制，包括对各种加工作业的控制和监测，大多数要求该级计算机或微处理器能对外部事物作出快速响应，负责收集信息、处理检测数据、执行上级计算机下达的命令、及直接控制生产过程等任务。

自动化加工设备在FMS中的控制主要有：

1. 数字控制

数控机床是大规模集成电路、高精度电动机位置伺服控制系统和转速控制系统与多坐标机床结合的产物。它采用硬件逻辑控制，用可编程控制器进行加工动作和辅助动作的程序控制，由存储器来存储NC程序和PLC程序，并由数字硬件电路来完成NC程序中的移动指令和插补运算。系统具有NC程序编程支持功能，操作人员可手工在系统上编程。同时，系统也有通信功能，接受自动编程机或者CAD/CAM系统生成的NC程序。

2. 自适应控制

数控机床的自适应控制主要具有两个方面的功能：检测及识别加工环境中影响机床性能的随机性变化；决定如何修正控制策略或修正控制器的某些部分，以获得最优的加工性能，修正控制策略以实现期望的决策。由此可见，自适应控制的三个基本任务是：识别、决策和修改。

3. 控制传感器

为了满足数控系统的需要，必须对刀具和工件工作台的位移及转角、驱动装置的速度、切削力和扭矩、刀具与切削面的距离、刀具温度、切削深度参数进行测量。因此设置有各类传感器，如：位置与速度传感器、温度传感器、力和力矩传感器、触觉传感器、光学传感器、接近传感器、工件材质传感器和声学传感器等。

4. 计算机数字控制

CNC系统与NC系统的功能基本相同，只不过CNC系统中包括有一套计算机系统。逻辑控制、几何数据处理及NC程序执行等许多控制均由计算机来实现，具有更强的柔性。

5. 集成化DNC系统

通常NC或CNC系统具有串行数据通信接口，可用于实现NC程序的双向传送功能。如果CNC系统支持DNC功能，则可通过串口及计算机网络来连接FMS系统控制器。如果CNC系统不支持DNC功能，一般较难集成到FMS系统中去。但也可以对原有机床的PLC进行一些改造，使CNC系统能够接收简单的加工动作控制指令，并可反馈一些必需的加工和动作状态，这样也能通过串口来连接FMS控制器。

6. 通过网络的通信集成

现代的CNC，提供了通过PLC网络和通过CNC系统直接支持因特网的通信集成方式。它具有通信可靠、通信速度快、系统开放性好及控制功能全的优点，是DNC系统发展及应用的方向。

第六章 机械加工工艺规程设计

第一节 工艺规程设计概述

一、生产过程与工艺过程

机械产品制造时，将原材料转变为成品的全部过程称为生产过程。对机器生产而言包括原材料的运输和保存，生产的准备，毛坯的制造，零件的加工和热处理，产品的装配及调试，油漆，包装等内容。生产过程中的内容十分广泛，现代企业用系统工程学的原理和方法组织生产和指导生产，将生产过程看成是一个具有输入和输出的生产系统。

在生产过程中，直接改变原材料（或毛坯）形状、尺寸、位置和性能，使之变为成品或半成品的过程，称为工艺过程，它是生产过程的主要部分。工艺过程又可分为铸造、锻造、冲压、焊接、热处理、机械加工、装配等类别。机械制造工艺过程一般是指零件的机械加工工艺过程和机器的装配工艺过程的总和，其他过程则称为辅助过程，例如检验、清洗、包装、转运、保管、动力供应、及设备维护等。用切削的方法逐步改变毛坯或半成品的形状、尺寸和表面质量，使之成为合格的零件所进行的工艺过程，称为机械加工工艺过程。在机械制造业中，机械加工的工艺过程是最主要的工艺过程。

二、机械加工工艺过程组成

机械制造工艺过程是由一系列按顺序排列的工序组成的，毛坯依次按照这些工序内容要求进行生产加工而成为成品。工序可以分为工艺过程工序和辅助过程工序。工艺过程工序主要包括铸造工序、锻造工序、冲压工序、焊接工序、热处理工序、机械加工工序、装配工序等。辅助过程工序主要包括清洗工序、质检工序、包装工序、涂漆工序、转运工序等。机械加工工艺过程主要由机械加工工序组成，而机械加工工序又可细分为工步、装夹及工位。本章所提到的工序未经说明专指机械加工工序。

（一）工序

工序是指一个或一组操作者，在一个工作地点或一台机床上对同一个或同时对几个零件进行加工所连续完成的那一部分工艺过程。工序是工艺过程的基本组成单元，是安排生产作业计划、制定劳动定额和资源调配的基本计算单元。只要操作者、工作地点或机床、加工对象三者之一变动或者加工不是连续完成，就不是一道工序。同一零件、同样的加工内容也可以安排在不同的工序中完成。制定机械加工工艺过程，必须确定该工件要经过几道工序以及工序进行的顺序。仅列出主要工序名称及其加工顺序的简略工艺过程，简称为工艺路线。

（二）工步

指在同一个工序中，当加工表面不变、切削工具不变、切削用量中的进给量和切削速度不变的情况下所完成的那部分工艺过程。当构成工步的任一因素改变后，即成为新的工步。一个工序可以只包括一个工步，也可以包括几个工步。在机械加工中，有时会出现用几把不同的刀具同时加工一个零件的几个表面的工步，称为复合工步。有时，为提高生产效率，会出现在铣床用组合铣刀说平面的情况，就可视为一个复合工步。

（三）工作行程

工作行程在生产中也称为走刀。当加工表面由于被切去的金属层较厚，需要分几次切削，在加工表面上切削一次所完成的那一部分工步称为走刀，每切去一层材料称为一次走刀。一个工步可包括一次或几次走刀。

（四）安装

安装是指零件经过一次装夹后所完成的那一部分工序。将零件在机床上或夹具中定位、夹紧的过程称为装夹。在一个工序中，零件可能装夹一次，也可能需要装夹几次，但是应尽量减少装夹次数，避免产生不必要的误差和增加装卸零件的辅助时间。如果一个工序的零件经过多次装夹才能完成，则该工序包括多个安装。

（五）工位

为了减少零件装夹次数、提高生产率，常采用转位（移位）夹具、回转工作台，使零件在一次装夹后能在机床上依次占据几个不同的位置进行多次加工，零件在机床上所占据的每一个待加工位置称为工位。

三、生产类型及其工艺特点

（一）生产纲领

企业在计划期内应当生产的某种产品的产量和进度计划称为该产品的生产纲领。机器产品中某零件的年生产纲领应将备品及废品也计入在内，并且按下式计算：

$$N = Q_n(1+\alpha\%)+(1+\beta\%)$$

式中 N —— 零件的生产纲领（件）；

Q —— 产品的年产量（台）；

n —— 每台产品中该零件的数量（件 / 台）；

$\alpha\%$ —— 备品率；

$\beta\%$ —— 废品率。

年生产纲领是设计和修改工艺规程的重要依据，是车间或企业设计的基本文件，其确定后方可确定生产批量。生产批量是指一次投入或产出的同一产品（零件）的数量。

（二）生产类型

在机械制造业中，根据零件生产纲领或生产批量可以把生产划分成几种不同的类型：单件生产、成批生产和大量生产。

1. 单件生产

单件生产的基本特点是产品品种繁多，每类产品仅制造一个或几个，而且很少再重复生产，甚至完全不重复。重型机器制造、大型船舶制造、非标准专用设备产品以及设备修理、产品试制等通常属于这种类型。

2. 成批生产

成批生产的基本特点是生产某几种产品，每种产品均有一定数量，各种产品是分期分批轮番生产，工作地点的加工对象周期性重复。普通车床、工程机械等许多标准通用产品的生产属于这种类型。成批生产中，同一产品或零件每批投入生产的数量称为批量。根据产品批量的大小，成批生产又分为小批生产、中批生产、大批生产。小批生产的工艺特点接近单件生产，常将两者合称为单件小批生产。大批生产的工艺特点接近大量生产，常合称为大批大量生产。

3. 大量生产

大量生产的基本特点是产品的产量大、品种少，大多数在工作地点长期重复地进行某一种零件的某一工序的加工。如汽车、拖拉机、轴承等的生产通常是用大量生产方式进行的。

四、机械加工工艺规程的概念

机械加工工艺规程是规定产品或零部件机械加工工艺过程和操作方法等的工艺文

件，它是在具体的生产条件下，把较为合理的工艺过程和操作方法，按照规定的形式书写成工艺文件，经审批后用来指导生产。机械加工工艺规程一般包括以下内容：工艺路线、各工序的具体内容及所用的设备和工艺装备、工件的检验项目及检验方法、切削用量、时间定额等。

其中，工艺路线是指产品或零部件在生产过程中，根据毛坯准备到成品包装、入库各个过程的先后顺序，是描述物料加工、零部件装配等操作顺序的技术文件，是多个工序的序列。工艺装备（简称工装）是产品制造过程中所用各种工具的总称，包括刀具、夹具、量具、模具和其他辅助工具等。

五、机械加工工艺规程的作用

（一）工艺规程是指导生产的重要技术文件。

工艺规程是依据工艺学原理和工艺试验，在总结实际生产经验和科学分析的基础上，经过生产验证而确定的，是科学技术和生产经验的结晶。所以，它是获得合格产品的技术保证，是指导企业生产活动的重要文件。因此，在生产中必须遵守工艺规程，只有这样才能实现优质、高产、低成本和安全生产。但是，工艺规程也不是固定不变的，技术人员经过总结、革新和创造，可根据生产实际情况，对现行工艺不断地进行改进和完善，但必须要有严格的审批手续。

（二）工艺规程是生产准备和生产管理的重要依据。

生产计划的制定，产品投产前原材料和毛坯的供应、工艺装备的设计、制造与采购、机床负荷的调整、作业计划的编排、劳动力的组织、工时定额的制定以及成本的核算等，都是以工艺规程作为基本依据。

（三）工艺规程是设计或改（扩）建工厂的主要依据。

在新建和扩建工厂（车间）时，生产所需要的机床和其他设备的种类、数量和规格，车间的面积、机床的布置、生产工人的工种、技术等级及数量、辅助部门的安排等都是以工艺规程为基础，根据生产类型来确定。

（四）工艺规程是工艺技术交流的主要文件形式。

工艺规程还起着交流和推广先进制造技术经验的作用。典型工艺规程可以缩短工厂摸索和试制的过程。

经济合理的工艺规程是在一定的技术水平及具体的生产条件下制定的，是相对的，是有时间、地点和条件的。因此，虽然在生产中必须遵守工艺规程，但工艺规程也要随着生产的发展和技术的进步不断改进，生产中出现了新问题，就要以新的工艺规程为依据组织生产。但是，在修改工艺规程时，必须要采取慎重和稳妥的步骤，即在一定的时间内要保证既定的工艺规程具有一定的稳定性，要力求避免贸然行事，决不能轻率地修改工艺规程，以免影响正常的生产秩序。

六、机械加工工艺规程的内容和格式

机械加工工艺规程的主要内容包括工艺路线、设备和工艺装备、切削用量、时间定额等。这些内容规定了零部件生产过程中各个环节所必须遵循的方法、步骤和技术要求，包括产品特征和质量标准、原材料及辅助原料的特征和质量标准、生产工艺流程、主要工艺技术条件、半成品质量标准、生产工艺主要工作要点、主要技术经济指标和成品质量指标的检查项目及次数、工艺技术指标的检查项目及次数及专用器材特征及质量标准等。

各企业所用工艺规程根据企业具体情况而定，格式虽不统一，但内容大同小异。一般来说，工艺规程的形式按其内容详细程度，可分为以下几种：

（一）工艺过程卡片

它是以工序为单位简要说明产品或零部件的加工过程的一种工艺文件，是一种最简单和最基本的工艺规程形式，它对零件制造全过程作出粗略的描述。卡片按零件编写，标明零件加工路线、各工序采用的设备和主要工装以及工时定额。只有在单件小批量生产中才用它来直接指导工人的加工操作。

（二）工艺卡片

它是按产品或零部件的某一工艺阶段编制的一种工艺文件。它以工序为单元，对毛坯性质、加工顺序、各工序所需设备、工艺装备的要求、切削用量、检验工具及方法、工时定额都作出具体规定，它一般是按零件的工艺阶段分车间、分零件编写，包括工艺过程卡的全部内容，只是更详细地说明了零件的加工步骤，卡片上有时还需附有零件草图，工艺卡片广泛应用于成批生产或重要零件的单件小批生产。

（三）工序卡片

它是在工艺过程卡片或工艺卡片的基础上，按每道工序所编制的一种工艺文件，一般具有工序简图，并详细说明该工序的每个工步的加工内容、工艺参数、操作要求以及所用工艺装备等。多用于大批大量生产及重要零件的成批生产。

实际生产中应用什么样的工艺规程要视产品的生产类型和所加工的零部件具体情况而定。另外，在成组加工技术中，还有应用典型工艺过程卡片、典型工艺卡片和典型工序卡片；对自动、半自动机床或某些齿轮加工机床的调整，应用调整卡片；而对检验工序则有检验工序卡片等其他类型的工艺规程格式。

七、工艺规程的设计原则

工艺规程的设计原则是优质、高产和低成本，即在保证产品质量前提下，争取最好的经济效益，在具体制定工艺规程时，还应注意下列问题：

（一）技术上的先进性

在制定工艺规程时，要了解国内外本行业工艺技术的发展，通过必要的工艺试验，尽可能采用先进适用的工艺和工艺装备。

（二）经济上的合理性

在一定的生产条件下，可能会出现几种能够保证零件技术要求的工艺方案。此时应通过成本核算或相互对比，选择经济上最合理的方案，使得产品生产成本最低。

（三）良好的劳动条件及避免环境污染

在制定工艺规程时，要注意保证工人操作时有良好、安全的劳动条件。因此，在工艺方案上要尽量采取机械化或自动化措施，以减轻工人繁重的体力劳动。同时，要符合国家环境保护法的有关规定，避免环境污染。

产品质量、生产率和经济性这三个方面有时相互矛盾，因此，合理的工艺规程应该处理好这些矛盾，体现这三者的统一。

九、制定工艺规程的原始资料和步骤

（一）制定工艺规程的原始资料

在制定工艺规程时，通常应具备下列原始资料：

1. 产品的全套装配图和零件工作图。

2. 产品验收的质量标准。

3. 产品的生产纲领（年产量）和生产类型。

4. 毛坯资料。

毛坯资料包括各种毛坯制造方法的技术经济特征、各种材料的品种和规格、毛坯图等。在无毛坯图的情况下，需实际了解毛坯的形状、尺寸和力学性能等。

5. 现场的生产能力和生产条件。

为了使制定的工艺规程切实可行，一定要考虑现场的生产条件。因此要深入生产实际，了解毛坯的生产能力及技术水平、加工设备和工艺装备的规格及性能、工人的技术水平以及专用设备及工艺装备的制造能力等。

6. 国内外工艺技术的发展情况。

工艺规程的制定，既应符合生产实际，又不能墨守成规，要随生产的发展，不断地革新和完善现行工艺，以便在生产中取得最大的经济效益。

7. 有关的工艺手册及图册。

（二）制定工艺规程的步骤

1. 计算年生产纲领，确定生产类型。

2. 分析零件图及产品装配图，对零件进行工艺分析，零件的工艺分析包括下面几个内容。

（1）分析和审查零件图纸

通过分析产品零件图及有关的装配图，了解零件在机器中的功用，在此基础上进一步审查图纸的完整性和正确性。例如，图纸是否符合有关标准，是否有足够的视图，尺寸、公差要求的标注是否齐全等。若有遗漏或错误，应及时提出修改意见，并与有关设计人员协商，按一定手续进行修改或补充。

（2）审查零件材料的选择是否恰当

零件材料的选择应立足于国内，尽量采用我国资源丰富的材料，不能随便采用贵重金属。此外，如果材料选得不合理，可能会使整个工艺过程的安排发生问题。例如图 6-1 所示的方向，方头部分要求淬硬到 55 ～ 60HRC，零件上有个 ϕ2H7 的孔，装配时和另一个零件配作，不能预先加工好。若选用的材料为 T8A（优质碳素工具钢），因零件很短，总长只有 15 mm，方头淬火时，势必全部被淬硬，以致 ϕ2H7 不能加工。若改用 20Cr，局部渗碳，在 MH7 处镀铜保护，淬火后不影响孔的配作加工，这样就比较合理了。

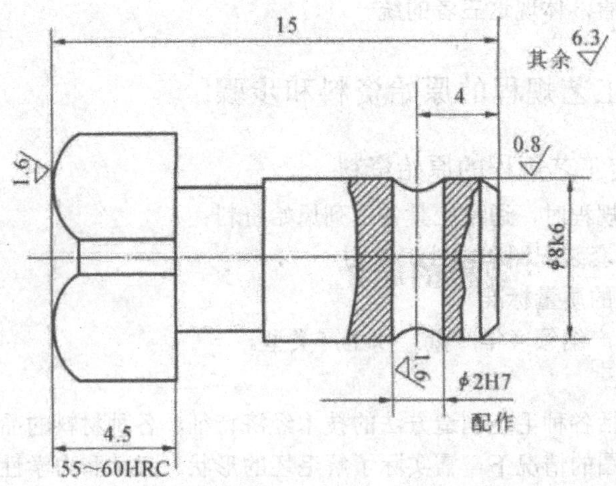

图 6-1　方销

（3）分析零件的技术要求是否合理

零件的技术要求包括下面几个方面：

①加工表面的尺寸精度；

②加工表面的几何形状精度；

③各加工表面之间的相互位置精度；

④加工表面粗糙度以及表面质量方面的其他要求；

⑤热处理要求及其他要求。

通过分析，了解这些技术要求的作用，并且进一步分析这些技术要求是否合理，在现有生产条件下能否达到，以便采取相应的措施。

（4）审查零件的结构工艺性

零件的结构工艺性是指零件的结构在保证使用要求的前提下，是否能以较高的生产率和最低的成本方便地制造出来的特性。使用性能完全相同而结构不同的两个零件，它们的制造方法和制造成本可能有很大的差别，根据零件加工要求审查结构工艺性，如果不合理请及时向设计人员提出修改意见。

3. 选择毛坯

毛坯是根据零件（或产品）所要求的形状、工艺尺寸等而制成的供进一步加工用的生产对象。毛坯种类、形状、尺寸及精度对机械加工工艺过程、产品质量、材料消耗和生产成本有着直接影响。

4. 拟定工艺路线

拟定工艺路线即制定出由粗到精的全部加工过程，包括选择定位基准及各表面的加工方法、安排加工顺序等，还包括确定工序分散与工序集中的程度、安排热处理以及检验等辅助工序。这是关键性的一步，要多提出几个方案进行比较分析。

5. 确定各工序的加工余量，计算工序尺寸及公差。

6. 确定各工序所用的设备及刀具、夹具、量具和辅助工具。

（1）设备的选择选择机床时主要是决定机床的种类和型号

选择机床的一般原则是：单件小批生产选用通用机床；大批大量生产可广泛采用专用机床、组合机床和自动机床。选择机床时，一方面要考虑经济性，另一方面需考虑下列问题：

①机床规格要与零件的外形尺寸相适应；

②机床的精度要与工序要求的精度相适应；

③机床的生产率要与生产类型相适应；

④机床主轴转速范围、走刀量及动力等应符合切削用量的要求；

⑤机床的选用要与现有设备相适应。

如果需要改装或设计专用机床，则应该提出任务说明书，阐明和加工工序内容有关的参数、生产率要求，保证产品质量的技术条件以及机床的总体布局形式等。

（2）夹具的选择在设计工艺规程时

设计者要对采用的夹具有初步的考虑和选择。在工序图上应表示出定位、夹紧方式以及同时加工的件数等，要反映出所选用的夹具是通用夹在选择刀具时，应考虑工序的种类、生产率、工件材料、加工精度以及应尽可能采用标准的刀具。特殊刀具（如成形车刀、非标准钻头等）应在选用量具时，要考虑生产类型。在单件小批量生产中应尽量选用标准的通用量具；在大批大量生产中，一般根据所检验的尺寸，设计专用量具。如卡规、塞规以及自制专用检验夹具。

7. 辅具的选择辅具也分为标准和非标准两种，选择原则是首先考虑标准的，其次是非标准的。

8. 确定切削用量及工时定额。

9. 确定各主要工序的技术要求及检验方法。

10. 填写工艺文件。

将工艺规程的内容，填入一定格式的卡片，就成为生产准备和施工依据的工艺文件。在制定工艺规程的过程中，往往要对前面已初步确定的内容进行调整，以提高经济效益。在执行工艺规程过程中，可能会出现出人意料的情况，如生产条件的变化，新技术、新工艺的引进，新材料、先进设备的应用等，都要求及时对工艺规程进行修订和完善。

第二节 机械加工工艺规程设计

工艺规程的制定必须严谨、科学，必须符合生产实际条件。工艺规程的制定一般是在所拟定的几种可行的工艺路线方案中，综合考虑各种因素，在总结实际生产经验和科学分析的基础上，选出一种最优方案，经过生产验证不断完善后而最终确定下来的方案。工艺路线的拟定不但影响加工的质量和效率，并且影响到工人的劳动强度、设备投资、车间面积、生产成本等问题，必须周密考虑。关于工艺路线的拟定，目前还没有一套具体的、精确的计算方法，而是采用经过生产实践总结出的一些带有经验性和综合性的原则。在应用这些原则时要结合具体生产实际灵活运用。

一、零件的结构工艺性与毛坯的选择

（一）零件结构工艺性

零件的结构工艺性是评价零件结构设计好坏的一个重要指标。结构工艺性良好的零件，能够在一定的生产条件下，高效低耗地制造生产。因此机械零件的结构的工艺性包括零件本身结构的合理性与制造工艺的可能性两个方面的内容。机械产品设计在满足产品使用要求的同时，还必须满足制造工艺的要求，否则就有可能影响产品的生产效率和产品成本，严重时甚至无法生产。结构工艺性涉及的方面较多，包括毛坯制造工艺性（如铸造工艺性、锻造工艺性和焊接工艺性等）、机械加工工艺性、热处理工艺性、装配工艺性及维修工艺性等。

由于加工、装配过程自动化程度不断提高，机械人、机械手的推广和应用，以及新材料、新工艺的出现，出现了不少适合于新条件的新结构，与传统的机械加工有较大的差别，这些在设计中应该充分地予以注意与研究。因此，评价机械产品或零件工艺性的优劣是相对的，它随着科学技术的发展和具体生产条件（如生产类型、设计条件、经济性等）的不同而变化。

就常规机械加工条件而言，对零件结构工艺性主要有以下要求：

1. 所设计零件结构要能够加工

如果有足够的加工空间，刀具能够接近加工部位，对有些结构，应留必要的退刀槽和越程槽。

2. 尽量减少加工面积

尽量使用形状简单的表面，对大的安装表面或长孔应加空刀，通过合并或分拆零件减少加工面积等。

3. 便于保证加工质量

如孔口表面最好与钻头的钻入钻出方向垂直，精加工孔表面大圆周方向要连续无间断，加工部位刚性要好。

4. 要能提高生产效率

如结构中的几个加工面尽量安排在同一平面上或位于同一轴线上，轴上作用相同的结构要素尺寸要尽量一致，要便于多刀、多件加工或者使用高生产率加工方法或刀具。

（二）毛坯的选择

在已知零件工作图及生产纲领之后，需要进行如下工作：

1. 确定毛坯种类

机械产品及零件常用毛坯种类有铸件、锻件、焊接件、冲压件以及粉末冶金件和工程塑料件等。根据零件材料要求、组织和性能要求、结构及外形尺寸要求、生产纲领及现有生产条件要求，确定毛坯种类。

2. 确定毛坯的形状

从减少机械加工工作量和节约金属材料的目的出发，毛坯应尽可能接近零件形状。最终确定的毛坯形状除取决于零件形状、各个加工表面总余量和毛坯种类外，还要考虑：

（1）是否需要制造工艺凸台以利于工件的装夹（见图 6-2（a））；

（2）是一个零件制成一个毛坯还是多个零件合制成一个毛坯（见图 6-2（b）、（c））；

（3）哪些表面不要求制出（如孔、槽、凹坑等）；

（4）铸件分型面、拔模斜度及铸造圆角，锻件敷料、分模面、模锻斜度以及圆角半径等。

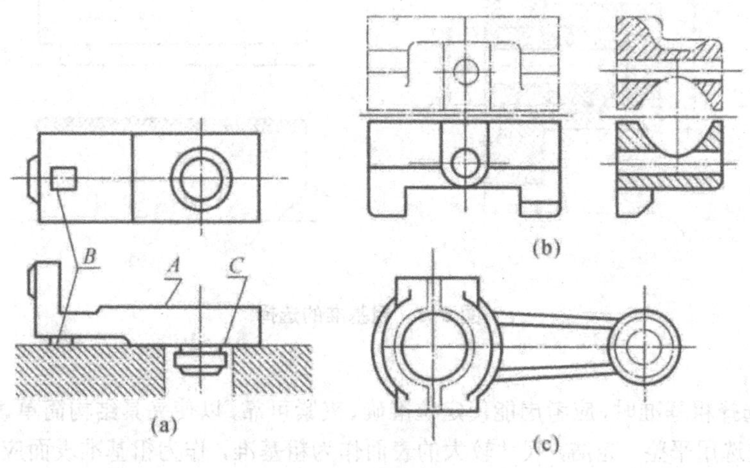

图 6-2 毛坯的形状

3. 绘制毛坯 - 零件综合图

绘制此综合图以反映出确定的毛坯的结构特征及各项技术条件。

二、定位基准的选择

在机械加工中，合理地选择定位基准是制定工艺规程的一个重要问题，它直接影响到了工件的加工精度、各表面的加工顺序及夹具设计的复杂程度。

在零件加工起始工序中，只能用毛坯上未经加工的表面来定位，这种定位基准称为粗基准。在零件加工中间工序或最终工序中，应选择已加工表面定位，这种定位表面称为精基准。由于粗基准和精基准作用不同，两者选择原则也不同。

（一）粗基准的选择原则

选择粗基准时一般应注意以下几点：

1. 如果必须首先保证工件间加工表面和不加工表面之间的位置要求，则应以不加工表面作为粗基准。若在工件上有很多不需加工的表面，则应以其中与加工表面位置精度要求较高的表面作为粗基准。例如图 6-3（a）所示零件，可以选外圆柱面 D 和左端面定位。这样可以保证内外圆同轴（壁厚均匀）和尺寸 L。

2. 若工件必须保证某个重要表面加工余量均匀，则应选择该表面作为粗基准。例如，车床床身的加工中，导轨面是重要表面，它不仅精度要求高，而且要求导轨表面有均匀的金相组织和较高的耐磨性，因此希望加工导轨面时去除的余量较小而且均匀（因为铸件表面不同深度处的耐磨性差异较大），故应先以导轨面作粗基准加工床腿底平面，然后以底平面作精基准加工导轨面，如图 6-3（b）所示。这样就可保证导轨面加工余量均匀。

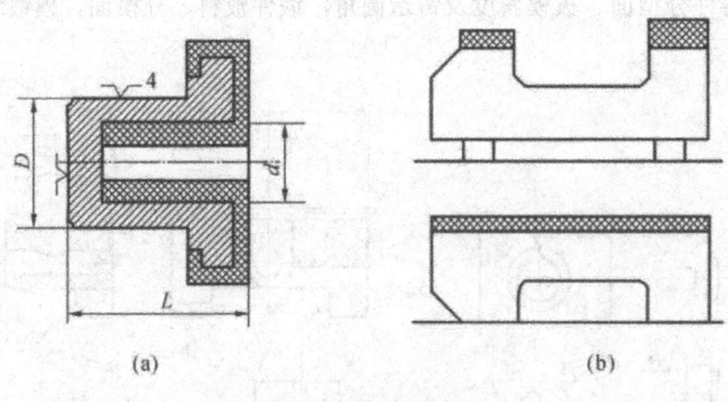

图 6-3　粗基准的选择

3. 选择粗基准时，应考虑能使定位准确、夹紧可靠，以使夹具结构简单、操作方便。故应尽量选用平整、光洁，尺寸较大的表面作为粗基准，作为粗基准表面应无浇冒口、飞边、毛刺等缺陷。

4. 一个工序尺寸方向上的粗基准原则上只能用一次。因粗基准本身都是未经加工的表面，精度低，粗糙度数值大，在不同工序中重复使用同一方向的粗基准，则会引起较大的位置误差，从而不能保证被加工表面之间的位置精度。

上述粗基准选择原则，每一条只说明一个方面的问题，实际应用时经常会相互矛盾。所以要全面考虑，灵活运用，保证主要要求。

（二）精基准的选择原则

由于粗基准和精基准的要求和用途不同，所以在选择时考虑问题的侧重点也不同。对于精基准考虑的重点是如何减少误差，提高定位精度，保证加工精度和零件装夹方便、可靠。选择精基准时应遵循以下原则：

1. 基准统一原则

即在尽可能多的工序中选用相同的精基准定位。这样便于保证不同工序中所加工的各表面之间的相互位置精度，并能简化夹具的设计与制造工作。如轴类零件常用两个顶尖孔作为统一精基准，箱体类零件常用一面两孔作为统一精基准。

2. 互为基准原则

当两个加工表面加工精度及相互位置精度要求较高时，如图 6-4 所示，可以用 A 面作为精基准加工 B 面，再用 B 面做精基准加工 A 面。这样反复加工，逐步提高定位基准的精度，进而达到高的加工要求。即所谓互为基准，反复加工。例如，车床主轴的主轴轴颈与前段锥孔的同轴度以及它们自身的圆度要求很高，常以主轴轴颈和锥孔表面互为基准反复加工来达到要求。再如精密齿轮高频淬火后，齿面的淬硬层较薄，可先以齿面为精基准磨内孔后，再以内孔为精基准磨齿面，这样可保证齿面切去小而均匀的余量。

3. 自为基准原则

某些精加工或光整加工工序中要求余量小而均匀，如以其他表面为精基准，会因定位误差过大而难以保证要求，加工时可尽量选择加工表面自身作为精基准。而该表面与其他表面之间的位置精度则由上道工序保证。例如，磨削床身导轨面时可先用百分表找正导轨面，然后进行磨削，可以获得小而均匀的余量，如图 6-5 所示，这时导轨面自身就是定位基准面。又如采用浮动铰刀铰孔、用圆拉刀拉孔及用无心磨床磨削外圆表面等，都是以加工表面本身作为精基准的例子。

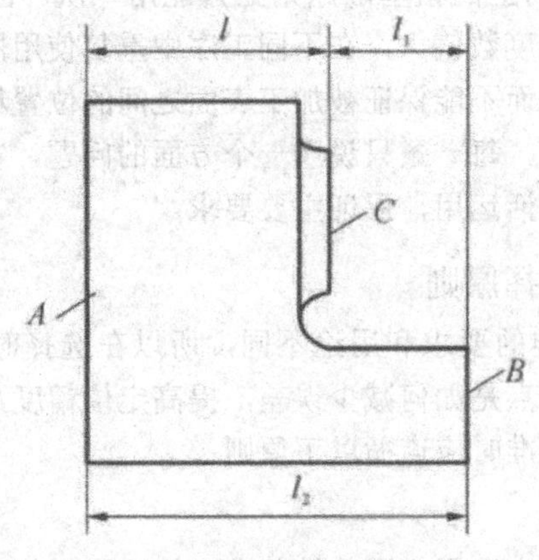

图 6-4　基准重合举例

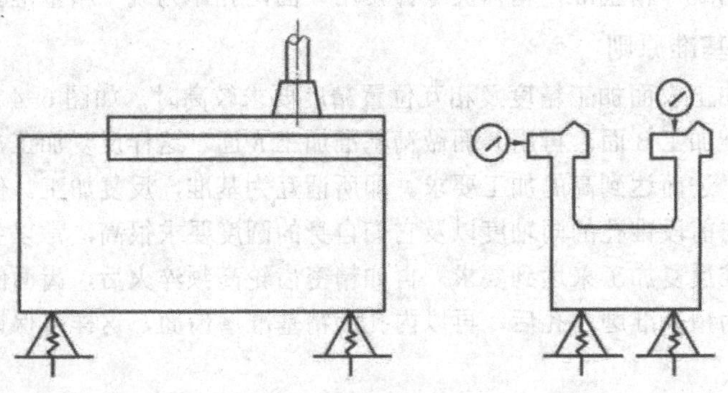

图 6-5　自为基准举例

此外，选择精基准还要保证工件定位准确可靠，装夹方便，夹具结构简单。上述定位基准的选择原则常常不能全都满足，甚至会互相矛盾，如基准统一，有时就不能基准重合，故不应生搬硬套，必须结合具体的情况，灵活应用。

三、表面加工方法的选择

常用的机械加工方法很多，各种加工方法的加工精度和表面粗糙度有很大差异。同一加工方法在不同工作条件下能达到的精度也有所示同。例如精细地操作，选择较低的切削用量，就能得到较高的精度。但这样会降低生产效率，从而增加成本。反之，如果增加切削用量可以提高生产效率，虽然成本降低，但是会增加加工误差，降低精度。

统计资料表明，任何一种加工方法，加工误差与加工成本之间的关系大体符合图 6-6 所示的曲线形状。图中的横坐标 Δ 表示加工误差，纵坐标 C 表示加工成本。由图可见，对于一种加工方法而言，加工误差小到一定程度后（曲线 A 点左侧），若再

减小，则加工成本急剧增加；加工误差大到一定程度后（曲线B点右侧），即使加工误差再增大许多，加工成本也不会有明显的降低。说明一种加工方法在曲线A点左侧或B点右侧都是不经济的。曲线的段表示选用的加工方法与要求的加工精度相适应，这一段曲线所对应的精度范围称为加工经济精度。

实际上，加工经济精度指在正常条件下（采用符合质量标准的设备、工艺装备和标准技术等级的工人，不会延长加工时间）所能保证的加工精度。同样经济粗糙度的概念类同于经济精度的概念。常用加工方法的经济精度和经济粗糙度等级可查阅机械加工手册。必须指出，经济精度的数值不是一成不变的，随着科学技术的发展，工艺的改进和工艺装备更新，加工经济精度会逐步提高。

选择表面加工方法时，一般先根据零件表面的精度和粗糙度要求选定最终加工方法，然后再确定精加工前准备工序的加工方法，进而确定加工的方案。

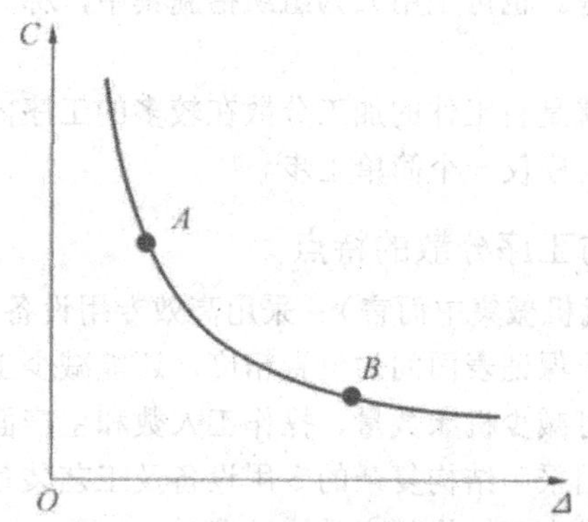

图 6-6 加工误差与加工成本的关系

由于获得同一精度和表面粗糙度的加工方法往往有多种，选择表面加工的方法还应考虑以下因素：

（一）工件材料性质

例如淬火钢的精加工要磨削，非铁金属的精加工为避免磨削时堵塞砂轮，则要有高速精细车或精细镗（金刚镗）。

（二）工件形状和尺寸

例如对于精度为 IT7 的孔采用镗、铰、拉、磨等都可以，但箱体上的孔一般不采用拉或磨，而常常采用铣孔（大孔时）或者铰孔（小孔时）。

（三）生产类型

选择加工方法时必须考虑生产率和经济性问题。所选的加工方法要与生产类型相适应。大批大量生产应选用高生产率和质量稳定的加工方法，单件小批生产采用常规的加工方法。例如平面和孔加工，大批大量生产时可采用拉削加工，单件小批生产时则可分别采用刨削、铣削平面和钻、扩、铰孔等方法加工。

（四）具体生产条件

应充分利用现有设备和工艺手段，挖掘企业潜力，还要重视新工艺和新技术的应用，以便更好地提高工艺水平。

四、工序的集中与分散

工序集中与工序分散是拟定工艺路线时确定工序数目（或工序内容多少）的两个不同原则，它和设备类型的选择有密切的关系。

（一）工序集中与工序分散的概念

工序集中就是零件的加工集中在少数几道工序（甚至一道工序）内完成，而每一工序的加工内容比较多。工序集中可采用技术上的措施集中，称为机械集中，如多刀机床、自动机床的加工等。也可采用人为组织措施集中，称为组织集中，如普通车床的顺序加工。

工序分散则相反，就是将工件的加工分散在较多的工序内进行，每道工序的加工内容很少，至少时每道工序仅一个简单工步。

（二）工序集中与工序分散的特点

工序集中的特点（就机械集中而言）：采用高效专用设备及工艺装备，生产率高；工件的装夹次数少，易于保证表面间的位置精度，还能减少工序间的运输量，缩短生产周期；工序数目少，可减少机床数量、操作工人数和生产面积，还可以简化生产计划和生产组织工作；但因采用结构复杂的专用设备及工艺装备，使投资大，调整和维修复杂，生产准备工作量大，转换新产品比较费时。

工序分散的特点：整个工艺过程工序数目多，工艺路线长，而每道工序所包含的加工内容很少；工序分散时，机床与工装比较简单，便于调整，工人容易掌握，生产准备工作量少，容易适应产品的变换；可以采用最合理的切削用量，减少机动时间；还有利于加工阶段的划分；但设备数量相对较多，操作工人多，占用生产面积也大。

（三）工序集中与工序分散的选用原则

工序集中与工序分散各有利弊，应根据生产类型、现有生产条件、工件结构特点和技术要求等进行综合分析后选用。

大批大量生产中，可采用较复杂的机械集中，如采用高效组合机床和自动机床。目前机械加工的发展方向趋向于工序集中，广泛采用各种多刀机床、多轴机床、数控机床、加工中心等进行加工。但于某些表面不便于集中加工的零件，如连杆、活塞，各个工序广泛采用效率高而结构简单的专用机床和夹具，易于保证加工质量，同时也便于按节拍组织流水线生产，故可按工序分散的原则制定其工艺过程。在单件小批生产时，常采用单刀顺序切削，使工序集中。这样不仅可以减少安装次数，缩短辅助时间，还便于保证各加工表面之间的相互位置精度。对于重型零件，为了减少工件装卸和运输劳动量，工序应适当集中。对于刚性差且精度高的精密零件，则工序应适当分散。

五、加工阶段的划分

零件的加工，总是先粗加工后精加工，要求较高时还需光整加工。所谓划分加工阶段，就是把整个工艺过程划分成几个阶段，做到粗、精加工分开进行。粗加工的目的主要是切去大部分加工余量，精加工的目的主要是保证被加工零件达到规定的质量要求。加工质量要求较高的零件，应该尽量将粗、精加工分开进行。

划分加工阶段有下列好处：首先，有利于保证加工质量。因为粗加工时，切去的余量较大，工件的变形也较大。粗精加工分开进行，还可避免粗加工对已精加工表面的影响。其次，可以合理地使用设备。粗加工可安排在功率大、精度不高的机床上进行，精加工则可安排在精加工机床上进行，由于切削力小，有利于保持机床精度。此外，粗、精加工分开后，还便于安排热处理、检验等工序。在粗加工时及早地发现毛坯缺陷，及时修补或报废，避免继续加工而增加损失。

在拟定工艺路线时，一般应把工艺过程划分成几个阶段进行，尤其是精度要求高、刚性差的零件。但对于批量较小，精度要求不高，刚性较好的零件，可不必划分加工阶段。对刚性好的重型零件，因装夹、吊运比较费时，往往也不划分加工阶段，而在一次安装下完成各表面的粗且精加工。

六、工序顺序的安排

（一）机械加工工序的安排

总的原则是前面工序为后续工序创造条件，具体原则如下所述。

1. 先基准后其他

用作精基准的表面，要首先加工出来。所以，第一道工序一般是进行定位面的粗加工和半精加工（有时包括精加工），然后再以精基准表面定位加工其他表面。如轴类零件先加工中心孔，齿轮零件先加工基准孔和基准端面等。如果精基准不止一个，则应按基准的转换顺序和精度逐步提高的原则安排各精基准的加工。对于某些精度较高的零件，在后续的加工阶段中还应对精基准进行再加工和修研，来保证其他表面的精度。

2. 先主后次

先安排主要表面的加工，再把次要表面的加工工序插入其中。因为主要表面加工容易出废品，应放在前阶段进行，以减少工时浪费。次要表面主要指键槽、螺孔、螺纹连接等表面。次要表面一般都与主要表面有一定的位置要求，需要以主要表面为基准进行加工，一般安排在主要表面的半精加工之后，精加工之前进行。

3. 先粗后精

零件的加工应划分加工阶段，先进行粗加工，然后半精加工，最后是精加工和光整加工，应将粗、精加工分开进行。

4. 先面后孔

考虑零件的结构特点和装配精度要求，如箱体类零件的主要特点是平面所占轮廓尺寸较大，轮廓平整，用平面定位比较稳定、可靠，因而可先加工平面，后加工内孔，以便于加工孔时定位安装，利于保证孔与平面的位置精度，同时也给孔加工带来方便。

（二）热处理工序的安排

热处理通过改变金属材料的组织结构而改善材料的力学性能、机械加工性能以及消除材料内部的残余应力。制定工艺规程时，工艺人员要根据设计要求和工艺要求，全面考虑，在工艺路线的适当工序安排适当热处理。热处理工序的安排主要应考虑以下原则：

1. 预备热处理

预备热处理的目的是改善材料的加工性能，消除应力，为最终热处理做好准备，如正火、退火和实效处理。它们一般安排在粗加工前、后和需要消除应力的地方。放在粗加工前，可改善粗加工时材料的加工性能，并可减少车间之间的运输工作量。放在粗加工后，有利于粗加工后残余应力的消除。调质是对零件淬火后再高温回火的热处理方法，能消除内应力、得到组织均匀细致的回火索氏体，改善切削性能并能获得较好的综合机械性能，有时作为预备热处理，常安排在粗加工后，对一些性能要求不高的零件，调质也常作为最终热处理安排在精加工之前进行。

2. 最终热处理

最终热处理的目的主要是提高力学性能，提高零件的硬度和耐磨性，常用的有淬火、渗碳淬火、渗氮、氧化等。它们常安排在精加工（磨削）之前进行，其中渗氮由于热处理温度较低，零件变形很小，也能安排在精加工之后。

（三）辅助工序的安排

辅助工序的种类较多，包括检验、去毛刺、倒棱、清洗、防锈、去磁、探伤和平衡等。辅助工序也是必要的工序，如果安排不当或遗漏，将会给后续工序和装配带来困难，影响产品质量，甚至使机器不能正常使用。例如，未去净的毛刺将影响装夹精度、测量精度、装配精度甚至人身安全。零件中未清洗干净的切屑、研磨剂及残存的磨料等，会加剧零件在使用过程中的配合表面的磨损。因此，要重视辅助工序的安排。检验工序是主要的辅助工序，除每道工序由操作者自行检验外，需要在下列场合单独安排检验工序：在粗加工之后，精加工之前；重要工序前后；零件转换加工车间前后；全部加工工序完成后。探伤工序用来检查工件的内部质量，通常安排在精加工阶段。密封性检验、工件平衡和重量检验一般都安排在工艺过程的最后进行。

七、机床与工艺装备的选择

（一）机床的选择

确定了工序集中和工序分散的原则后，就基本上确定了机床的类型，选择机床时还应考虑：

1. 机床的加工尺寸范围应与零件外廓尺寸相适应；

2. 机床的精度应与工序要求的精度相适应；

3. 机床的生产率应与零件的生产类型相适应。

（二）刀具的选择

刀具的选择主要取决于工序采用的加工方法、加工表面尺寸、工件材料、精度及粗糙度、生产率及经济性等，在选择时一般优先采用标准刀具。若采用机械集中时，应采用各种高效的专业刀具、复合刀具和多刃刀具等。刀具的类型、规格和精度等级应符合加工要求。

（三）夹具的选择

单件小批量生产应首先采用各种通用夹具和机床附件，如卡盘、虎钳、分度头等。有组合夹具站的，可采用组合夹具。大批大量生产为提高劳动生产率应根据工序加工要求设计制造专业夹具，采用高效专用夹具，多品种中、小批量生产可以采用可调夹具或组合夹具。

（四）量具的选择

量具的选择主要根据生产类型和要求检验的精度来确定。在单件小批量生产中，应广泛采用通用量具如游标卡尺、千分尺、百分表和千分表等。而在大批大量生产中，量具的精度必须与加工精度相适应，应采用各种量规和高生产率的检验仪器和检验夹具等。

八、切削用量的确定

（一）切削用量的选择原则

切削用量是表示机床主运动和进给运动大小的重要参数。切削用量的大小对切削力、切削功率、加工效率、加工质量、刀具磨损和加工成本均有显著影响。数控加工中选择切削用量时，就是在保证加工质量和刀具耐用度的前提下，充分发挥机床性能和刀具切削性能，使切削效率最高，加工成本最低，切削用量的选择原则如下：

1. 粗加工时切削用量的选择原则

首先选取尽可能大的背吃刀量；其次要根据机床动力和刚性的限制条件等，选取尽可能大的进给量；最后根据刀具耐用度确定最佳的切削速度。

2. 半精加工和精加工时切削用量的选择原则

首先根据粗加工后的余量确定背吃刀量；其次根据已加工表面的粗糙度要求，选取较小的进给量；最后在保证刀具耐用度的前提下，尽可能地选取较高的切削速度。

（二）切削用量的选择方法

1. 背吃刀量 a_p（mm）的选择

根据加工余量和工艺系统的刚度确定。在机床允许的情况下，尽可能大，这是提高生产率的一个有效措施。在工艺系统刚性不足或毛坯余量很大，或余量不均匀时，粗加工要分几次进给，并且应当把第一、二次进给的背吃刀量尽量取得大一些，使刀口在里层切削，避免工件表面不平及有硬皮的铸锻件。当冲击载荷较大（如断续表面）或工艺系统刚度较差（如细长轴、镗刀杆、机床陈旧）时，可适当降低 a_p，使切削力减小。精加工时，a_p 应根据粗加工留下的余量确定，采用逐渐降低知的方法，逐步提高加工精度和表面质量。通常精加工时，取 a_p =0.05 ～ 0.8 mm；半精加工时，取 a_p =1.0 ～ 3.0 mm。

2. 进给量（进给速度）f（mm/min 或 mm/r）的选择

进给量（进给速度）是机床切削用量中的重要参数，根据零件的表面粗糙度、加工精度要求、刀具及工件材料等因素，参考切削用量（刀具）手册选取。

粗加工时，由于对工件表面质量没有太高的要求，f 主要受刀杆、刀片、机床、工件等的强度和刚度所承受的切削力限制，一般根据刚度来选择。工艺系统刚度好时，可用大些的 f，反之，适当降低 f。

精加工、半精加工时，f 应根据工件的表面粗糙度要求选择。Ra 要求小的，取较小的 f，但又不能过小，因为 f 过小，切削厚度 h_D 过薄，Ra 反而增大，但刀具磨损加剧。刀具的副偏角愈大，刀尖圆弧半径愈大，则 f 可选较大值。一般精铣时可取 20 ～ 25 mm/mi，精车时可取 0.10 ～ 0.20 mm/r。

3. 切削速度 v_c（m/min）的选择

根据已经选定的背吃刀量、进给量及刀具耐用度选择切削速度。可用经验公式计算，也可根据生产实践经验在机床说明书允许的切削速度范围内查表选取或者参考有关切削用量手册选用。在选择切削速度时，还应考虑：应尽量避开积屑瘤产生的区域；断续切削时，为减小冲击和热应力，要适当降低切削速度；在易发生振动的情况下，切削速度应避开自激振动的临界速度；加工大件、细长件和薄壁工件时，应选用较低的切削速度；加工带外皮的工件时，应适当降低切削速度；工艺系统刚性差的，应该减小切削速度。切削速度 v_e 确定后，按下面式子计算出机床主轴转速 n：

$$n = 1000 v_c / \pi D \quad (r/min)$$

九、时间定额的确定

时间定额是指在一定的生产条件下，规定生产一件产品或完成一道工序所消耗的时间，它是衡量工艺过程劳动生产率的重要指标。根据时间定额可以安排生产作业计划，进行成本核算，确定设备数量和人员编制，规划生产面积。因此时间定额是工艺规程中的重要组成部分。合理的时间定额能调动工人的积极性，促进工人技术水平的

提高，从而提高劳动生产率，获得良好的经济效益。时间定额不能定得过高和过低，应具有平均先进水平，一般企业平均定额完成率不得高于130%。

第三节　工艺规程的技术经济分析

在制定机械加工工艺过程中，在同样满足被加工零件的加工精度和表面质量的要求下，通常可以有几种不同的加工方案来实现，其中有些方案可具有很高的生产率，但设备和工装、夹具方面投资较大；另一些方案则可能投资较节省，但生产效率较低，因此，不同的方案就有不同的经济效果。为了选取在给定的生产条件下最经济合理的方案，对于不同的工艺方案进行技术经济分析和评比就具有重要意义。

一、工艺方案的技术经济分析

（一）工艺成本组成

生产一件产品或一个零件所需一切费用的总和称为生产成本。通常，在生产成本中有60%～75%的费用与工艺过程直接有关，这部分费用称作工艺成本。工艺成本可分为以下两部分。

1. 可变费用

是与年产量有关且与之成比例的费用，记为C_v。它包括：材料费C_{VM}；机床、工人工资及工资附加费C_{VP}；机床使用费C_{VE}；普通机床折旧费C_{VD}；刀具费C_{VC}；通用夹具折旧费C_{VF}等。即

$$C_V = C_{VM} + C_{VP} + C_{VE} + C_{VD} + C_{Vc} + C_{VF}$$

2. 不变费用

是与年产量的变化没有直接关系的费用，记作C_N。它包括：调整工人的工资及工资附加费C_{SP}；专用机床折旧费C_{SD}；专用夹具折旧费C_{SF}等。即

$$C_N = C_{SP} + C_{SD} + C_{SF}$$

若零件的年产量为N，零件全年工艺成本C_Y可表示为

$$C_Y = C_V \cdot N + C_N$$

零件单件工艺成本为

$$C_P = C_v + \frac{C_N}{N}$$

（二）工艺方案比较

对不同的工艺方案进行经济评价时，通常有两种情况。

1. 当需评价的工艺方案均采用现有设备，或其基本投资相近时，可直接比较其工艺成本。各方案的取舍与加工零件的年产量有密切关系，见图 6-7（a）。临界年产量 N_C 计算如下：

$$C_Y = C_{V_1} \cdot N_C + C_{N1} = C_{v2} \cdot N_c + C_{N2}$$

$$N_C = \frac{C_{N2} - C_{N1}}{C_{V1} - C_{V2}}$$

显然，当 $N < N_c$ 时，宜采用工艺方案 1；而当 $N > N_C$ 时，就宜采用工艺方案 2。

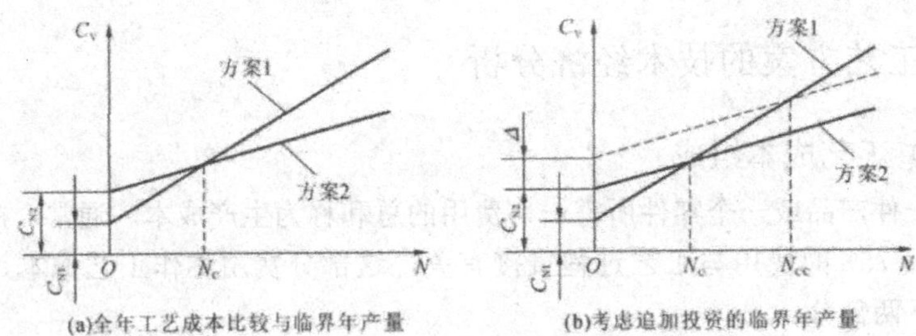

(a)全年工艺成本比较与临界年产量　(b)考虑追加投资的临界年产量

图 6-7　不同工艺方案比较

2. 当对比的工艺方案基本投资额相差较大时，单纯地比较工艺成本就不够了，此时还应考虑不同方案基本投资额的回收期。回收期是指第 2 方案多花费的投资，需多长时间才可以从工艺成本的降低中收回来。投资回收期计算公式如下：

$$\tau = \frac{F_2 - F_1}{S_{Y1} - S_{Y2}} = \frac{\Delta F}{\Delta S}$$

式中　τ —— 投资回收期；

ΔF —— 基本投资差额（又称追加投资）；

ΔS —— 全年生产费用节约额。

投资回收期必须满足以下条件：

（1）投资回收期应小于所采用设备和工艺装备的使用年限；

（2）投资回收期应小于产品的生命周期；

（3）投资回收期应小于企业预定的回收期目标。这个目标可参考国家或行业标准。如采用新机床的标准回收期常定为 4～6 年，采用新夹具的标准回收期常定为 2～3 年。

考虑投资回收期后的临界年产量 Ncc 计算如下（参考图 6-7（b））：

$$C_Y = C_{v1} \cdot N_{cC} + C_{N1} = C_{v2} \cdot N_{CC} + C_{N2} + \Delta S$$

有

$$N_{CC} = \frac{C_{N2} - C_{N1} + \Delta S}{C_{V1} - C_{V2}}$$

工艺方案的技术经济分析也常按某些相对指标进行。这些技术指标有：每台机床的年产量（吨 / 台或件 / 台）、每一工人的年产量（吨 / 人或件 / 人）、每平方米生产面积的年产量（吨 /m^2 或件 /m^2）、材料利用系数、设备负荷率、工艺装备系数、设备构成比（专用机床和通用机床之比）、原材料消耗及电力消耗等。

二、提高劳动生产率的途径

在制定机械加工工艺规程时，必须在保证零件质量要求的前提下，提高劳动生产率和降低成本。也就是说，必须做到优质、高产、低消耗。

劳动生产率是指在单位时间内生产合格的产品数量，也可以说是劳动生产者在生产中的效率。时间定额是衡量劳动生产率高低的依据。缩减时间定额就可以提高劳动生产率，特别应该缩减占时间定额比较大的那部分时间。在大批大量生产中，基本时间比重较大，例如工件在多轴自动机床上加工时，基本时间占 69.5%，而辅助时间仅占 21%，这时就应在设法缩减基本时间上采取措施。而在单件小批量生产中，辅助时间和准终时间占的比重较大，例如在普通车床上进行某一零件的小批量生产时，基本时间仅占 26%，而辅助时间占 50%，这时就应该着重在缩减辅助时间上采用措施。

（一）缩短基本时间

缩短基本时间可按有关公式计算，例如车削：

$$T_j = \frac{(L + L_a + L_b) \cdot i}{n \cdot s} \text{min}$$

式中　L —— 加工表面长度；

L_a、L_b —— 刀具切入和切出长度（mm）；

i —— 走刀次数；

n —— 工件每分钟转数（r/min）；

s —— 进给量（mm/r）。

（二）缩短辅助时间

随着基本时间的减少，辅助时间在单件时间中所占比重就更高。若辅助时间比重在 55% ～ 75% 以上，则提高切削用量，对提高生产率就不产生显著的效果，因此须从缩短辅助时间着手。

1. 直接缩短辅助时间

采用先进的高效夹具可缩短工件的装卸时间。在大批大量生产中采用先进夹具，气动、液压驱动，不仅减轻了工人的劳动强度，而且可缩短装卸工件时间。在单件小批生产中采用成组夹具，能节省工件的装卸、找正时间。采用主动测量法可减少加工中的测量时间。主动测量装置能在加工过程中，测量工件加工表面的实际尺寸，并可根据测量结果，对加工过程进行主动控制，目前在内、外圆磨床上应用较为普遍。在各类机床上配置数字显示装置，都是以光栅、感应同步器为测量元件，来显示出工件在加工过程中的尺寸变化，采用了该装置后能很直观地显示出刀具位移量，节省停机测量的辅助时间。

2. 使辅助时间与基本时间重合

采用两工位或多工位的加工方法，使辅助时间和基本时间重合。当一工位上的工件在进行加工时，在另一工位的夹具中装卸工件，如图 6-8 所示为立式回转工作台铣床加工实例。机床有两个主轴顺次进行粗、精铣削。又如采用转位夹具或转位工作台以及几根心轴（夹具）等，可在加工时间内对另一工件进行装卸。这样可使辅助时间中的装卸工件时间与基本时间重合。前面提到的主动测量或数显装置也可起同样作用。

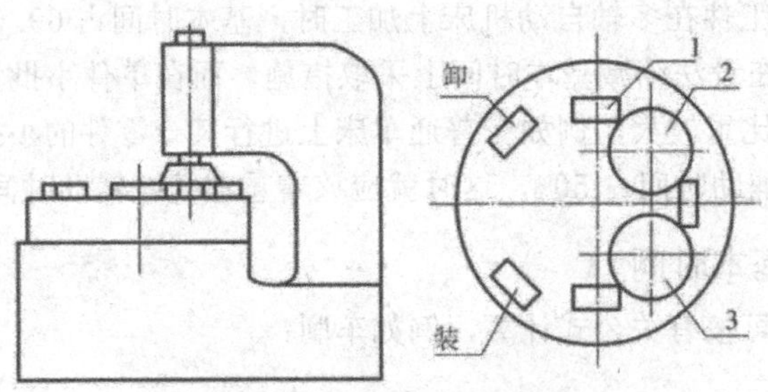

图 6-8　立式回转工作台铣床

1—工件；2—精铣刀；3—粗铣刀

3. 同时缩短基本时间和辅助时间

采用多件加工，机床在一次装夹下同时加工几个工件，从而使分摊到每个工件上的基本时间与辅助时间都能够缩短。多件加工的效果在龙门刨床、龙门铣床上最为显著。它又可按情况不同分为顺序加工、平行加工、平行顺序加工（见图 6-9）。采用多刀多刃加工及成形切削是一种行之有效的提高劳动生产率的方法。六角车床、多刀车床、多轴钻床、龙门铣床等都是为充分发挥多刀多刃加工的效果而设计制造出来的高效率机床。成形切削也是提高生产率的一种方法，它也可分为成形刀具切削和用仿形切削两种。前者适用于尺寸较小的成形表面加工，后者适用于较大的成形表面加工。用单线或多线砂轮磨细纹，用蜗杆砂轮按展成法磨小模数齿轮都属于采用成形刀具切削的例子。用液压仿形刀架或液压仿形车床加工车床主轴是成形法切削的例子。

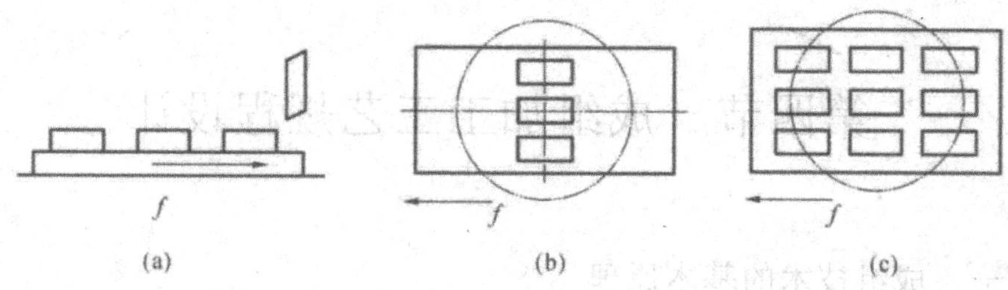

图 6-9 多件加工示意图

（三）缩短准备终结时间

应用高生产率的机床，如多刀车床、六角车床、半自动车床和自动车床等，调整和安装刀具经常耗费较长时间。在加工一批零件后，如更换零件的类型和尺寸，也必须更换夹具。缩减刀具、夹具或其他工具在机床上的安装和调整时间，是成批生产中提高劳动生产率的关键性工艺问题之一。常用的方法有以下几种：第一，采用可换刀架和刀夹，例如六角车床的转塔刀架能快速更换，每一台机床配备几个备用刀架，按照加工对象预先调整等待使用。第二，采用刀具的微调机构和对刀的辅助工具。在多刀加工时，往往要耗费大量工时在刀具调整上。若每把刀具尾部装上微调螺丝，就可使调整时间大为减少。第三，采用准备终结时间少的先进加工设备，如液压仿形刀架插销板式程控机床和数控机床等。这类机床的特点是所需的准备终结时间很短，可以灵活改变加工对象。在成批生产中，除设法减少安装刀具、调整机床等时间外，应尽量扩大制造零件的批量，减少分摊到每一个零件上的准备终结时间。因此设法使零件通用化和标准化，采用成组工艺是缩减准备终结时间理想途径。

（四）采用先进的工艺方法

采用先进的工艺方法是提高劳动生产率极为有效的手段，主要有下面几种：

1. 采用先进的毛坯制造方法

例如，粉末冶金、熔模铸造、压力铸造、精密锻造等新工艺，可以提高毛坯精度，减少切削加工的劳动量，提高生产率。

2. 采用少、无切屑新工艺

例如，用挤齿代替剃齿，生产率可提高 6 ～ 7 倍。还有滚压、冷轧等工艺，都能有效地提高生产率。

3. 采用特种加工

对于某些特硬、特脆、特韧的材料及复杂型面等，采用特种加工能极大地提高生产率。如用电解或电火花加工锻模型腔，用线切割加工冲模等，可以减少大量的钳工劳动量。

4. 改进加工方法

例如用拉孔代替镗孔、铰孔；用精刨、精磨代替刮研等，都可大大提高生产率。

第四节　成组加工工艺规程设计

一、成组技术的基本原理

随着科学技术飞跃发展及市场竞争日益激烈，机械产品的更新速度越来越快，产品品种日益增多，每种产品的生产批量越来越少。据统计，多品种中小批生产企业约占机械工业企业总数的 75% ～ 80%。由于那些按传统生产方式组织生产的中小批生产企业劳动生产率低，生产周期长，产品成本高，因此在市场竞争中常处于不利的地位。事实上，不同的机械产品，虽然其用途和功能各不相同，但是每种产品中所包含的零件类型存在一定的规律性。德国阿亨工业大学在机床、发动机、矿山机械、轧钢设备、仪器仪表、纺织机械、水利机械和军械等 26 个不同性质的企业中选取 45000 种零件进行分析，结果表明，任何机械产品中的组成零件都可以分为下列三类：

（一）A 类

复杂件或特殊件，这类零件在产品中数量少，占零件总数的 5% ～ 10%，但结构复杂，产值高。不同产品的 A 类零件之间差别很大，因而再用性低。如机床床身、主轴箱、床鞍以及各种发动机中的一些大件等均属此类。

（二）B 类

相似件，这类零件在产品中的种类多，数量大，约占零件总数的 70%，其特点是相似程度高，多为中等复杂程度，如各种轴、套、法兰盘、支座、盖板和齿轮等。

（三）C 类

简单件或标准件，这类零件结构简单，再用性高，多为低值件。例如螺钉、螺母、垫圈等，一般均已组织大量生产。

20 世纪 50 年代初苏联米特洛弗诺夫工程师最早提出成组技术的思想，当时称作成组加工，主要用在机械加工中。20 世纪 50 年代末逐渐推广到铸、锻、焊、冲压、注塑、热处理等领域，此时称作成组工艺。20 世纪 60 年代初，捷克的卡洛兹和德国的奥匹兹提出了产品零件的分类编码系统，使成组工艺从工艺领域扩展到产品设计领域；在这之后，又进一步扩及生产管理领域，发展成为一种将生产技术与组织管理融合成一体的成组技术。如今成组技术的应用遍及产品设计、产品制造和生产管理等诸多领域。

成组技术是利用事物之间的相似性，将企业生产的多种产品、部件和零件，按照一定的准则分类编组，并以这些组为基础，用系统工程的方法组织生产的各个环节，从而实现产品设计、制造工艺和生产管理的合理化和科学化。70%左右的相似件在功能结构和加工工艺等方面存在着大量的相似特征，充分利用这种客观存在的相似性特征，将本来各不相同、杂乱无章的多种生产对象组织起来，按相似性分类成族（组），并按族制定加工工艺进行生产制造，这就是成组工艺。由于成组工艺扩大了生产批量，因而便于采用高效率的生产方式组织生产，进而显著提高了劳动生产率。

二、零件的分类编码

对所加工零件实施分类编码是推行成组技术的基础。所谓零件编码就是用数字表示零件的特征，代表零件特征的每一个数字码称为特征码。迄今为止，世界上已有几十种分类编码系统，应用最广的是奥匹兹分类编码系统，该系统是德国阿亨工业大学奥匹兹教授领导编制的，是成组技术早期较为完善的编码系统，很多国家以它为基础建立了各国的分类编码系统。我国机械行业制定了“机械零件编码系统（简称JLBM-1系统）”，该系统是在分析德国奥匹兹系统和日本KK系统的基础上，根据我国机械产品设计的具体情况制定的。

有了编码系统，就可以对工厂生产的所有零件进行编码。

（一）为产品零件划分零件组

划分零件组可按零件编码进行，有三种不同的方法：

1. 特征码位法

以加工相似性为出发点，选择几位与加工特征直接有关的特征码位作为形成零件组的依据。例如，可以规定第1、2、6、7等四个码位相同的零件为一组，根据这个规定，编码为043063072、041103070、047023072的这三个零件可划为同一组。

2. 码域法

对分类编码系统中各码位的特征码规定通常的码域作为零件分组的依据。例如，可以规定某一组零件的第1码位的特征码只允许取0和1，第2码位的特征码只允许取0、1、2、3等，凡各码位上的特征落在规定码域内的零件划为同一组。

3. 特征位码域法

这是一种将特征码位法与码域法相结合的零件分组方法。根据具体生产条件与分组需要，选取特征性较强的特征码位并规定允许的特征码变化范围（码域），并以此作为零件分组的依据。

（二）为零件组编制成组加工工艺规程

编制成组加工工艺规程常用的方法有综合零件法和综合工艺路线法，分述如下：

1. 综合零件法

按综合零件法编制成组加工工艺规程时，首先需要设计一个能集中反映该组零件全部结构特征和工艺特征的综合零件，它可是组内的一个真实零件，也可以是人为综合的“假想”零件。

编制工艺规程，该工艺规程对零件组内的每一个零件都适用，有的零件可能没有其中的一个工序（工步）或几个工序（工步）。综合零件法常用于编制形体比较简单的回转体类零件的成组加工工艺规程。

2. 综合工艺路线法

在零件分类成组的基础上，以组内零件最长工艺路线为基础，适当补充组内其他零件工艺过程的某些特有工序，最终形成能满足加工全组零件需求的成组加工工艺规程。综合工艺路线法常用于编制形体比较复杂的回转体类零件及非回转体类零件的成组加工工艺规程。

第五节　机械加工典型零件工艺

一、轴类零件加工工艺

轴类零件是机器中常见的典型回转体零件之一，他的主要功用是支承传动零部件（带轮、齿轮、联轴器等）、传递扭矩以及承受载荷。对于机床主轴，要求有较高的回转精度。按形状结构特点可分为光轴、空心轴、阶梯轴、异形轴（如曲轴、齿轮轴、凸轮轴、十字轴等）四大类。

轴类零件的结构特点是长度（L）大于直径以）的回转体零件，若长径比 L/d ≤ 12 通称为刚性轴，而长径比 L/d ＞ 12 时称为细长轴或挠性轴，其被加工表面常有同轴线的内外圆柱面、内外圆锥面、螺纹、花键、键槽及沟槽等。

（一）轴类零件的材料及毛坯

轴类零件选用的材料、毛坯生产方式以及采用的热处理，对选取加工过程有极大影响。一般轴类零件常用的材料是 45 钢，并且根据其工作条件选取不同的热处理规范，可得到较好的切削性能及综合力学性能。40Cr 等合金结构钢适用于中等精度而转速较高的轴类零件，这类钢经调质和表面淬火处理后，具有较高的综合力学性能。轴承钢 GCr15 和弹簧钢 65Mn 经调质和表面高频淬火后再回火，表面硬度可达 50 ～ 58HRC，具有较高的耐疲劳性能和较好的耐磨性能，可制造较高精度的轴。

20CrMnTi、18CrMnTi、20Mn2B、20Cr 等含铬、锰、钛和硼等元素，经正火和渗碳淬火处理可获得较高的表面硬度，较软的芯部。因此，耐冲击、韧性好，可用来制造在高转速、重载荷等条件下工作的轴类零件，其的主要缺点是热处理变形较大。中碳合金氮化钢 38CrMoAlA，由于氮化温度比一般淬火温度低，经调质和表面氮化后，变形很小，且硬度也很高，具有很高的心部强度、良好的耐磨性和耐疲劳性能。

轴类零件可选用棒料、铸件或锻件等毛坯形式。一般的光轴和外圆直径相差不大的阶梯轴，以棒料为主；而对于外圆直径相差大的阶梯轴或重要的轴，常选用锻件；对于某些大型的、结构复杂的轴（如曲轴）才采用铸件。

（二）轴类零件的加工工艺特点

轴类零件最常用的精定位基准是两中心孔，采用这种方法符合基准重合与基准统一的原则，因为轴类零件的各外圆表面、圆锥面、螺纹表面的同轴度及端面的垂直度等设计基准都是轴的中心线。粗加工时为了提高零件的刚度，一般用外圆表面或外圆表面与中心孔共同作为定位基准。内孔加工时，也以外圆作为定位基准。对于空心轴，为了使以后各工序有统一的定位基准，在加工出内孔后，采用带中心孔的锥堵或锥堵心轴，保证了用中心孔定位。

（三）轴类零件的加工工艺过程

轴类零件的加工工艺过程需根据轴的结构类型、生产批量、精度及表面粗糙度要求、毛坯种类、热处理要求等的不同而变化。在设备维修和备件制造等单件小批量生产中，一般遵循工序集中原则。在批量加工轴类零件时，要将粗、精加工分开，先粗后精，对于精密的轴类零件，精磨是最终的加工工序，有些精度要求较高的机床主轴，还要安排光整加工。车削和磨削是加工轴类零件的主要加工方法，其一般的加工工序安排为：准备毛坯—正火—切端面打中心孔—粗车—调质—半精车—精车—表面淬火—粗、精磨外圆—终检。轴上的花键、键槽、螺纹、齿轮等表面的加工，一般都放在外圆半精加工以后，精磨之前进行。

轴类零件毛坯是锻件，大多需要进行正火处理，以消除锻造内应力、改善材料内部金相组织和降低硬度，改善材料的可加工性。对于机床主轴等重要轴类零件，在粗加工后应安排调质处理以获得均匀细致的回火索氏体组织，提高零件材料的综合力学性能，并为表面淬火时得到均匀细密的组织，也可获得由表面向中心逐步降低的硬化层奠定基础，同时，索氏体金相组织经机械加工后，表面粗糙度值很小。此外，对有相对运动的轴颈表面和经常装卸工具的内锥孔等摩擦部位一般应进行表面淬火，来提高其耐磨性。

（四）CA6140 型车床主轴机械加工工序分析

1. 加工阶段的划分

主轴加工大体可分三个阶段，即粗加工阶段、半精加工阶段、精加工阶段。之所以划分成三个阶段，是因为在粗加工时要去除大部分余量和钻中心通孔。由于粗加工切削力和切削热大，会引起工件变形，从而容易破坏已加工表面的精度。另外在运输过程中难免碰伤已加工表面。所以安排工序时，要先完成各表面的粗加工，然后完成各表面的半精加工（包括次要表面的最终加工），但主要表面的精加工放在工艺过程的最后进行。

2. 定位基准的选择

为例保证主轴各表面相互位置精度要求，选择定位基准时应尽量使各工序的基准统一，并在一次装夹中完成尽可能多的表面的加工。主轴各外圆表面的加工，一般都是以两顶尖孔为定位基准来达到基准的统一。在钻完中心通孔后，原来的顶尖孔已不存在，这时在通孔两端加工出工艺锥孔，插进两个带顶尖孔的锥堵来达到基准的统一。另外为保证前端安装卡盘的外锥面和安装顶尖的内锥孔与支撑轴颈有很高的同轴度要求，应以精加工好的支承轴颈为基准终磨主轴前端的内外锥面。由此可见，主轴零件加工时的定位基准或是顶尖孔，或是支承轴颈，达到基准统一和基准重合，或两者交替使用、互为基准。

3. 加工顺序的安排

主轴零件各表面加工顺序很大程度上取决于定位基准的选择和定位基准的转换。因为各阶段的开始总是先加工定位基准面，即先行工序必须为后续工序准备好定位基准。主轴工艺过程的开始就是铣面打中心孔，为粗车外圆表面准备定位基准，粗车外圆表面又为中心通孔和前后锥孔的加工准备定位基准，两端锥孔装上带顶尖孔的锥堵作为半精加工和精加工外圆表面的定位基准，精加工好的支承轴颈又可作为终磨前锥孔的定位基准。由此可见，零件加工用的粗精基准选定后，加工顺序就大致确定了。主轴上螺纹、键槽等次要表面的加工，一般都放在外圆表面半精加工之后，磨削加工之前进行。热处理工序要根据其目的及其对工艺过程的影响来确定。正火（或退火）、调质和淬火分别安排在粗加工、半精加工和磨削加工之前进行。

二、箱体类零件机械加工工艺

箱体零件是将箱体内部的轴、齿轮等有关零件和机构连接为一个有机整体的基础零件，如机床的床头箱、进给箱，汽车、拖拉机的发动机机体、变速箱，农机具的传动箱等。它们的尺寸大小、结构形式、外观和用途虽然各有不同，但是有共同的结构特点：结构复杂，一般是中空、多孔的薄壁铸件，刚性较差，在结构上常设有加强肋、内腔凸边、凸台等；箱体壁上既有尺寸精度和形位公差要求较高的轴承支承孔和平面，又有许多小的光孔、螺纹孔以及用于安装定位的销孔。因此箱体类零件加工部位多且加工难度较大。

（一）箱体类零件的技术要求与材料

1. 支承孔本身的精度

轴承支承孔要求有较高的尺寸精度、形状精度和较小的表面粗糙度值。在CA6140型车床主轴箱体上主轴孔的尺寸公差等级为IT6，其余孔为IT7 ～ IT6；主轴孔的圆度为0.006 mm～0.008 mm，其余孔的几何形状精度未作规定，一般控制在尺寸公差范围内即可；通常主轴孔的表面粗糙度值Rq=0.4μm，其他轴承孔Ra=1.6μm。

2. 孔与孔的相互位置精度

在箱体类零件中，同一轴线上各孔的同轴度要求较高，若同轴度超差，会使轴和轴承装配到箱体内出现歪斜，造成主轴径向跳动和轴的跳动，加剧轴承磨损。所以主轴轴承孔的同轴度为0.012 mm，其他支承孔的同轴度为0.02 mm。箱体类零件中有齿轮啮合关系的相邻孔系之间的平行度误差，会影响齿轮的啮合精度，工作时会产生噪声和振动，降低齿轮的使用寿命，因此，要求较高的平行度．在CA6140型车床主轴箱体各支承孔轴心线平行度为（0.04 mm～0.06 mm）/400 mm。中心距之差为±（0.05～0.07）mm。

3. 主要平面的精度

箱体类零件的主要平面M是装配基准或加工中的定位基面，它的平面度和表面粗糙度将影响主轴箱与床身连接时的接触刚度，加工过程中作为定位基面则会影响主要孔的加工精度。因此有较高的平面度和较小的表面粗糙度值要求。在CA6140型车床主轴箱体中平面度要求为0.04 mm，表面粗糙度值Ra=0.63μm～2.5μm而其他平面的Ra=2.5μm～10μm。主要平面间的垂直度是0.1/300 mm。

4. 支承孔与主要平面间的相互位置精度

一般都规定主轴孔和主轴箱安装基面的平行度要求，它们决定了主轴与床身导轨的相互位置关系，同时各支承也对端面要有一定的垂直度要求。因此在CA6140型车床主轴箱体中主轴孔对装配基准的平行度为0.1/600 mm。箱体类零件最常用的材料是HT200～400灰铸铁，在航天航空、电动工具中也有采用铝和轻合金，当负荷较大时，可用ZG200～400、ZG230～450铸钢，在单件小批量生产时，为缩短生产的周期，也可采用焊接件。

（二）箱体类零件的加工工艺分析

如前所述，箱体零件结构复杂，加工精度要求较高，尤其是主要孔的尺寸精度和位置精度。要确保箱体零件的加工质量，首先要正确选择加工基准。

1. 在选择粗基准时，要求定位平面与各主要轴承孔有一定位置精度，以保证各轴承孔都有足够的加工余量，并要求与不加工的箱体内壁有一定位置精度以保证箱体的壁厚均匀、避免内部装配零件与箱体内壁互相干扰。

2. 箱体类零件加工工艺过程的特点。箱体类零件的结构、功用、精度及生产批量不同，加工方案也不同。大批量生产时，箱体零件的一般工艺路线为：粗、精加工定位平面→钻、铰定位销孔→粗加工各主要平面→精加工各主要平面→粗加工轴承孔系→半精加工轴承孔系→各次要小平面的加工→各次要小孔的加工→重要表面的精加工（本道工序视具体箱体零件而定）→轴承孔系的精加工→攻螺纹。

3. 在加工箱体类零件时，一般按照先面后孔、先主后次的顺序加工。因为先加工平面，不仅为加工精度较高的支承孔提供了稳定可靠的精基准，而且还符合基准重合原则，有利于提高加工精度。加工平面或孔系时，也应遵循先主后次的原则，以先加工好的主要平面或主要孔作精基准，可以保证装夹可靠，各表面的加工余量调整较方便，有利于提高各表面的加工精度。当有与轴承孔相交的油孔时，应在轴承孔精加工之后钻出油孔以免先钻油孔造成断续切削，影响了轴承孔的加工精度。

箱体类零件的结构一般较为复杂，壁厚不均匀，铸造残留内应力大。为消除内应力，减少箱体在使用过程中的变形以保持精度稳定，铸造后一般均需进行时效处理，对于精密机床的箱体或形状特别复杂的箱体，在粗加工后还要再安排一次人工时效，以促进铸造和粗加工造成的内应力的释放。

箱体零件上各轴承孔之间，轴承孔与平面之间，具有一定的位置要求，工艺上将这些具有一定位置要求的一组孔称为“孔系”。孔系有平行孔系、同轴孔系、交叉孔系。孔系加工是箱体零件加工中最关键的工序。主轴箱装配基面和孔系的加工是其加工的核心和关键，根据生产规模，生产条件以及加工要求的不同，工艺过程也会有所示同。

（三）CA6140 主轴箱机械加工工艺过程分析

1. 加工阶段的划分

主轴箱主要表面的加工分粗、精两个阶段。粗、精加工分开进行，可以消除由粗加工所造成的内应力、切削力、夹紧力和切削热对加工精度的影响，有利于保证主轴箱的加工精度；同时还能根据粗、精加工的不同的要求来合理地选择设备，有利于提高生产效率。

2. 加工顺序的确定

CA6140 主轴箱毛坯采用 HT200 灰铸铁，铸造精度Ⅱ级，铸造后进行退火处理。拟定机械加工工序，要依照“先粗后精”“先主后次”“先面后孔”的加工原则。必要的热处理、检验等辅助工序应安排在各加工阶段之间。

在加工各平面的工序中，以 M、N 面作定位基准加工其他表面及孔为最好。这不仅符合“基准重合”的原则，而且有利于基准统一的实现。但是用 M、N 面作定位基准时，在夹具上的辅助支撑安放不方便，不如以箱体的顶面 R 定位有利，特别对大批量生产类型更为突出。因此对精基准的选择，小批生产时，用 M、N 面比较合理，大批量生产时用顶面 R 和其上两工艺孔定位比较合理。两种工艺路线均先进行定位基准的加工，然后进行其他内容的加工。

3. 平面加工

小批量生产时，顶面 R 是以 M、N 面为基准，精铣达到要求的。M、N 面是以顶面 R 定位，精铣后通过刮研达到要求的。其余平面均以 M、N 面为基准通过精铣达到要求。大批量生产时，平面均通过铣、磨两道工序进行加工的。先以粗基准定位铣出顶面 R，然后以顶面为基准，铣出其他五平面，再以 M、Q 面定位，磨顶面 R，最后以顶面 R 定位，磨其他五个平面。

4. 孔和孔系的加工

小批量生产时，以底面 M 和导向面 N 为基准，半精锐和精铣各纵向孔达到要求，采用浮动镇刀块精细镗主轴孔达到要求。孔的位置精度依靠铣床精度保证。这样既可以保证加工精度，又不必设计专用工装夹具，缩短加工周期，降低了成本。大批量生产时，先以顶面 R 定位，Ⅵ轴孔导向，钻、扩、校两工艺孔及 6-M8 螺纹孔。再以顶面 R 及两工艺孔定位，精镗各纵向孔和主轴三孔，多个孔利用多刀组合镗床和镗模加工完成，孔的位置靠镗模保证。这样既保证了加工精度，也大大提高加工效率。

第七章　机械创新设计的技术

第一节　机械运动形式变换

一、执行构件的运动形式

（一）旋转运动

旋转运动包括连续旋转运动、间歇旋转运动及往复摆动等。

（二）直线运动

直线运动包括往复移动，间歇往复移动、单向间歇直线移动等。

（三）曲线运动

曲线运动是指执行构件上某一点作特定的曲线（轨迹）运动。

（四）刚体导引运动

刚体导引运动通常指非连架杆的执行构件的刚体导引运动。

（五）特殊功能运动

特殊功能运动是指用来实现某种特殊功能的运动，如微动、补偿及换向运动等。

二、各神运动机构

（一）定速比转动变换机构

在以交流异步电动机作为动力机的机械中，这类定速比转动变换机构常用做减速或增速机构，其主要采用各种齿轮传动、蜗杆蜗轮传动、带传动、链传动、摩擦轮传动等。常用的减速、增速机构的类型和性能指标、应用于范围等在各种机械设计手册上均有介绍，也可查阅有关产品目录、产品介绍。

（二）连续转动变换为往复移动或摆动机构

常应用连杆机构、凸轮机构或某些组合机构，选用的着眼点首先在于对往复行程中的运动规律的要求，如工作行程的速度和加速度、空行程的急回特性等。凸轮机构的特点是便于实现给定运动规律，尤其是带有间歇运动规律。但从承载能力和加工方便程度来看，连杆机构优于凸轮机构。

（三）连续转动变换为周期变速转动机构

应用双曲柄机构、回转导杆机构和非圆齿轮等机构可以实现这种变换，但非圆齿轮机构的加工较为困难，在传动中应用较少。

（四）连续转动变换为步进运动机构

鉴于自动机的送进、转位部分，常用的步进机构有棘轮、槽轮、凸轮等机构和齿轮－连杆组合步进机构、凸轮－齿轮组合机构等，通用步进机构的类型和性能指标请参阅有关机构设计手册。

（五）连续转动变换为轨迹运动机构

一般应用曲柄摇杆机构的连杆曲线实现所要求的轨迹运动，特殊形状的轨迹曲线或对描迹点的速度有要求时可采用凸轮－连杆组合机构或齿轮－连杆组合机构等。

三、传递连续转动的变换与实现机构

能实现连续转动到连续转动的变换机构有齿轮机构、摩擦轮机构、连杆机构、瞬心线机构、带传动机构、链传动机构、绳索传动机构、液力传动机构等，也能采用、钢丝软轴、万向联轴器来实现连续转动到连续转动的变换。

（一）齿轮机构（近距离传动）

从功能上看，根据传递运动的输入与输出轴的位置关系，齿轮传动机构可以分为如下几类：①平行轴传动机构；②相交轴（两轴相交）传动机构；③交错轴（两轴不相交）传动机构。

实际使用中，按照齿轮的外形将其分为如下几类：

1. 直齿圆柱齿轮

直齿圆柱齿轮传递两根平行轴之间的运动，是最一般的齿轮。

2. 斜齿轮

斜齿轮斜齿轮的齿面呈现倾斜状态，与直齿轮相比，它的啮合特性更好。斜齿轮传动的缺点是驱动力矩会引起轴向力。如果且齿轮的倾斜角为45°，它就与后面所述的螺旋齿轮相同。

3. 人字齿轮

人字齿轮的齿由左右旋向相反的一对斜齿组合而成。所以它能消除轴向力，通常用于船舶等大型机械的动力传动。

4. 内齿轮

内齿轮是圆环的内侧有齿面的齿轮。除了单独与直齿轮组和成减速器以外，它也是行星齿轮机构的主要构件。

5. 直齿锥齿轮

直齿锥齿轮用于实现两轴之间的动力传递。1 ：1 的锥齿轮称为等径锥齿轮，除此之外均称为一般锥齿轮。齿面是圆锥的一部分，两个组合的锥顶点必须与两轴的交点重合。也就是说，对应于两个齿轮的齿数比不同，圆锥的顶角也不同。齿数比为1 ：1 的锥齿轮与其他齿数比的锥齿轮就不能进行组合。

6. 蜗杆蜗轮

蜗杆蜗轮是螺旋状的蜗杆，跟齿面与之相配合的蜗轮的组合，单级减速时可以获得20～100的较大减速比的传动。除了单条螺旋线的蜗杆外，还有两条螺旋线的蜗杆。由于齿面滑动量大，摩擦力大，传动时仅限于蜗杆主动、蜗轮被动。通常状况下，蜗轮与蜗杆采用不同材料制成。

7. 螺旋锥齿轮

螺旋锥齿轮是齿长轮廓与节锥面交线是曲线的锥齿轮，可以平滑地进行啮合的齿轮。

（二）连杆机构

平面连杆机构是由若干构件通过低副连接而成的平面机构，它们在各种机械和仪器中获得了广泛的应用。最简单的平面连杆机构是由四个杆件组成的，它应用十分广泛，是组成多杆的基础。

所有运动副均为转动副的平面四杆机构称为铰链四杆机构，是平面四杆机构的最基本的形式，其他形式的平面四杆机构都可看做是在它的基础上通过演化而成的。若组成转动副的两构件能作整周相对转动，则该转动副称为整转副；否则，称为摆动副。与机架组成整转副的连架杆称为曲柄，与机架组成摆动副的连架杆称为摇杆。因此，根据两连架杆为曲柄或摇杆的不同，铰链四杆机构有三种基本形式：第一，曲柄摇杆机构其中两连架杆一个为曲柄，另一个为摇杆。第二，双曲柄机构其中两连架杆均为曲柄。第三，双摇杆机构其中的两连架杆均为摇杆。

（三）摩擦轮传动

摩擦轮传动是指利用两个或两个以上互相压紧的轮子间的摩擦力传递动力和运动

的机械传动。摩擦轮传动可分为定传动比传动和变传动比传动两类。传动比基本固定的定传动比摩擦轮传动，又分为圆柱平摩擦轮传动、圆柱槽摩擦轮传动和圆锥摩擦轮传动三种形式。

前两种形式用于两平行轴之间的传动，后一种形式用于两交叉轴之间的传动。工作时，摩擦轮之间必须有足够的压紧力，以免产生打滑现象，损坏摩擦轮，影响正常传动。在相同径向压力的条件下，槽摩擦轮传动可以产生较大的摩擦力，比平摩擦轮具有较高的传动能力，但槽轮易于磨损。变传动比摩擦轮传动易实现无级变速，并具有较大的调速幅度。机械无级变速器（见图 7-1）多采用这种传动。在图 7-1 中，主动轮按箭头方向移动时，从动轮的转速便连续地变化，当主动轮移过从动轮轴线时从动轮就反向回转。摩擦轮传动结构简单、传动平稳、传动比调节方便、过载时能产生打滑而避免损坏装置，但传动比不准确、效率低、磨损大，并且通常轴上受力较大，所以主要用于传递动力不大或需要无级调速的场合。

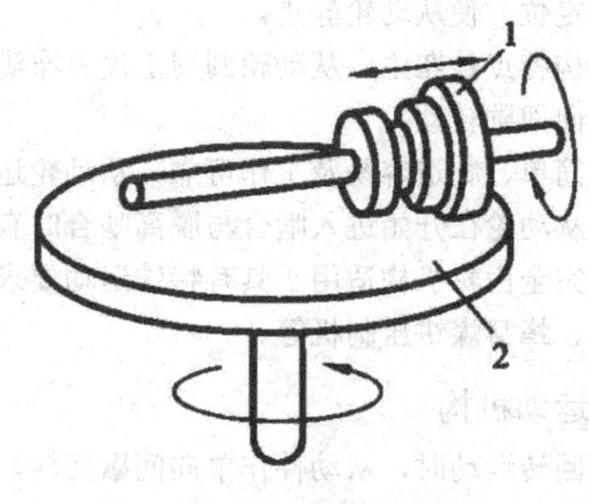

图 7-1　无级变速器

1—主动轮；2—从动轮

四、连续转动到步进转动的变换与实现机构

能实现连续转动到步进转动的变换机构有槽轮机构、棘轮机构、不完全齿轮机构及分度凸轮机构等。

（一）槽轮机构

槽轮机构是指由槽轮和圆柱销组成的单向间歇运动机构，也称马耳他机构。它常被用来将主动件的连续转动转换成从动件的带有停歇的单向周期性转动。槽轮机构有外啮合、内啮合以及球面槽轮机构等。外啮合槽轮机构的槽轮和转臂转向相反，而内啮合的则相同，球面槽轮机构可在两相交轴之间进行间歇传动。

槽轮机构结构简单，易于加工，工作可靠，转角准确，机械效率高。但是其动程不可调节，转角不能太小，槽轮在启、停时的加速度大，有冲击，并且随着转速的增加或槽轮槽数的减少而加剧，故不宜用于高速传动。

（二）棘轮机构

棘轮机构可将连续转动或往复运动转换成单向步进运动。机械中常用外啮合式棘轮机构，它由主动摆杆、棘爪、棘轮、止回棘爪和机架组成。主动件空套在与棘轮固连的从动轴上，并与驱动棘爪用转动副相连。当主动件顺时针方向摆动时，驱动棘爪便插入棘轮的齿槽中，使棘轮跟着转过一定角度，此时，止回棘爪在棘轮的齿背上滑动。当主动件逆时针转动时，止回棘爪阻止棘轮发生逆时针转动，而驱动棘爪却能够在棘轮齿背上滑过，这时棘轮静止不动。因此当主动件作连续的往复摆动时，棘轮作单向的间歇运动。

棘轮机构的主要用途有间歇送进、制动和超越等。

（三）不完全齿轮机构

主动齿轮只做出一个或几个齿，根据运动时间和停歇时间的要求在从动轮上作出与主动轮相啮合的轮齿。其余部分为锁止圆弧。当两轮齿进入啮合时，与齿轮传动一样，无齿部分由锁止圆弧定位，使从动轮静止。

不完全齿轮机构的结构特点是在主、从动轮圆周上没有布满轮齿，因此当主动轮连续回转时，从动轮作单向间歇转动。

不完全齿轮机构结构简单、制造容易及工作可靠，从动轮运动时间和静止时间可在较大范围内变化。但是从动轮在开始进入啮合与脱离啮合时有较大冲击，故一般只用于低速、轻载场合。不完全齿轮机构适用于具有特殊运动要求的专用机械，例如乒乓球拍边缘铣削专用机床、蜂窝煤饼压制机等。

（四）凸轮式间歇运动机构

机构的主动件作等速回转运动时，从动件作单向间歇回转，这种机构称为凸轮式间歇运动机构。凸轮式间隙运动机构的优点是：运转可靠，传动平稳。从动件的运动规律取决于凸轮的轮廓形状，如果凸轮的轮廓曲线设计得合理，就可以实现理想的预期的运动，并且可以获得良好的动力特性。转盘在停歇时的定位，由凸轮的曲线槽完成而不需要附加定位装置，但对凸轮的加工精度要求较高。

五、连续转动到往复摆动的变换与实现机构

能实现连续转动到往复摆动的变换的机构有曲柄摇杆机构、曲柄摇块机构、摆动导杆机构及摆动从动件凸轮机构。

（一）曲柄摇杆机构

在较链四杆机构中，如果有一个连架杆作循环的整周运动而另一连架杆作摆动，则该机构称为曲柄摇杆机构。如图 7-2 所示的雷达天线调整机构即为曲柄摇杆机构。该机构由构件 1、2、固连有天线的 3 及机架 4 组成，构件 1 可作整圈的转动，为曲柄；天线 3 作为机构的另一连架杆可作一定范围的摆动，为摇杆。随着曲柄的缓缓转动，天线仰角得到改变。

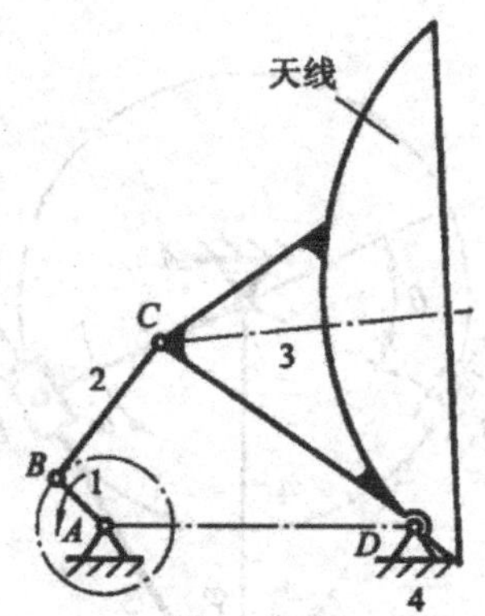

图 7-2　雷达天线调整机构

（二）曲柄摇块机构

图 7-3 所示为摇块机构的简图。当曲柄为主动件，在转动或摆动时，连杆相对滑块滑动，并一起绕点 C 摆动。例如卡车自动卸料机构就是曲柄摇块的机构。

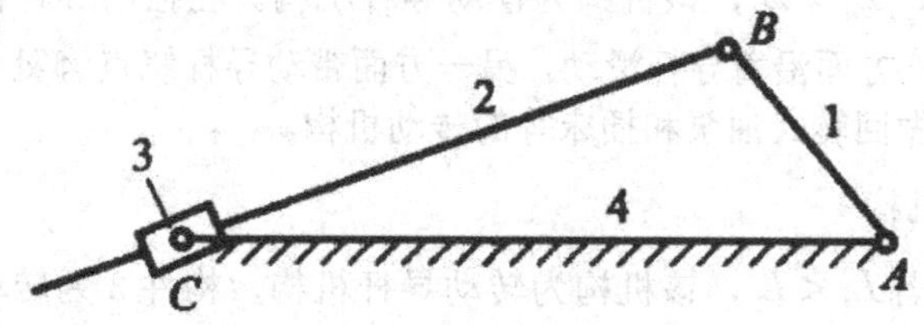

图 7-3　曲柄摇块机构

（三）导杆机构

在导杆机构中，如果导杆能作整周转动，就称为回转导杆机构。如果导杆仅能在某一角度范围内往复摆动，就称为摆动导杆机构。导杆机构由曲柄、滑块、导杆及机架组成。

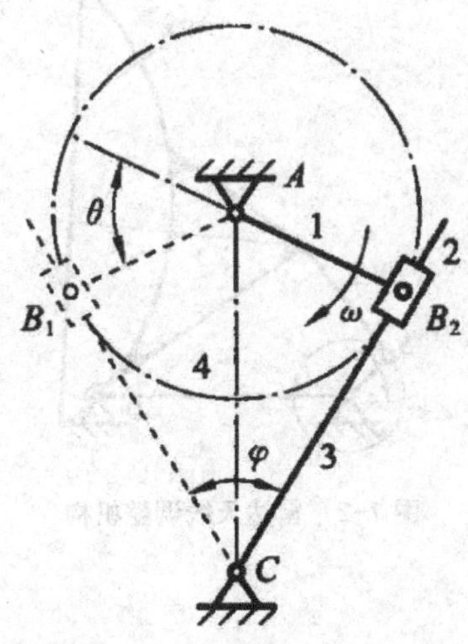

图 7-4　摆动导杆机构

1. 摆动导杆机构

如图 7-4 所示，$L_4 > L_1$，该机构为摆动导杆机构。在摆动导杆机构中，当曲柄连续转动时，滑块一方面沿着导杆滑动，另一方面带动导杆绕点 A 处铰链往复摆动。摆动导杆机构常用做回转式油泵和插床等的传动机构。

2. 转动导杆机构

在图 7-4 中，若 $L_4 < L_1$，该机构为转动导杆机构，构件 3 为转动导杆，如牛头刨床机构即为转动导杆机构。

六、连续转动到往复移动的变换与实现机构

能实现连续转动到往复移动的变换的机构有曲柄滑块机构、正弦机构及直动从动件凸轮机构等。

（一）曲柄滑块机构

曲柄滑块机构是典型的将连续转动变换为往复直线运动的机构。支承滑块的往复运动部分与旋转的曲柄部分之间通过连杆进行连接。改变曲柄的半径，就会影响往复运动的行程；改变连杆的长度，就会影响往复运动的速度变化特性。该机构仅限于输入为转动、输出为直线运动的情形，曲柄滑块机构广泛应用于往复活塞式发动机、压缩机、机床等的主机构中。

（二）凸轮机构

凸轮机构是由凸轮、从动件和机架三个基本构件组成的高副机构。凸轮是一个具有曲线轮廓或凹槽的构件，一般为主动件，作等速回转运动或往复直线运动。

凸轮机构在应用中的基本特点在于能使从动件获得较复杂的运动规律。因为从动件的运动规律取决于凸轮轮廓曲线，所以在应用时，只需要根据从动件的运动规律来设计凸轮的轮廓曲线就可以了。

凸轮机构广泛应用于各种自动机械、仪器和操纵控制装置。凸轮机构之所以得到如此广泛的应用，主要是由于凸轮机构可以实现各种复杂的运动要求，而且结构简单、紧凑。

最典型的凸轮机构的应用是内燃机中气门凸轮机构。运动规律规定了凸轮的轮廓外形。当矢径变化的凸轮轮廓与气阀杆的平底接触时，气阀杆产生往复运动；而当以凸轮回转中心为圆心的圆弧段轮廓与气阀杆接触时，气阀杆将静止不动。因此随着凸轮的连续转动，气阀杆可获得间歇的、遵循预期规律的运动。

（三）正弦机构

双滑块机构也是铰链四杆机构的一种演变，就把两个转动副演变为两个移动副（见图 7-5）。压缩机就运用了这样的机构。

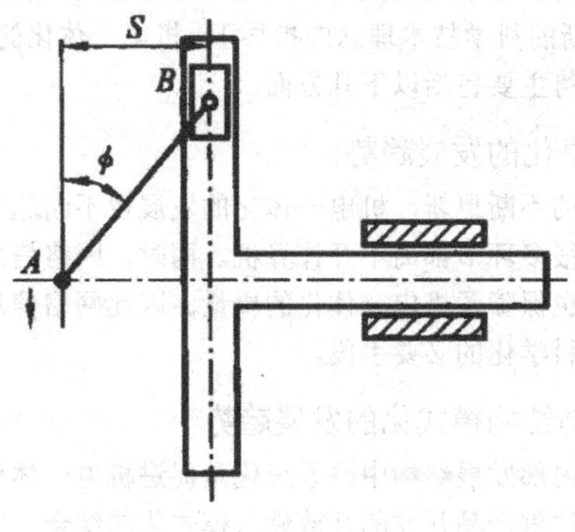

图 7-5　正弦机构

（四）齿轮齿条机构

齿轮齿条机构可将齿轮的回转运动转变为齿条的往复直线运动，或者将齿条的往复直线运动转化为齿轮的回转运动。

第二节 机电一体化

一、机电一体化的含义

机电一体化系统由机械本体（机构）、信息处理与控制部分（计算机）、能源部分（动力源）、检测部分（传感器）、执行元件部分（如电动机）等五个子系统组成。

二、机电一体化的发展方向

机电一体化是集机械、电子、光学、控制、计算机及信息等多学科的交叉综合，因此它的发展是与这些领域息息相关的，机电一体化的发展和进步依赖并促进相关技术的发展和进步。在新的科学技术理念的指导下，机电一体化的发展面临着新的挑战。机电一体化的发展趋势主要包括以下几方面。

（一）网络信息化的发展趋势

随着计算机技术的不断更新，机电一体化的发展也不断趋于网络化。在机电一体化的发展过程中，有很多环节都离不开计算机。同时，网络信息化的普及不仅提高了机电一体化的进程，也保障了机电一体化的质量。因此网络信息化的发展趋势无疑是机电一体化技术逐步科学化的必要手段。

（二）系统体制结构模式化的发展趋势

在机电一体化的内部发展结构中，系统化是促进机电一体化进程的必要手段。在系统化的模式中，应注重产品开发的开放性与模式化的结合，实现系统间更好地协调与管理。随着机电一体化模式的逐步完善，应在不断更新的理念下，促进机电一体化技术的创新。可见，系统体制结构模式化发展不但是促进机电一体化发展的重要策略，也是加快机电一体化技术更新的必要手段。

（三）微机电一体化的发展趋势

随着国外先进技术的开发引进，机电一体化的技术也逐步向微型领域延伸。微机电一体化的产品不仅体积小、耗能少，而且运用也比较方便。可见，微机电一体化的研制不仅革新了机电一体化的技术领域的发展，同时也加快了机电一体化的发展进程。微机电一体化的发展趋势是完善机电一体化内部的结构必要手段，也是促进机电一体化技术进步的必经之路。因此需要在注重机电一体化技术更新的基础上逐步实现微机电一体化的趋势。

（四）多规模化的发展趋势

在机电一体化的发展过程中，由于机电一体化面临着众多的生产厂家，因此研制具有标准化机械接口的机电一体化产品是一项非常复杂和艰难的工程。如果将各项机械装置转向多规模化发展，不仅能促进新产品的开发，同时也能扩大其生产规模。可见，机电一体化的多规模发展理念对促进机电一体化的进程有着不容忽视的作用。但是，基于客观条件的制约，机电一体化的多规模化有待于不断更新和完善。

（五）绿色产品的发展趋势

伴随着工业的日益发展，资源匮乏、环境污染严重等问题逐渐显现，这些不仅影响了人们的正常生活，也给经济的可持续发展带来了不必要的隐患。可见，在注重工业发展的同时，环境问题也是不容忽视的。因此，对于工程领域中的机电一体化，应注重绿色产品的研制与开发。在保护环境理念的指导下，机电一体化的绿色产品的研发不仅是必然的发展趋势，同时也是机电一体化长久发展的有力保障。

（六）模拟人类智能化的发展趋势

在新技术理念的指导下，机电一体化的发展进入一个新的发展领域——智能化。随着21世纪经济理念的不断发展，智能化成为机电一体化发展的重要方向。机电一体化的智能化不是强求机器具有与人完全相同的智能。这里所说的“智能化”一般是采用高性能、高速度的微处理器使机电一体化产品具有低级智能。可见，在机电一体化技术的发展过程中，模拟人类智能是完善机电一体化技术的必经之路。

作为工程领域中的重要技术，机电一体化技术的发展有着重要的意义和影响。新产品的开发和应用与机电一体化技术息息相关，机电一体化技术承载着工程领域的重要任务。加强对机电一体化技术的研究是加快工程领域任务完成重要手段，来逐步实现机电一体化技术的规范性与科学性。

三、机械设备控制方法

控制技术就是通过控制器使被控对象或过程自动地按照预定的规律运行0自动控制技术范围很广，包括自动控制理论、控制系统设计、系统仿真、现场调试、可靠运行等从理论到实践的整个过程。由于被控对象种类繁多，所以控制技术的内容极其丰富，包括高精度定位控制、速度控制、自适应控制、自诊断、校正、补偿、示教再现、检索等控制技术。控制系统的分类如下：

（一）按照控制原理分类

1. 开环控制系统

系统的输出量对系统无控制作用，或者说系统中无反馈回路，称为开环系统。开环系统的优点是简单、稳定、可靠。若组成系统的元件特性和参数值比较稳定，且外界干扰较小，那么开环控制能够保持一定的精度，但精度通常较低、无自动纠偏能力。开环控制系统主要应用于机械、化工及物料装卸运输等过程的控制以及机械手和生产自动线。

2. 闭环控制系统

系统的输出量对系统有控制作用，或者说系统中存在反馈回路，称为闭环系统。闭环系统的优点是精度较高，对外部扰动和系统参数变化不敏感，但存在稳定性、振荡、超调等方面的问题，造成了系统性能分析和设计麻烦。

（二）按照信号特征分类

1. 恒值控制系统

给定值不变，要求系统输出量以一定的精度接近给定值的系统。如生产过程中的温度、压力、流量、液位高度、电动机转速等自动控制系统属于恒值系统。它的系统输入量为恒值。控制任务是保证在任何扰动作用下系统的输出量均为恒值，如恒温箱控制，电网电压、频率控制等。

2. 随动控制系统

给定值按未知时间函数变化，要求输出跟随给定值的变化而变化。例如，跟随卫星的雷达天线系统，它的输入量的变化规律不能预先确知，其控制要求是输出量迅速、平稳地跟随输入量变化，并能排除各种干扰因素的影响，准确地复现输入信号的变化规律。又如火炮自动瞄准系统，它也属于随动控制系统。

3. 程序控制系统

它的输入量的变化规律预先确知，输入装置根据输入的变化规律发出控制指令，使被控对象按照指令程序的要求而运动，例如数控加工系统等。

（三）根据被控量分类

1. 自动调节系统

被控量是转速、电压、频率等物理量并要求保持恒定的系统。

2. 伺服机构

被控量是机械装置的位置、姿态等的跟踪系统。

3. 过程控制系统

被控量为温度、压力、流量、液位及浓度等的定值系统。

（四）根据控制作用分类

1. 连续控制系统

控制作用在空间和时间上都连续的系统。通常应用线性模拟调节器或校正装置的控制系统均属此类。

2. 断续控制系统

包括开关控制系统和离散控制系统两种。开关控制系统是指控制作用在空间上不连续的系统，例如，两位式、三位式锅炉水位和压力等自动控制系统；离散控制系统是指控制作用在时间上不连续的系统，也称采样控制系统，例如采用数字调节器的控制系统、用数字计算机直接控制的系统等。

（五）根据系统的参数分类

1. 集中参数和分布参数系统

用常微分方程描述的系统称为集中参数系统，例如作旋转运动的系统、电回路等一般是集中参数系统。

2. 定常系统和时变系统

参数不随时间变化的系统称为定常系统，也称时不变系统。其微分方程式的系数均为常数。

（六）根据系统中元件的输入/输出特性分类

1. 线性系统

每个元件的输入/输出特性为线性特性或描述系统的运行方程式是线性微分方程式的系统。

2. 非线性系统

系统中有的元件的输入/输出特性为非线性特性或描述系统的运行方程式是非线性微分方程式的系统。

四、电气控制设备

（一）电气控制系统概述

电子元器件、大规模集成电路和计算机技术的进步，都极大地促进了机电一体化技术的发展。20 世纪 60 年代以来，随计算机和信息技术的飞速发展，数字信号处理技术应运而生并得到迅速的发展。数字信号处理是一种通过使用数学技巧执行转换或提取信息来处理现实信号的方法，这些信号由数字序列表示。数字信号处理在控制电动机及视觉领域得到了广泛的应用。面对众多的控制元件，首先要了解每种控制元件的特点，然后根据被控对象的特点、控制任务要求、设计周期等进行合理选择。下面简单介绍目前广泛使用的控制元件的特点和应用范围。

（二）可编程控制器

可编程逻辑控制器（PLC）采用一类可编程的存储器，用于存储程序，执行逻辑运算、顺序控制、定时、计数及算术操作等面向用户的指令，并通过数字或模拟式输入/输出控制各种类型的机械或生产过程。随着技术的发展，这种采用微型计算机技术的工业控制装置的功能已经大大超过了逻辑控制的范围。PLC 具有如下鲜明的特点：系统构成灵活，扩展容易，用开关量控制为主，也能进行连续过程的 PID 回路控制，并能与上位机构成复杂的控制系统，如直接数字控制（DDC）系统和分散型控制系统（DCS）等，实现生产过程的综合自动化；使用方便，编程简单，采用简明的梯形图、逻辑图或语句表等编程语言，因此系统开发周期短，现场调试容易。另外，可在线修改程序，改变控制方案而不拆动硬件；能适应各种恶劣的运行环境，抗干扰能力强，可靠性远高于其他各种机型。

（三）单片机

单片机是一种集成在电路中的芯片，是采用超大规模集成电路技术把具有数据处理能力的中央处理器（CPU）、随机存储器（RAM）、只读存储器（ROM）、多种 I/O 口和中断系统、定时器/计时器等功能元件（可能也包括显示驱动电路、脉宽调制电路、模拟多路转换器、A/D 转换器等电路）集成到一块硅片上所构成的一个小而完善的计算机系统。单片机集成度高，包括 CPU、4 kB 容量的 ROM（8031 无），128 B 容量的 RAM、两个 16 位定时/计数器、四个 8 位并行口、全双工串口行口。系统结构简单，使用方便，实现模块化。单片机可靠性高，可工作到 106～107h 无故障；处理功能强，速度快。单片机没有自开发能力，必须借助计算机和专用仿真软件调试。单片机的编程与调试不如计算机方便，开发周期较长。

（四）工业计算机

工控机(industrial personal computer,IPC)是一种加固的增强型个人计算机，它可以作为一个工业控制器在工业环境中可靠运行。工业控制计算机是一种采用总线结构，对生产过程及其机电设备、工艺装备进行检测与控制的设备的总称。工控机由 CPU、硬盘、内存、外设及接口等组成，并有实时的操作系统、控制网络和协议友好的人机界面等，具备计算能力。当前工控机的主要类别有：IPC（PC 总线工业电脑）、PLC（可编程控制系统）、DCS（分散型控制系统）、FCS（现场总线系统）和 CNC（数控系统）五种。

（五）数字信号处理器

数字信号处理器(DSP)是一种微处理器，其接收模拟信号，转换为数字信号 0 或 1，再对数字信号进行修改、删除、强化，并在其他系统芯片中把数字数据解译回模拟数据或实际环境格式。它不仅具有可编程性，而且其实时运行速度可达每秒执行数千万条复杂指令，是数字化电子世界中日益重要的电脑芯片，具有强大数据处理能力和较高运行速度。DSP 对元件值的容限不敏感，受温度、环境等外部因素影响小，容易实现集成；可方便调整处理器的系数实现自适应滤波；可实现模拟处理不能实现的功能（如线性相位、多抽样率处理、级联等），可用于频率非常低的信号，DSP 经常用在机电控制和图形处理中。

五、检测传感

传感技术是关于从自然信源获取信息，并对之进行处理（即变换）和识别的一门多学科交叉的现代科学与工程技术，它涉及传感器、信息处理和识别的规划设计活动。检测技术通常与自动化装置相结合，是将自动化、电子、计算机、控制工程、信息处理、机械等多种学科、多种技术融合为一体并综合运用的复合技术，广泛应用于交通、电力、冶金、化工、建材等领域的自动化装备及生产自动化过程，检测技术的研究与应用具有重要的理论意义。

（一）传感器概述

传感器是一种物理装置或仿生器官，能够探测、感受外界的信号、物理条件（如光、热、湿度等）或化学组成（如烟雾等），并将探知的信息传递给其他装置或器官。通常据其基本感知功能可分为热敏元件、光敏元件、气敏元件、力敏元件、磁敏元件、湿敏元件、声敏元件、放射线敏感元件、色敏元件和味敏元件等十大类。

（二）传感器分类

1. 按传感器的工作原理分类

（1）物理传感器

物理传感器应用的是物理效应与现象，诸如压电效应，磁致伸缩现象，离化、极化、热电、光电、磁电等效应。被测信号量的微小变化都将转换成电信号。

（2）化学传感器

化学传感器包括那些以化学吸附、电化学反应等现象为因果关系的传感器，被测信号量的微小变化也将转换成电信号，化学传感器技术问题较多，如可靠性、规模生产的可能性、价格等方面的问题。

2. 按传感器输出信号分类

（1）模拟传感器

它可将被测量的非电学量转换成模拟电信号。

（2）数字传感器

它可将被测量的非电学量转换成数字信号（包括直接和间接转换）。

（3）数字传感器

数字传感器可将被测量的信号量转换（包括直接或间接转换）成频率信号或者短周期信号。

（4）开关传感器

当一个被测量的信号达到某个特定的阈值时，开关传感器相应地输出一个设定的低电平或高电平信号。

3. 传感器组成

传感器一般由敏感元件、转换元件和基本转换电路三部分组成：

（1）敏感元件

它是直接感受被测量，并输出与被测量成确定关系的某一物理量的元件。

（2）转换元件

敏感元件的输出就是它的输入，它把输入转换成电路参量。

（3）基本转换电路

上述电路参数接入基本转换电路（简称转换电路），便可转换成电量输出。

传感器只完成被测参数至电信号的基本转换，然后电信号被输入测控电路，进行放大、运算、处理等进一步转换，以获得被测值或进行过程控制。有些传感器很简单，有些则较复杂，大多数用于开环系统，也有部分用于带反馈的闭环系统。

六、执行机构

执行机构是指根据来自控制器的控制信息实现对受控对象的控制的元件。它能将电能或流体能量转换成机械能或其他能量形式，按照控制要求改变受控对象的机械运动状态或其他状态（如温度、压力等）。它直接作用于受控对象。

传统机械系统一般由动力元件、传动机构及执行机构等组成，其特点是动力元件单一，一般作等速转动。运动形式仅与执行机构的尺寸有关系。随着机电一体化的发展，机械系统不再仅限于单纯的机械机构、在弹性机构、气动及液

压机构中也得到了广泛的应用。动力元件有电动、气动及液压三种执行元件。电动执行元件安装灵活、使用方便，在自动控制系统中应用最广。气动执行元件结构简单、重量轻、工作可靠并具有防爆特点，在中、小功率的化工石油设备和机械工业生产自动线上应用较多。液压执行元件功率大、快速性好、运行平稳，广泛用于大功率的控制系统。执行机构的形式包括电气式、液压式、气压式和其他形式。

（一）电动执行元件

电动执行元件是指将电能转换成机械能以实现往复运动或回转运动的电磁元件。常用的有直流伺服电动机、交流伺服电动机、步进电动机、电磁制动器、继电器等。电动执行元件具有调速范围宽、灵敏度高、响应速度快、无自转现象等性能，并能长期连续可靠地工作。在特殊环境条件下，还能满足防爆、防腐、耐高温等特殊要求。随着自动控制技术的发展，电动执行元件的品种不断更新，性能不断提高。无刷电动机、低惯量电动机、慢速电动机、直线电动机和平面电动机等，都是非常有发展前途的新型电动执行元件。

1. 步进电动机

步进电动机是将电脉冲信号转变为角位移或线位移的开环控制元件。在非超载的情况下，电动机的转速、停止的位置只取决于脉冲信号的频率和脉冲数，而不受负载变化的影响。当步进驱动器接收到一个脉冲信号时，它就驱动步进电动机按设定的方向转动一个固定的角度，称为“步距角”，它的旋转是以固定的角度一步一步运行的。可以通过控制脉冲个数来控制角位移量，从而达到准确定位的目的；同时，可以通过控制脉冲频率来控制电动机转动的速度和加速度，进而达到调速的目的。

2. 直流伺服电动机

直流伺服电动机是将输入的电信号转换成角位移或角速度输出而带动负载的直流电动机。它的工作原理与普通直流电动机完全相同，一般应用于功率稍大的自动控制系统中，其输出功率一般为 1 ～ 600 W，高的可达数十千瓦。直流伺服电动机按激磁方式可分为电磁式和永磁式伺服电动机两种。电磁式伺服电动机的磁场由激磁绕组产

生，永磁式伺服电动机的磁场由永磁体产生。电磁式直流伺服电动机被普遍使用，特别是在大功率（100 W 以上）驱动中更为常用。永磁式直流伺服电动机由于有尺寸小、重量轻、效率高、出力大、及结构简单等优点而越来越被重视。

3. 交流伺服电动机

交流伺服电动机广泛应用于自动控制系统、自动监测系统和计算装置、增量运动控制系统以及家用电器中。常见的交流伺服电动机有两类：一类为永磁式交流同步伺服电动机；另一类为笼型交流异步伺服电动机。

（1）同步型交流伺服电动机

同步型交流伺服电动机定子装有对称三相绕组，而转子却有多种结构。按转子结构的不同同步型交流伺服电动机又分电磁式及非电磁式两大类。非电磁式又分为磁滞式、永磁式和反应式多种。其中磁滞式和反应式同步电动机存在效率低、功率因数较差、制造容量不大等缺点。数控机床中多用永磁式同步电动机。和电磁式同步电动机相比，永磁式同步电动机的优点是结构简单、运行可靠、效率较高；其缺点是体积大、启动特性欠佳。

（2）异步型交流伺服电动机

异步型交流伺服电动机指的是交流感应电动机。它有三相和单相之分，也有鼠笼式和线绕式两种，通常多用鼠笼式三相感应电动机。其缺点是不能经济地实现范围很广的平滑调速，必须从电网吸收滞后的励磁电流，因而令电网功率因数变坏。这种鼠笼式转子的异步型交流伺服电动机简称异步型交流伺服电动机，利用符号 IM 表示。

（二）气动执行元件

气动执行元件是将气体能转换成机械能以实现往复运动或回转运动的执行元件。实现直线往复运动的气动执行元件称为气缸；实现回转运动的称为气动马达。

气缸是气压传动中的主要执行元件，在基本结构上分为单作用式和双作用式两种。前者的压缩空气从一端进入气缸，使活塞向前运动，靠另一端的弹簧力或自重等使活塞回到原来位置；后者气缸活塞的往复运动均由压缩空气推动。随着应用范围的扩大，还不断出现新结构的气缸，如带行程控制的气缸、气液进给缸、气液分阶进给缸、具有往复和回转 90° 两种运动方式的气缸等，它们在机械自动化和机械人等领域得到了广泛的应用。无给油气缸和小型轻量化气缸也在研制之中。

气动马达分为摆动式和回转式两类，前者实现有限回转运动，后者实现连续回转运动。摆动式气动马达有叶片式和螺杆式两种。摆动马达是依靠装在轴上的销轴来传递扭矩的，在停止回转时有很大的惯性力作用在轴心上，即使调节缓冲装置也不能消除这种作用，因此需要采用油缓冲，或设置外部缓冲装置。回转式气动马达可以实现无级调速，只要控制气体流量就可以调节功率和转速。它还具有过载保护作用，过载时马达只降低转速或停转，但不超过额定转矩。回转式气动马达常见的有叶片式和活塞式两种。活塞式的转矩比叶片式的大，但叶片式的转速较高；叶片式的叶片与定子间的密封比较困难，因而低速时效率不高，可以用于驱动大型阀的开闭机构。活塞式气动马达用于驱动齿轮齿条带动负荷运动。

（三）液压执行元件

液压执行元件是指将液压能转换为机械能以实现往复运动或回转运动的执行元件，分为液压缸、摆动液压马达和旋转液压马达三类。液压执行元件的优点是单位质量和单位体积的功率很大，机械刚性好，动态响应快，因此它被广泛应用于精密控制系统、航空和航天等各部门。它的缺点是制造工艺复杂、维护困难和效率较低。

液压缸可实现直线往复机械运动，输出力和线速度。液压缸的种类很多，仅能向活塞一侧供高压油的为单作用液压缸，活塞反向靠弹簧或外力完成；能向活塞两侧交替供高压油的为双作用液压缸；活塞杆从缸体一端伸出的为单出杆液压缸，两个运动方向的力和线速度不相等；活塞杆从缸体两端伸出的为双出杆液压缸，两个运动的方向具有相同的力和线速度。

摆动液压马达能实现有限往复回转机械运动，输出力矩和角速度。它的动作原理与双作用液压缸相同，只是由高压油作用在叶片上的力对输出轴产生力矩，带动负载摆动做机械功。这种液压马达结构紧凑，效率高，能在两个方向产生很大的瞬时力矩。

旋转液压马达实现无限回转机械运动，输出扭矩和角速度。它的特点是转动惯量小，换向平稳，便于启动和制动，对加速度、速度、位置具有极好的控制性能，可与旋转负载直接相连。旋转液压马达通常分为齿轮型、叶片型及柱塞型三种。

第三节　机械系统设计

一、机械系统设计的任务、基本原则及要求

（一）机械系统设计的任务及设计类型

机械系统设计的任务是开发新的产品和改造老产品，最终目的是为市场提供优质高效、价廉物美的机械产品，以取得较好的社会及经济效益。

虽然机械产品的种类繁多、结构千变万化，但从设计角度来看不外乎分为下列三类：

1. 完全创新设计

所设计的产品是过去不存在的全新产品。此类设计的特点是只知道新产品的功用，但对确保实现该功能应采用的工作原理及结构等问题完全未知，没有任何参考资料。

2. 适应性设计

在原有的总工作原理基本不变的情况下，对已有产品进行局部变更，以适应某种新的要求。但局部变化应有所创新，且在原理上有所突破。例如为了满足节约燃料的目的，人们用汽油喷射装置来代替汽油发动机中传统的汽化器就属于此类型设计。

3. 变异性设计

在产品的工作原理和功能结构都不变的情况下，对其结构配置或尺寸加以改变，使之只适应于在量方面有所变更的要求。如由于传递转矩或速比发生变化而重新设计机床的传动系统和相关尺寸的设计就属于变异性设计。

（二）机械系统设计的基本原则

为了设计出好的产品，设计人员在设计过程中需要遵循一定的原则和法规，才能一步步地达到预期的目的，一般的设计原则主要有以下四项：

1. 需求原则

所谓需求是指对产品功能的需求，若人们没有了需求，也就没有了设计所要解决的问题和约束条件，从而设计也就不存在了。所以，一切设计都是以满足客观需求为出发点。

2. 信息原则

设计人员在进行产品设计之前，必须进行各方面的调查研究，以获得大量的必要的信息。这些信息包括市场信息、设计所需的各种科学技术信息、制造过程中的各种工艺信息、测试信息及装配、调整信息等。

3. 系统原则

随着“系统论”的理论不断完善及应用场合的不断增多，人们从系统论的角度出发认识到：任何一个设计任务，都可以视为一个待定的技术系统，而这个待定技术系统的功能则是如何将此系统的输入量转化成所需要的输出量。

4. 优化、效益原则

优化是设计人员在设计过程中必须关注的又一原则。这里的优化是广义的，包括原理优化、设计参数优化、总体方案优化、成本优化、价值优化、效率优化等。优化的目的是为了提高产品的技术经济效益及社会效益，所以优化和效益两者应紧密地联系起来。

（三）机械系统设计的设计要求

由于设计要求既是设计、制造、试验、鉴定、验收的依据，同时又是用户衡量的尺度，所以，在进行设计之前，就必须对所设计产品提出详细、明确的设计要求。任何一个产品的设计要求无外乎都是围绕着技术性能和经济指标来提出的，主要包括下列内容。

1. 功能要求

用户购买产品实际上是购买产品的功能，而产品的功能又与技术、经济等因素密切相关，功能越多则产品越复杂、设计越困难、价格费用就越大。但由于功能减少后产品很可能没有市场，这样，在确定产品功能时，应保证基本功能，满足使用功能，剔除多余功能，增添新颖的外观功能，而各种功能的最终取舍应按价值工程原理进行技术可行性分析来定夺。

2. 适应性要求

这是指当工作状态及环境发生变化时产品的适应程度，如物料的形状、尺寸、物理化学性能、温度、负荷、速度、加速度、振动等。人们总是希望产品的适应性强一些，但这将给产品的设计、制造、维护等方面带来很大困难，偶而甚至达不到，因此，适应性要求应提得合理。

3. 可靠性要求

可靠性是指系统、产品、零部件在规定的使用条件下，在预期的使用时间内能完成规定功能的概率。这是一项重要的技术质量指标，关系到设备或产品能否持续正常工作，甚至关系到设备、产品及人身安全的问题。

4. 生产能力要求

这是指产品在单位时间内所能完成工作量的多少。它也是一项重要的技术指标，表示单位时间内创造财富的多少。提高生产能力在设计上可以采取不同的方法，但每一种方法都会带来一系列的负面问题。只有在这些负面问题得到妥善解决或减少之后，去提高产品的生产能力才有现实意义。

5. 使用经济性要求

这是指单位时间内生产的价值与使用费用的差值。使用经济性越高越好。因为，使用费用主要包括原材料、辅料消耗、能源消耗、保养维修、折旧、工具耗损及操作人员的工资等。

6. 成本要求

产品成本的高低将直接影响其竞争能力，在机械产品的成本构成中，材料费用占很高的比例，这主要与材料的品质、利用率及废品率有关。

二、机械系统总体设计

机械系统总体设计是产品设计的关键，它对产品的技术性能、经济指标和外观造型均具有决定性意义。这部分工作在产品产生过程中是功能原理设计阶段和结构总体设计阶段的内容，即主要包括机械系统功能原理设计、总体布局（各子系统如动力系统、传动系统、执行系统、操作和控制系统等之间的关系）、主要技术参数如尺寸参数、运动参数以及动力参数等的确定及技术经济分析等。

（一）功能的定义

功能是系统必须实现的任务，或者说是系统具有转化能量、运动或者其他物理量的特性。

（二）功能的分类

功能分为必要功能和非必要功能。必要功能包含基本功能和附加功能。

（三）功能的原理设计任务及其特点

所谓功能原理设计，就是针对所设计产品的主要功能提出一些原理性的构思，亦即针对产品的主要功能进行原理性设计。

功能原理方案设计的任务是：针对某一确定的功能要求，去寻求一些物理效应并借助某些作用原理来求得一些实现该功能目标的解法原理来。或者说功能原理设计的主要工作内容是：构思能实现功能目标的新的解法原理。

当几种功能原理方案设计出来后，有时还应通过模型试验进行技术分析，以验证其原理上的可行性。对不完善的构思还应按实验结果进一步的修改、完善和提高。最后再对几个方案进行技术经济评价，选择其中一种较合理的方案作为最优方案加以采用。

（四）功能原理设计的方法

随着现代设计方法的发展及应用越来越广泛，人们在对系统功能原理设计时常采用一种抽象化的方法一黑箱法。此方法是暂时摒弃那些附加功能和非必要功能，突出必要功能和基本功能，并将这些功能用较为抽象的形式（如输入量和输出量）加以表达。这样，通过抽象化可清晰地掌握所设计系统（产品）的基本功能和主要约束条件，从而突出设计中的主要矛盾，抓住问题的本质。

三、结构总体设计

（一）结构总体设计的任务和原则

结构总体设计的任务是将原理方案设计结构化，即把一维或二维的原理方案图转化为三维的可制造的形体的过程，也可以说是从为了完成总系统功能而进行的初步总体布置开始到最佳装配图（结构设计）的最终完善和审核通过为止。

明确、简单、安全可靠是结构总体设计阶段必须遵守的三项基本原则。

1. 明确原则

（1）功能明确所选择的结构应能明确无误地、可靠地实现预期的功能。

（2）工作情况明确被设计的产品（系统）所处的工作状况必须明确。

（3）结构的工作原理明确设计结构时所依据的工作原理必须明确。

2. 简单原则

简单原则是指要在满足总功能的前提下，尽量使整机、部件、零件的结构简单，且数目少，同时还要求操作与监控简便，制造与测量容易、快速、准确，以及安装和调试简易而快捷。

3. 安全可靠原则

（1）构件的可靠性在规定外载荷下，在规定的时间内，构件不发生断裂、过度变形、过度磨损且不丧失稳定性。

（2）功能的可靠性主要指总系统的可靠性，即就保证在规定条件下能实现总系统的总功能。

（3）工作安全性主要指对操作者的防护，保证人员的安全。

（4）环境安全性主要指不造成不允许的环境污染，同时也要保证整个系统（产品）对环境的适应性。

（二）结构总体设计步骤

1. 初步设计

（1）明确设计要求在结构总体设计之前，应明确、分析及归纳设计要求。

（2）主功能载体的初步设计主功能载体是指能完成主功能要求的构件。这项工作主要凭经验粗略设计出主功能由哪些主功能载体来实现及其大致形状和空间位置。

（3）按比例绘制主要结构草图在草图中除了表示出主功能载体的基本形状和大致尺寸外，还应标出不同工况下的极限位置及辅助功能载体的初步形状与空间位置。

（4）检查主、辅功能载体结构对检查主、辅功能载体结构间形状、尺寸、空间位置是否相互干涉，是否相互影响。

（5）设计结果初评及选择初步结构总体设计方案不是唯一的，要从里面选定一个较理想的作为后续设计的基础。

2. 详细设计

（1）各功能载体的详细设计。依据设计要求采取不同的计算方法先对主功能载体、然后对辅助功能载体进行精确的计算、校核及相应的模拟试验，进一步完成上述各载体的详细设计，包括具体形状、尺寸、材料、连接尺寸及方式等。

（2）补充、完善结构总体设计草图。

（3）对完善的结构总体草图进行审核。审核工作应从设计要求出发，进行深入、细致的检查，检查在完成功能要求方面有无疏漏，总布局是否满足了空间位置的相容性，能否加工、装拆，运输、维修、保养是否方便。

（4）进行技术经济评价。

3. 结构总体设计的完善和审核

结构总体设计的完善和审核是指对关键问题及薄弱环节通过相应的优化设计来进一步地完善，以及对总体设计进行经济分析，看是否达到预期的目标成本。

（三）总体布置设计

一个机械系统是由若干个子系统按照总功能的要求相互匹配而组成的。总体布置设计就是确定机械系统中各子系统之间的相对位置关系及相对运动关系，并且使总系统具有一个协调、完善的造型。

1. 总体布置设计的基本要求

（1）功能合理。

（2）结构紧凑、层次清晰、比例协调。

（3）考虑产品的系列化及发展。

2. 机械系统总体布置的基本类型

机械系统总体布置的基本类型按主要工作机构的空间几何位置分有平面式、空间式等，按主要工作机械的布置方向分有水平式（卧式）、倾斜式、直立式和圆弧式等，按原动机与机架相对位置分有前置式、中置式、后置式等，按照工件或机械内部工作机构的运动方式分有回转式、直线式、振动式等，按机架或机壳的形式分有整体式、剖分式、组合式、龙门式和悬臂式等，按工件运动回路或机械系统功率传递路线的特点分有开式、闭式等。

（四）总体参数的确定

总体参数是结构总体设计和零部件设计的依据。对于不同的机械系统，其总体参数包括的内容和确定的方法也不相同。但通常情况下主要有：性能参数（生产能力等）、结构尺寸参数、运动参数、动力参数等。

1. 性能参数（生产能力）

机械系统的理论生产能力是指设计生产能力一在单位时间内完成的产品数量，亦可称为机械系统的生产率。

2. 尺寸参数

尺寸参数主要是指影响力学性能和工作范围的主要结构尺寸和作业位置尺寸。

3. 运动参数

机械系统的运动参数一般是指机械执行件的运动速度等，如机床等加工机械的主轴转速、工作台、刀架的运动速度，移动机械的行驶速度等。

4. 动力参数

动力参数是指电动机的额定功率、液压缸的牵引力、液压马达、气动马达、伺服电动机或者步进电动机的额定转矩等。

（五）结构总体设计的基本原理

1. 任务分配原理

功能原理设计是为机械系统的功能、分功能寻找理想的技术物理效应，但结构设计是为实现这些功能、分功能选择具体的零部件。一个功能是由几个零部件（载体）共同承担还是由一个载体单独完成，将这种确定功能与载体之间的关系称之为任务分配。分配不外乎有三种情况：一个载体完成一个功能；一个载体承担多个功能；多个载体共同承担一个功能。

2. 稳定性原理

系统结构的稳定性是指当出现干扰使系统状态发生改变的同时，就会产生一种与干扰作用相反，并使系统恢复稳定的效应。

3. 合理力流原理

机械结构设计要完成能量流、物料流和信号流的转换，而力是能量流的基本形式之一。力在结构中传递时形成所谓的力线，这些力线汇成力流。力流在零部件中不会中断，任何一条力线都不会消失，必然是从一处传入，从另一处传出。

4. 自补偿原理

通过选择系统零部件及其在系统中的配置来自行实现加强功能的相互支持作用，称为自补偿。在额定载荷下，自补偿有加强功能、减载及平衡的含义；在超载或其他紧急状态下，就有保护和救援的含义。

5. 变形协调原理

变形协调原理是使两零件的连接处在外载荷作用下所产生的变形方向（从应力分布图来看）相同，并且使其相对变形量尽可能的小。

参考文献

[1] 徐为荣．机械加工技术训练 [M]．北京：北京理工大学出版社，2020.

[2] 蒋翰成．机械加工技术 [M]．北京：科学出版社，2020.

[3] 范家柱．机械加工技术同步练习 [M]．北京：高等教育出版社，2020.

[4] 石林雄．粮食加工机械化技术 [M]．兰州：甘肃科学技术出版社，2020.

[5] 李佳南．机械加工工作式活页 [M]．北京：北京理工大学出版社，2020.

[6] 王全景．数控加工技术 [M]．北京：机械工业出版社，2020.

[7] 关慧贞．机械制造装备设计 [M]．北京：机械工业出版社，2020.

[8] 梅云，田华，孙英超．机械产品造型设计与加工指南 [M]．北京：北京航空航天大学出版社，2020.

[9] 王红军，韩秋实．机械制造技术基础 [M]．北京：机械工业出版社，2020.

[10] 冯砚博．现代制造技术与食品加工装备 [M]．哈尔滨：哈尔滨工业大学出版社，2020.

[11] 王德伦，马雅丽．机械设计 [M]．北京：机械工业出版社，2020.

[12] 万宏强．机械制造技术课程设计 [M]．北京：机械工业出版社，2020.

[13] 李红梅，刘红华．机械加工工艺与技术研究 [M]．昆明：云南大学出版社，2019.

[14] 刘蔡保．数控机械加工技术与 UG 编程应用 [M]．北京：化学工业出版社，2019.

[15] 林定皓．电路板机械加工技术与应用 [M]．北京：科学出版社，2019.

[16] 胡其谦．机械产品加工技术 [M]．长春：吉林大学出版社，2019.

[17] 王树逵，叶旭明，杨舒宇．机械加工实用检验技术 [M]．北京：清华大学出版社，2019.

[18] 朱仁盛，董宏伟．机械制造技术基础 [M]．北京：北京理工大学出版社，2019.

[19] 蔡安江．机械制造技术基础 [M]．武汉：华中科技大学出版社，2019.

[20] 宋绪丁．机械制造技术基础 [M]．西安：西北工业大学出版社，2019.

[21] 孙瑞霞．机械制图 [M]．北京：北京理工大学出版社，2019.

[22] 杨杰．机械制造装备设计 [M]．武汉：华中科技大学出版社，2019.

[23] 张兆隆．机械制造技术 [M]．北京：北京理工大学出版社，2019.

[24] 陈根琴，宋志良．机械制造技术 [M]．北京：北京理工大学出版社，2019.

[25] 陈爱荣，韩祥凤，李新德．机械制造技术 [M]．北京：北京理工大学出版社，2019.

[26] 米国际，王迎晖，沈景祥．机械制造基础 [M]．北京：国防工业出版社，2019.

[27] 孙希禄．机械制造工艺 [M]．北京：北京理工大学出版社，2019.

[28] 陈裕成，李伟，唐文．建筑机械与设备 [M]．北京：北京理工大学出版社，2019.

[29] 朱凤霞，吴修玉．机械制造工艺学 [M]．武汉：华中科技大学出版社，2019.

[30] 陆玉兵．机械制图测绘 [M]．北京：北京理工大学出版社，2019.

[31] 吕建国，刘小刚，苏贺涛．机械与电气安全 [M]．北京：冶金工业出版社，2019.

[32] 吴学农．机械制图手册 [M]．合肥：合肥工业大学出版社，2019.

[33] 黄添彪．数控技术与机械制造常用数控装备的应用研究 [M]．上海：上海交通大学出版社，2019.

[34] 王相平．机械加工技术 [M]．成都：电子科技大学出版社，2018.

[35] 俞良英，宫敏利，陈庆焦．机械加工技术 [M]．天津：天津科学技术出版社，2018.